Angriff auf das Zierrakische Imperium

Geheimakte MARS 11

© 2022 D. W. McGillen

Umschlagsfoto: Mit Lizenz
Paperback: ISBN: 9781519793850

Imprint: Independently published

Hardcover: ISBN: 9798362433000
Imprint: Independently published

ISBN-e-Book: ebenfalls erhältlich:

D.W. McGillen, 15.10.2015

Auch erhältlich:

Inhaltsverzeichnis

Rückblick

Dank der natradischen Hinterlassenschaften ist es der EWK gelungen, die Menschheit ins All zu führen. Aufgrund der Evakuierung vieler Überlebender des natradischen, kaiserlichen Imperiums in unbekannte Regionen des Weltalls, mussten zahlreiche Sternenreiche, Kolonien und bewohnte Planeten sich selbst überlassen werden. Major Travis versucht für das neue Imperium von Terra (Tarid) und Mars (Natrid) zuverlässige Freunde zu finden und reist mit seiner Crew und dem natradischen Angriffs-Kreuzer Termar 1 in die Tiefe der Milchstraße. Er stößt auf Rassen und Sternenreiche, die sich nicht alle als zukünftige Freunde erweisen.

Hierzu gehören auch die Worgass, welche am äußeren Rande der Andromeda-Galaxie massiv aufrüsten und eine Invasion der Milchstraße planen. Durch einen Hinweis von Heran, einem Mitglied einer der ältesten Völker der Galaxie, die sich wieder stärker für den Erhalt der Rassen in der Milchstraße einsetzen wollen, erfährt Major Travis, dass die Worgass bereits eine ziemlich große Flotte produziert haben und in Kürze mit dem Einfall in die Milchstraße beginnen könnten. Die Empfehlung sieht aus, kurzfristig zu handeln. Die

Entscheidung einen massiven Schlag gegen die Feindwesen zu starten, zögert die Führung der EWK noch hinaus. In Absprache mit der planetaren Weltraumbehörde möchte man in keinem Fall den gleichen Fehler machen, wie seinerzeit der letzte Admiral des natradischen Kaiserreiches und das Heimats-System von allen schweren Kampf-Kreuzern entblößen.

Entsprechend dieser Maßnahme, würde für eine Offensiv-Mission, nur eine kleine Flotte zur Verfügung stehen. Für die geplante Mission möchte Major Travis die Lantraner unbedingt mit ins Boot nehmen, da sie über einen weitaus höheren Technikstand verfügen als das neue Imperium. Es werden Parlamentarier ausgesandt, die befreundete Nationen an diesem Vorhaben zu begeistern sollen. Eins ist klar, bei einem Einfall der Worgass in die Milchstraße, werden alle humanoiden Rassen in Mitleidenschaft gezogen werden. Trotz dieser grauen Wolken, die sich am Himmel zusammenziehen, konnte das neue Imperium erste Erfolge für sich verbuchen. Die im großen Krieg versunkene Atlantis-Basis, konnte reaktiviert werden und als zusätzliche Sicherung auf der Erde etabliert werden.

Die große Natrid-Hypertonic-KI auf der Erde, muss als eigenständige Einheit gesehen werden und kann nur im Verbund mit dem allmächtigen Hypertonic- Gehirn von Natrid funktionieren. Derzeit wird die 95.000 Jahre alte Vorzeige-Station der Natrader technisch auf den neuesten Stand gebracht und ihr atlantisches Personal nach neuesten Erkenntnissen geschult. Die Angriffs-Flotte der Worgass konnte mit vereinten Kräften der Rassen der Milchstraße noch rechtzeitig eliminiert werden und somit die Gefahr für eine längere Zeit aufgeschoben werden. Doch damit ist der immense Hass der Worgass, auf alle humanoiden Völker, nicht beseitig. Zwischenzeitlich sucht Major Travis nach neuen Verbündeten und alten Völkern des natradischen Kaiser-Imperiums. Auch gilt es ein Versprechen einzulösen. Der Gildor Barenseigs soll zu seiner Heimat überführt werden. Nach der erfolgreichen Abwehr und Vernichtung der daranischen Flotte, welche die ehemaligen ausgewanderten Natrader auslöschen wollte, gelang es Major Travis erste Kontakte zu der bislang verschollenen Rasse aufzunehmen. Der große Sieg der Flotte aus dem neuen Imperium, hatte bei der Admiralität des Kunst-Systems Erschrecken hervorgerufen. Sie erkannte die technische Überlegenheit ihrer ehemaligen Barbaren von der dritten Welt ihres alten Heimat-Systems. Sie schmiedete einen Plan, um die Flottenführung und auch den Gildor

Barenseigs gefangen zu nehmen. Doch die Crew um Major Travis war gewarnt.

Oberst Cameron, neuer Befehlshaber des ISD sucht nach Spuren der Piraten, um diese vor weiteren Beutezügen zu warnen.

Major Travis folgt einem Hilferuf von Sil'drock, der ein Angehöriger einer Rasse ist, die sich Ablonder nennen. Dem ehemaligen Hilfsvolk der "Aller-Ersten". Hinter der weißen Barriere verbirgt sich eine alte Rasse, die neue Expansions-Pläne schmiedet. In ihrer Anomalie sind viele wertvolle Völker in speziellen Reservaten auf unterschiedlichen Planeten gefangen. Das zierrakische Imperium rüstet auf und sucht nach den Ablondern. Es läuft auf eine Eskalation hinaus. Sie haben Major Travis und das neue Imperium um Hilfe gebeten. Heran verhandelt mit seiner Regierung um eine große Unterstützungs-Flotte. Die Befreiung der „Aller-Ersten" soll ein primäres Ziel sein. Ebenso will man dem Einfluss der Zierrakies Einhalt gebieten. Der Flug in das Imperium der Zierrakies steht kurz bevor. Heran, ein Mitglied des lantranischen Volkes will erreichen, dass sich seine Regierung wieder stärker um die Belange der Milchstraße kümmert.

In der Anomalie der Zierrakies

Der Zierr-Rat, die eingesetzte Verwaltung der zierrakischen Anomalie, wurde von dem Neffen des Groß-Kaisers, Prinz Sirthrith, bevormundet geführt. Vor nicht allzu langer Zeit, hatte er die Macht in dem vorgelagerten Brückenkopf an sich gerissen. Der Prinz war vor dem allmächtigen Kaiser in Ungnade gefallen und in die zweite Dimension abkommandiert worden. Hier sollte er für eine reibungslose Administration sorgen. Durch einen Zwischenfall mit einer längst besiegten Rasse, wurden zahlreiche Groß-Raumschiffe der zierrakischen Flotte vernichtet, oder schwer beschädigt. Der Groß-Kaiser schäumte vor Wut. Eine solche Schlappe wurde bisher in der zierrakischen Geschichtsschreibung noch nicht notiert. Prinz Sirthrith wurde mit der Aufklärung der Angelegenheit betraut.

Admiral Dragphan war Leiter der zierrakischen Fern-Aufklärung. Er und viele seiner Artgenossen waren Worgass, die unter den Zierrakies genangepasst ihren Dienst als Hilfsvolk absolvierten.

Der Admiral saß in seinem Büro und sichtete die vielen eingegangenen Informationen von den ausgesandten Suchschiffen.

Er schüttelte seinen Kopf.

»Nur negative Meldungen«, erkannte er. »Derzeit sind noch keine brauchbaren Informationen über die Ablonder eingegangen. Sie sind spurlos verschwunden. Es ist kein Hinweis über ihren Verbleib existent. Wohin sind sie geflüchtet?«

Er fuhr sich mit seiner rechten Hand durch die Haare. Der Admiral wusste, dass Prinz Sirthrith schnell Erfolge gemeldet bekommen wollte.

» Jeder weitere Tag wird die Geduld des Prinzen zermürben«, dachte er. »Er wird seine Ungeduld der ganzen Fernaufklärung zu spüren geben, eventuell auch das Leben meiner Offiziere bedrohen.«

Der Admiral schlug mit der Faust auf seinen Tisch.

Verflucht«, schrie er. »Wo sind diese Ablonder? Sollten wir sie falsch eingeschätzt haben. Sind sie doch nicht so dumm, wie angenommen.
«
Admiral Dragphan hob seinen Kopf und blickte aus dem Fenster.

Er konnte den großen Raum-Flughafen gut einsehen. Pausenlos landeten die großen, imposanten zierrakischen 2.500 Meter-Schiffe und nahmen neue

Energie-Kristalle an Bord. Frisches Wasser und Verpflegung für die Besatzungen wurde ebenfalls verladen. Andere Schiffe waren bereits abgefertigt worden und erhielten eine Starterlaubnis. Der Donner der gezündeten Triebwerke hing in der Luft. In geordneter Reihenfolge hoben die Schiffe von ihren Landeplätzen ab und schossen dem Himmel entgegen.

»Seit mehreren Wochen, jeder Tag das gleiche Bild«, dachte der Admiral. »Die Ablonder führen uns an der Nase herum. Das alles wurde bewusst von ihnen genau geplant. Sie steigen langsam stark in meiner Achtung. «

Der Admiral lachte grimmig.
» Dieser wahnsinnige Prinz wird uns noch alle vernichten«, ergänzte er. »Er kann den Ablondern in keiner Weise das Wasser reichen. Ich werde ihn aufmerksam beobachten müssen, nicht dass er uns alle mit in den Untergang reist. «

Ein Adjutant des Funkmelde-Dienstes kam in das Büro des Admirals geeilt.

» Herr Admiral«, rief er. » Wir haben den nächsten Krisenfall.«

Erstaunt blickte der Admiral ihn an.

» Was für einen Krisenfall? «, fragte er. » Schlittern wir jetzt von Krise zu Krise? «

» Wir haben einen Notruf von einem unserer Such-Schiffe empfangen«, teilte der Adjutant mit. » Vielmehr verstehe ich ihn als Hilferuf. Unser Einsatz-Team hat bereits eine Hilfs-Flotte in den Raum-Sektor entsandt. «

» Welche Flotte stand zur Verfügung? «, fragte der Admiral.

» Eine Flotte der schnellen Kampf-Verbände, unter dem Befehl von Captain Yockphan ist bereits zu den übermittelten Koordinaten unterwegs. «

»Der Captain ist ein guter Mann«, bestätigte der Admiral. » Er hat schon an vielen Rassen-Züchtigungen teilgenommen. Er wird wissen, was zu tun ist. «

Der Adjutant schaute den Admiral ernst an.
» Der Sektor des Notrufes ist weit entfernt«, teilte der Offizier des Funk-Meldedienstes mit. » Die Einsatzleitung vermutet, dass Captain Yockphan zu spät eintreffen wird.«

Der Admiral ließ sich die Position der Koordinate auf dem zentralen Bildschirm anzeigen.

» Das ist mehr als zwei Flugstunden von hier entfernt«, sagte er. » Was wollte unser Aufklärer in dieser Region?

» Er hat eine Spur verfolgt«, antwortete der Adjutant. » Der Commander des Schiffes hatte Ionen-Abgase geortet, die häufig bei einer Ansammlung mehreren Schiffen auftreten.«

» Was ist das für ein Raum-Sektor, aus dem der Notruf kam? «, fragte der Admiral.

» Wir haben in unserer Datenbank recherchiert«, antwortete der Adjutant. » Es handelt sich um das ehemalige, geheime System der ablondischen Flottenführung. Es wurde von unserer Säuberungs-Flotte, unter schweren Verlusten, vor vielen Jahrtausenden massiv bombardiert. Kein Felsen, kein Stein blieb mehr auf dem anderen. Die dort ansässigen humanoiden Lebewesen haben tapfer gekämpft, bis zu ihrem letzten Schiff Widerstand geleistet und ihr System verteidigt. «

»Jetzt wird mir einiges klar«, antwortete der Admiral. »Die Flotte der Ablonder hat ihr ehemaliges Heimat-System angeflogen. Sie wollten nachsehen, ob noch irgendetwas von unserer Flotte übersehen wurde. Vielleicht haben sie auch nur nach Nachschub und verborgenen Waffen gesucht? Waren seinerzeit unsere Truppen auf den Planeten des Systems und haben sie alles umgekrempelt?«

Der Adjutant schüttelte seinen Kopf.

»Mir sind nur die Luftschläge bekannt, durch die sämtliche Anlagen ihrer Flotten-Führung eliminiert wurden«, entgegnete er leise.

Der Admiral schüttelte seinen Kopf.
» Wie oft habe ich bereits gesagt, dass viele Rassen ihre wertvollen Anlagen unterirdisch anlegen«, erklärte er.

» Sie schützen sie vor den Blicken möglicher Aggressoren.«

»Darüber ist mir nichts bekannt«, teilte der Adjutant mit. «
»Brauchen sie mich noch? «

Der Admiral schüttelte seinen Kopf.

» Informieren sie mich sofort, wenn die Flotte unter Captain Yockphan zurück ist«, befahl er.

Der Adjutant nickte und verließ das Büro des Admirals.

Admiral Dragphan hatte nicht mehr viel Zeit. Der Prinz hatte ihn zu sich zitiert, um aktuelle Informationen, bezüglich der geplanten Vergeltungs-Mission, zu erhalten. Der Admiral wusste nur zu gut, dass der Prinz ungehalten sein würde, wenn man ihn warten ließ. Er ordnete seine Akten und stand auf. Bei dem Verlassen seines Büros blickte er in die Leit-Zentrale der Fern-Aufklärung. Die Offiziere erfüllten entspannt ihre Aufgaben.

»Es scheinen noch keine neuen Informationen von Captain Yockphan eingetroffen zu sein«, erkannte er.

Eilig schritt er auf den Ausgang des großen Gebäudes zu. Ein Gleiter wartete bereits auf ihn. Der Admiral stieg ein und nannte dem Piloten den Zielort.

Das Fluggerät hob ab und beschleunigte. Der Admiral blickte durch die abgedunkelten Scheiben des Gleiters. Das rege Treiben der Bevölkerung spiegelte sich auf den zahlreichen Straßen der Hauptstadt. Die Enklave der Zierrakies war seine Heimat. Hier war er gebrütet worden. Er bedauerte die zivilen Personen unterschiedlicher Rassen. Sie alle waren der Laune der Zierrakies ausgesetzt.

»Sie wissen nicht, dass wir uns auf eine große Schlacht einstellen«, dachte der Admiral. »Das wird nicht ohne Verluste für unsere Flotte ausgehen. Viele Familien werden ihren Ernährer verlieren. Aber das scheint dem zierrakischen Kaiser und seinem degenerierten Hofstaat egal zu sein. Expansion ist das Einzige, was ihn interessiert. Ich habe ein sehr unangenehmes Gefühl bei unserer jetzigen Führung. Sie verhalten sich äußerst gnadenlos, auch gegenüber vielen Angehörigen unserer eigenen Rasse. Leider steht uns Worgass kein Urteil hierüber zu. So war es immer. Wir sind ihr Eigentum und ihre Handlanger. Doch den Unterschied zwischen Richtig und Falsch, den können wir noch erkennen. «

Zahlreiche Gedanken flogen dem Admiral durch den Kopf.

» Nach einer Zeit der erfolgreichen Eroberung, gab es unter den früheren Kaisern immer eine Zeit der Ruhe und der Integration neuer Rassen«, dachte Admiral Dragphan.

» Das ist unter dem neuen Groß-Kaiser verloren gegangen. Er ist so verbissen, dass er das ganze Universum mit einem Schlag erobern möchte. Nach meiner Meinung wird sich diese Vorgehensweise rächen.

Ohne neue Ressourcen zu schaffen, bleibt dies ein gefährliches Unterfangen. «

Der Admiral wischte seine Gedanken beiseite. Er bemerkte, dass der Gleiter in den Landeanflug überging, um auf dem Gelände des Domizils des Prinzen zu landen. Jeder Zierrakie, der dem kaiserlichen Hofstaat angehörte, konnte einen eigenen Landeplatz beantragen. Die Kosten hierfür wurden von der Allgemeinheit bezahlt. Sie wurden per Pflichtabgabe eingetrieben.

Der Gleiter setzte vor dem imposanten Gebäude des Prinzen auf. Großzügige Baum- und Grasflächen umgaben das Gebäude.

Der Admiral öffnete den Schott und sprang heraus.

» Warten sie hier auf mich«, teilte er dem Piloten mit. »Ich hoffe, es dauert nicht zu lange. «

Der Pilot der Flugbereitschaft nickte ihn freundlich zu. Der Admiral schritt auf das Gebäude zu. Zwei Wachen traten heraus. Es waren ausgebildete zierrakische Elite-Soldaten, die ausschließlich den Angehörigen der kaiserlichen Kaste Personenschutz gewährten. Ihre grimmigen Blicke musterten den herannahenden Admiral.

Der Leiter der Fernaufklärung schritt langsam auf sie zu. Zwei Meter vor dem Haupteingang, versperrten die Soldaten ihm den Weg.

» Wer sind sie? «, fragte einer von ihnen. » Weisen sie sich aus. Haben sie einen Termin? «

»Ich bin Admiral Dragphan, Oberbefehlshaber der Fernaufklärung. Hier ist meine ID-Card. «

Der Admiral reichte dem Soldaten die Karte. Der schaute sie sich an. Trotzdem machte er keine Anstalten den Weg freizugeben.

Admiral Dragphan wurde ungeduldig.
»Melden sie mich unverzüglich bei dem Prinzen an«, sagte er schroff. »Er erwartet meinen Besuch. «

»Der Prinz ist beschäftigt«, erwiderte der Gardist. » Ihr Tonfall gefällt mir nicht. «

Der Admiral blickte ihn an.

»Ihre hochnäsige Art gefällt mir ebenfalls nicht«, antwortete der Admiral. » Ich kann sofort eine Einheit

Kampf-Roboter herbeordern, die mich bei dem Prinzen anmeldet. Auch meine Zeit ist kostbar. «

Der Admiral zog zur Unterstützung seiner Worte seinen Kommunikator aus der Uniformjacke.

» Entscheiden sie sich«, ergänzte er grimmig. » Falls der Prinz keine Zeit hat, kann er auch später zu mir in die Fern-Aufklärung kommen. «

Mit hasserfüllten Augen sah der Soldat den vor sich stehenden Worgass an.

»Wir beugen uns ihrer Drohung«, lenkte ein Gardist ein. Er nickte seinem Kollegen zu.

» Informiere den Prinz, dass ein Admiral der Fern-Aufklärung eingetroffen ist. Frage ihn, ob er Admiral Dragphan empfangen will. Informiere den Prinz auch über das ungebührende Verhalten des Admirals. «

Der angesprochene Soldat drehte sich um und lief in das Gebäude.

Der Admiral Dragphan drehte sich um und wandte dem Soldaten verächtlich seinen Rücken zu. Er blickte über das beachtliche Anwesen, das der Prinz von dem Kaiser übereignet bekommen hatte.

»Das ist eines der schönsten Anwesen auf unserem Planeten«, dachte der Admiral. »Für normale Zierrakies nicht erschwinglich, schon gar nicht für uns Worgass. Aber der Prinz hat es ja von dem Kaiser für seine angebliche Loyalität bekommen. Eine solche Ergebenheit muss entsprechend belohnt werden. «

Der Admiral holte tief Luft. Er versuchte sich zu beruhigen.

» Wenn ich weiter hierüber nachdenke, dann wird mir speiübel«, dachte er.

Hinter sich hörte er laute Schritte näherkommen. Der zweite Soldat war zurück.

» Der Prinz empfängt sie«, bestätigte er. » Er bittet die Unannehmlichkeiten zu entschuldigen. Folgen sie mir bitte. «

Admiral Dragphan nickte und schritt dem Soldat hinterher. Er ließ sich seine Erregung über die unfreundliche Abfertigung der Soldaten nicht anmerken. In einer Schleuse, rechts an der Wand in der Eingangshalle, hingen zahlreiche Sauerstoffmasken. Der Admiral wusste, dass der Prinz in seinem privaten

Bereich gerne die Methan-Atmosphäre genoss. Er schritt strammen Schrittes hierauf zu, griff nach der vordersten Maske und zog sie über sein Gesicht. Eine seitliche gelbe Taste aktivierte die Funktion. Die Maske saugte sich selbstständig auf dem Gesicht des Admirals fest. Der Elite-Soldat des Prinzen beobachtete den Admiral hierbei.

»Sind sie fertig? «, fragte er. » Können wir weiter? «

Der Admiral drehte sich zu ihm um.
» Warum plötzlich die Eile? «, fragte er. » Zuerst wollten sie mich doch gar nicht durchlassen? «

Der Soldat antwortete nicht hierauf.

Der Eingangsbereich mündete in einen Flur. Der schien von unendlicher Länge zu sein schien. Türe an Türe reihte sich nebeneinander. Zwischendurch mündeten kleinere Gänge in den Haupt-Flur. Dann gabelte sich der Weg. Admiral Dragphan folgte dem Soldaten nach links. Schon von weitem konnte das Ende des Flures erkannt werden. Eine große Doppelpforte schien den privaten Bereich des Prinzen von dem restlichen Gebäude zu trennen.

» Hier ist es«, teilte der Soldat mit.

Vorsichtig pochte er an der Türe. Ein nicht verständlicher Ruf hallte von innen heraus.

Der Soldat öffnete die Pforte, trat zur Seite und winkte dem Admiral einzutreten. Admiral Dragphan trat durch die Pforte. In wehenden Gewändern trat der Prinz auf dem Admiral zu. Er hatte seinen vermutlich unbequemen Schutzanzug abgelegt.

Irritiert blickte der Admiral den Prinzen an. Das Gesicht des kaiserlichen Höflings, erinnerte an einen Adler. Spitz und kantig geschnitten, wies es in der Mitte einen kräftigen Schnabel auf. Weiße Federn wuchsen aus der Haut des Kopfes.

Der Admiral blickte den Prinzen mit regungslosem Ausdruck an.

Schrill lachte Prinz Sirthrith auf.
» Sie erkennen mich nicht wieder? «, fragte er gurrend. Auch die Sprache des Prinzen hatte sich verändert. Nicht mehr der durchdringende Ton der Stimme eines Zierrakies war zu hören, sondern ein hoher, fast piepsender Ton.

»Nicht viele Personen haben einen Zierrakie jemals ohne seinen Schutzanzug gesehen«, teilte der Prinz mit. »Aber hier zu Hause lege ich ihn gerne ab. Sie verstehen sicherlich, dass ein solcher Anzug einengt. Die Atmosphäre in meinem Haus, entspricht exakt der Atmosphäre auf unserer Heimatwelt. «

Dem Admiral fluteten viele Gedanken durch seinen Kopf.

»Ich diene einem Großvogel«, dachte er. »Die Zierrakies, oder auch die Meister, wie sie sich gerne selbst nannten, sind nichts anderes als Vögel. Wie konnten wir solchen Lebewesen Respekt zollen. Sie gehören als Species in die Nähe der von uns bekämpften unteren Tierarten. «

Sein Blick ließ sich nichts anmerken. Starr blickte er in die gelb-schwarzen Augen des Prinzen. Admiral Dragphan verbeugte sich, wie gewohnt, tief vor dem Prinzen.

» Geschätzte Majestät«, sagte er. » Gewürdigt sind die Zierrakies. «

» Gewürdigt sind die Zierrakies«, gurrte der Prinz zurück.

Der Admiral erhob sich und suchte die Augen des Prinzen. Er schaute in schwarze hinterhältige Augen, die ihn unverschämt musterten.

»Warum haben sie mich rufen lassen? «, fragte er.

»Ihnen ist doch sicherlich klar, dass ich dem Kaiser schnelle Erfolge melden möchte«, erwiderte der Prinz. »Die Endlösung für die Ablonder muss realisiert werden. «

»Dafür sollten wir sie erst einmal haben«, antwortete Admiral Dragphan. » Sie sind raffinierter, als wir vermutet haben. «

»Verstärken sie die Anzahl ihrer Suchschiffe«, tobte der Prinz. » Ich bin des Wartens überdrüssig geworden. Verflucht sind der degenerierte Zierr-Rat und seine Handlanger. Die zierrakische Ordnung in unserer Anomalie lässt kolossal zu wünschen übrig. Wir haben es verlernt, Erfolge einzufahren. «

Prinz Sirthrith wollte noch etwas sagen, doch Admiral Dragphan hob seine Hand und gebot ihm Einhalt.

» Es reicht«, sagte er laut. » Ihr seid nicht der Kaiser. Eure Vorwürfe bringen die Mission nicht schneller zum Abschluss. Meine Leute stehen loyal an eurer Seite und tun ihr Bestes. Verscherzen sie sich das nicht. «

Prinz Sirthrith holte tief Luft. Er war erstaunt über diesen Admiral, der es gewagt hatte, ihm den Mund zu verbieten. Schnell analysierte er die Situation.

» Der Admiral lässt sich von mir nicht beeindrucken«, dachte er. » Er versteht sein Handwerk. Ihm scheint es egal zu sein, wenn ich ihn seines Amtes enthebe. «

Er blickte dem Admiral intensiv in die Augen.

» Sie haben Recht, gab er kleinlaut zu«, gurrte der Prinz. » Die vor uns stehende Aufgabe erfordert alle unsere Energie. Eine aggressive Rasse wie wir, braucht den Kampf mit anderen Zivilisationen, wie ein Ventil, um Luft abzulassen. Damit vermeiden wir die intensiven Auseinandersetzungen zwischen unseren eigenen Clans.«

» Ist das der Grund, warum wir alle jungen, denkenden Rassen im Universum auslöschen? «, fragte der Admiral. Der Prinz lachte teuflisch.

» Das eigene Blut ist uns näher als das Blut unterentwickelter Species«, gurrte er. » Das werden sie doch hoffentlich einsehen. «

In der Miene des Admirals war keine Regung zu erkennen. » Der zierrakische Kaiser und sein degenerierte Neffe werden unsere Anomalie ins Verderben führen«, dachte der Admiral. » Wir haben bereits viele unserer wertvollen Raumschiff-Besatzungen verloren. Doch das scheint den Prinzen in keiner Weise zu belasten. Er hat versäumt, die Flotte der Ablonder zu ergreifen und in den Untergang zu bomben. «

Der Admiral schaute den Vogelkopf des Zierrakies an. Die Augen des Prinzen waren kalt und starr vor Wut. Je länger der Admiral den Prinzen in seiner tatsächlichen Körperform anblicken musste, umso mehr wurde er von seiner Gestalt abgestoßen.

»Ein zu Intelligenz gekommener Großvogel kontrolliert unendlich viele Worgass und schickt sie reihenweise in den Untergang«, resümierte er.

Einen Augenblick hatte sich der Admiral sich nicht unter Kontrolle. Er schüttelte seinen Kopf.

» Was missfällt ihnen? «, fragte der Prinz.

Der Gesichtsausdruck des Admirals klärte sich. Blitzschnell schaltete er um.

» Wir müssen aus einem Munde sprechen«, antwortete er. » Die Ablonder stellen eine Gefahr dar, doch wir sollten zu große Verluste für unsere Flotte vermeiden. Ein Zusammentreffen darf nicht in einem Massaker an unseren Schiffen ausgehen. Ihr werdet mir sicherlich zustimmen, dass der Gross-Kaiser keine weiteren Verluste an seinen Schiffen dulden wird. «

Der Prinz schaute den Admiral an.

» Das ist ein wichtiger Gedanke«, erwiderte der Prinz.

» Der Kaiser muss bei Laune gehalten werden. Wir versuchen den Verlust an Schiffen so gering wie möglich zu halten. Sorgen sie dafür. «

Der Admiral blickte den Prinzen an.

»Das ist einfacher gesagt als getan«, entgegnete Admiral Dragphan. »Bei einer Schlacht entscheidet die Übermacht, oder die Feuerkraft einer Flotte. Was wir bisher von den Ablondern kennengelernt haben, deutet auf eine starke Macht hin. Wie sonst, hätten sie so leicht unsere Schiffe vernichten können? «

»Die Macht der Zierrakies ist unüberwindbar«, schrie der Prinz. » Niemand von den degenerierten Rassen ist unserer Stärke gewachsen. «

»Beendet diese lächerliche Farce«, entgegnete der Admiral. » Kommen sie endlich zur Vernunft. Sie haben bereits zahlreiche, vernichtete zierrakische Schiffe auf ihrem Konto, weil unsere Technik so unüberwindbar ist.

Ich erinnere an 82 zerstörte Schiffe und 39 schwer beschädigte Einheiten. Das kann unmöglich von unterentwickelten Rassen vollbracht werden. Sie unterschätzen die Ablonder gewaltig. Gemeinsam mit ihren Verbündeten sind sie ein beachtlicher Gegner. «

Der Prinz lachte schrill auf.
»Die werden doch jetzt keinen Respekt vor der bereits lange totgeglaubten Rasse bekommen? «, antwortete er. » Ich frage mich, ob sie ihrer Aufgebe noch gerecht werden. Ich verstehe ihre Bedenken als Admiral der Fern-Aufklärung, doch nach meiner Meinung bewerten sie die Situation falsch. Ihnen sollte doch klar sein, mit welcher starken Armada wir die Ablonder angreifen werden. Sie sind nichts anderes als ein Überbleibsel unserer Säuberungs-Wellen. Sie haben großes Glück gehabt, dass sich einige von ihnen, vor vielen Jahrtausenden, unserem Zugriff entziehen konnten. Jetzt haben sie sich wieder gemehrt und glauben sich rächen zu müssen. Noch nie konnte uns eine unterentwickelte Rasse Paroli bieten. So wird es auch zukünftig sein. Haben sie endlich Vertrauen in unsere Möglichkeiten.

Wir Zierrakies stehen an der Spitze der Evolutions-Stufe. «

Der Admiral blickte den Prinzen fast bemitleidend an.

»Ich habe mir angewöhnt, eine gewisse Vorsicht walten zu lassen«, antwortete er. » Ihre Euphorie kann ich nicht teilen. Ich verweise auf die Verluste an Material und Personal, die wir bereits verbuchen mussten. Lassen sie uns nicht den Fehler machen, die Ablonder zu unterschätzen.«

Der Prinz nickte nachdenklich.

» Finden sie ihre Flotte«, erwiderte er. » Sie kann sich nicht dauerhaft vor uns verstecken. Alles Weitere ergibt sich von selbst. «

Der Communicator des Admirals summte.
»Entschuldigen sie«, sagte er zu den Prinzen.

Er hob das Gerät an sein Ohr, die Atemmaske störte ihn nicht dabei.

Admiral Dragphan sprach in das Gerät.
»Hier ist Admiral Dragphan« sprach er in sein Gerät. »Was gibt es? «

Der Stellvertreter des Admirals meldete sich aus der Einsatzzentrale der Fern-Aufklärung.

» Commander Breckphan hier«, tönte es aus dem Gerät.

» Die Flotte von Captain Yockphan ist zurück. Sie konnte keine Spur mehr von den fremden Schiffen finden. Unser Späh-Schiff wurde restlos zerstört. Es gibt keine Überlebenden. Scheinbar ist es in einen gemeinen Hinterhalt geraten. «

»Danke für die Informationen«, antwortete der Admiral. » Ich komme gleich zurück. Rufen sie den Offiziersstab zusammen. Wir brauchen schnelle Lösungen. «

Er schaltete das Gerät ab und blickte den Prinzen an.

» Die ausgesandte Hilfs-Flotte, unter dem Befehl von Captain Yockphan, ist soeben zurückgekehrt«, teilte er mit. » Sie ist mit Höchstgeschwindigkeit zu dem Raum-Sektor geflogen, aus dem wir den Notruf eines unserer Such-Schiffe erhalten haben. Die Flotte unter Captain Yockphan kam zu spät. Unser Späh-Schiff wurde restlos zerstört. Die Flotte konnte nur noch kleine Bruchstücke des Schiffes identifizieren. Zahlreiche Trümmerstücke und verbrannte Einrichtungsteile, die scheinbar alle zierrakischen Ursprungs sind, wurden geortet. Von der fremden Flotte fehlt jede Spur. Sie können ein weiteres vernichtetes Schiff auf ihrem Konto verbuchen. «

Das Gesicht des Prinzen entstellte sich zu einer Grimasse. Ein greller Schrei tönte durch die Hallen des höflichen Gemaches.

» Es ist zum Verzweifeln«, schrie der Prinz. » Wieder wurde ein Schiff unserer Flotte zerstört. Die Ablonder halten uns zum Narren. Sie weichen dem direkten Kampf aus. Sie wissen, dass sie uns unterlegen sind. Was ist ihr nächstes Ziel? Wir brauchen einen exakten Plan. Nur dann gelingt es uns, ihnen den Kampf aufzuzwingen. «

»Die Entfernung war einfach zu groß«, antwortete Admiral Dragphan. » Unsere Flotte hat zu lange gebraucht. Die Ablonder konnten den Sektor in aller Ruhe verlassen. Das ist die einzige logische Erklärung. «

» Es konnte nicht ermittelt werden, wohin sie geflogen sind? «, fragte der Prinz.

Admiral Dragon schüttelte seinen Kopf.

»Sie benutzen eine Art Spezialgerät, die einen Tunnel in einen anderen Raum-Sektor öffnet. Die georteten Gase der Schiffe brachen ruckartig ab. Dieses von ihnen verwendete Gerät entzieht sich unseren technischen Kenntnissen. «

»Sind die neuen Schiffe des Groß-Kaisers schon eingetroffen? «, wechselte der Prinz das Thema.

Admiral Dragon hob seinen Kopf. »Wir rechnen stündlich mit dem Eintreffen«, antwortete er.

» Sobald sie eingetroffen ist, formieren wir unsere Armada«, entgegnete der Prinz. » Lassen wir die Dummköpfe der Ablonder sich in relativer Sicherheit glauben. Wir werden sie finden, es ist nur eine Frage der Zeit. Dann werden wir ohne Vorwarnung zuschlagen und die Rasse der Ablonder endgültig und restlos vernichten. «

»Machen wir Gefangene? «, fragte Admiral Dragon.

» Nachdem was sie uns angetan haben? «, erwiderte Prinz Sirthrith erbost. » Ihrer Frage kann ich keine Ehre abgewinnen. Wir werden in voller Stärke angreifen, ihre Schiffe vernichten und das Universum rot von ihrem Blut färben. «

Admiral Dragphan war erschreckt über den geballten

Hass, der von der vogelartigen Gestalt des Zierrakies ausging.

Der Prinz erkannte das Zögern des Admirals.
»Irritiert sie meine Aussage? «, fragte er. » Seht doch endlich den Tatsachen ins Auge. Die Reste der Ablonder haben mit dem Angriff auf unsere Schiffe ihre letzte Daseinsberechtigung verloren. Sie müssen vollständig vernichtet werden. Sie haben unserem ganzen Volk Schmach bereitet. «

» Ein Krieg besteht nicht nur aus vielen Befehlen und Anweisungen«, antwortete Admiral Dragphan. » Es kommt auf den richtigen Moment und auf die Taktik an. In jedem Fall benötigen wir dringend die Koordinaten des Aufenthaltsortes der Ablonder-Flotte. Ohne diese Daten, brauchen wir unser Flotte erst gar nicht zu starten. «

Der Prinz schaute ihn an und wollte etwas sagen, doch Admiral Dragon ließ ihn nicht zu Wort kommen.

» Lasst uns an einem Plan arbeiten«, erwiderte er. » Wenn die Koordinaten bekannt sind, werden wir unsere großen Schiffe starten und in ihren sicherlich schutzlosen Sektor eindringen. Wir versuchen den Feind zu überraschen. Bevor er die Waffen-Türme seiner Schiffe aktivieren kann, werden wir über ihnen sein und sie mit einem Laserhagel belegen, dass sie keine Chance mehr zur Gegenwehr haben. Die Schmach der Zierrakies wird gesühnt. «

Admiral hatte den richtigen Tonfall gewählt.

Prinz Sirthrith unterstützte seine Aussage mit einem intensiven Kopfnicken.

» Seit meiner Unterstützung sicher«, sagte er. » Der Kaiser wird uns einen triumphalen Empfang zelebrieren. Wir dürfen nicht ein weiteres Mal versagen. Die Schuldigen des Gemetzels an unserer Flotte müssen gefasst werden. «

Admiral Dragon blickte den Prinzen ein letztes Mal an.

» Das ist mir bewusst«, antwortete er. » Wir arbeiten an einer Lösung. Bitte entschuldigen sie mich jetzt. Ich möchte die Daten von Captain Yockphan auswerten. Er ist soeben wieder gelandet. Habe ich eure Erlaubnis mich zurückziehen zu dürfen? «

»Gehen sie«, antwortete der Prinz. »Unsere hoheitliche Aufgabe hat Vorrang vor allen anderen Dingen. «

Der Admiral verbeugte sich tief, drehte sich um und schritt dem Ausgang entgegen.

» Informieren sie mich, sobald es Neuheiten gibt«, rief der Prinz ihm nach.

Der Admiral drehte seinen Kopf zu ihm.
»Das werde ich«, antwortete er. »Das werde ich ganz bestimmt. «

Dann ging er durch die große Pforte, die das Gemach des Prinzen von dem restlichen Gebäude abtrennte. Im Flur wartete der Elite-Soldat, der ihn hereingeführt hat. Ohne weitere Worte führte der Soldat Admiral Dragphan den langen Korridor entlang. Wieder im Freien, zog der Admiral seine Atem-Maske ab und holte tief Luft. Die Ränder der Maske hatten sich tief in seine Haut gedrückt. Achtlos warf er sie zu Boden. Schnellen Schrittes lief er auf den wartenden Gleiter der Fern-Aufklärung zu. Der Pilot öffnete ihm den Schott. Der Admiral bedankte sich.

» Fliegen sie zurück zur Kommandantur der Fern-Aufklärung«, informierte er den Piloten. » Man erwartet mich bereits. Ich bin froh, wenn ich hier weg bin. «

Noch den Kopf voller Gedanken, eilte Admiral Dragon durch das Gebäude der Fern-Aufklärung. Er wollte seine Offiziere über das Gespräch mit dem Prinzen unterrichten.

Als er in die Einsatz-Zentrale eintrat, richteten sich die Köpfe der Offiziere erwartungsvoll ihm entgegen.

» Ich komme gerade aus dem privaten Domizil des Prinzen Sirthrith zurück«, flüsterte er leise. Nur die umherstehenden Offiziere konnten ihn verstehen.

»Ich habe erstmals einen Zierrakie ohne seinen Schutzanzug gesehen. «

»Dann sind sie aber der erste unseres Volkes, dem diese Ehre gewährt wurde«, antwortete sein Stellvertreter.

Admiral Dragphan verzog sein Gesicht.
»Ich bin mir nicht sicher, ob es eine Ehre war«, entgegnete er.

Angewidert spuckte er auf den Boden der Einsatz-Zentrale.

»Die Rasse der Zierrakies stammt von Vögeln ab«, ergänzte er. »Sie besitzen einen Schnabel und ein

Federkleid. Wir dienen einer Rasse von intelligenten Vögeln. Nur ihr Schutzanzug hat bislang verhindert, dass wir ihre wahre Identität erkennen konnten. Vermutlich wissen sie auch warum. «

Ein erstaunter Aufschrei ging durch den Raum.

» Wie ist das möglich? «, rief Commander Breckphan. » Sie stellen sich doch immer als End-Stufe der Entwicklung da. «

Admiral Dragon schüttelte seinen Kopf.
»Sie haben uns von dem Anbeginn der Zeit getäuscht und zu uns etwas vorgemacht. Es sind zu Intelligenz gekommene Federtiere. Vermutlich schlüpfen sie nach ihrer Geburt aus Eiern. Ich bin äußerst entsetzt über diese Erkenntnis. «

Den Offizieren hatte es die Worte verschlagen. Sie alle hatten hinter den Zierrakies eine alte intelligente Spezies, mit einem großen Intellekt vermutet.

» Die Gegensätzlichkeit zu den uns bekannten humanoiden Species kann nicht größer sein«, teilte der Admiral mit. » Irgendetwas muss ihnen in den frühen Jahres ihrer Existenz von Humanoiden angetan worden sein. Nur so ist es zu erklären, dass sie einen so großen Hass gegen Humanoide, oder andersartige Rassen ausleben. Sie stehen auf dem Standpunkt, dass andere Lebensformen nicht in das von ihnen beanspruchte Universum passen. «

»Was bedeutet das jetzt für uns? «, fragte einer der Offiziere.

» Erst mal gar nichts«, antwortete Admiral Dragphan. » Wir werden weitermachen wie bisher und lassen uns nichts anmerken. Wir Worgass werden weiter die ergebenden und zuverlässigen Diener sein, wie auch in der Vergangenheit. Trotzdem sollten wir unserem inneren Ruf nach Eigenständigkeit, Selbstverwaltung und Freiheit, eine größere Beachtung schenken. Dieses langfristige Ziel können wir nur gemeinsam realisieren, vielleicht auch noch mit einem Teil unserer Artgenossen aus anderen Bereichen des Universums. Doch lassen wir diese Gedanken jetzt beiseite und erfüllen wir unsere Aufgabe. «

Er schaute die umherstehenden Offiziere an.
» Prinz Sirthrith wird immer exzentrischer«, fuhr er fort.
» Er will von uns schnelle Erfolge gemeldet bekommen. Ihm gefällt es nicht, dass wir noch keine Spur von den Ablonder gefunden haben? «

»Mehr als Signale abzuhören und unsere Such-Schiffe in alle Regionen des Universums zu schicken, können wir nicht machen«, bemerkte Captain Yockphan.

Der Leiter der Fern-Aufklärung blickte ihn an
»Die Zerstörung eines weiteren Such-Schiffes zeigt uns, dass wir auf der richtigen Spur sind«, ergänzte er. » Leider hat sich das Such-Schiff, entgegen unseren ausdrücklichen Anweisungen, der Flotte der Ablonder genähert. Es wurde zerstört und mit ihm alle Aufzeichnungen des Schiffes. Wir stehen wieder am Anfang. Konnten sie, Captain Yockphan, irgendwelche neuen Spuren aufzeichnen? «

»Nein«, antwortete der Captain. » Wie ich schon mitgeteilt habe, müssen die Ablonder über eine besondere Transport-Technik verfügen. Diese ist uns völlig unbekannt, hinterlässt keine Abgasspuren und keine Hinweise auf ihren Verbleib. «

Der Admiral schlug mit seiner Faust auf den Tisch.

»Wir dürfen nicht noch einmal einen solchen Misserfolg vorweisen«, sagte er. »Der Prinz ist eiskalt. Er wird vor dem zierrakischen Groß-Kaiser die Schuld auf uns schieben. Gerade bei einem Verlust seiner geliebten

2.500 Meter Schiffe, reagiert der zierrakische Groß-Kaiser sehr unberechenbar. «

Admiral Dragphan richtete sich in voller Größe auf.

»Ich habe ein sehr ungutes Gefühl bei den Ablondern«, teilte er mit. »Ich hoffe ihr derzeitiges Verhalten, dient nicht einem weiteren Hinterhalt für unsere Flotte. Was ich bisher von ihnen gehört habe, lässt keinen Hinweis auf eine unterentwickelte, oder degenerierte Rasse zu. «

»Wir schicken alle Schiffe unsere Flotte los, um die Raum-Sektoren unseres Imperiums zu überprüfen«, schlug Commander Breckphan vor.

»Durch diese Anweisung entblößen wir unsere Region in der weißen Anomalie«, bemerkte der Admiral.

Der Admiral blickte in die Runde seiner Offiziere.

»Das Spiel wird mir zu heiß«, betonte er. »Bei einem massiven Angriff auf unsere Anomalie, verfügen wir nicht über genügend Gegenwehr. Weisen sie alle Schiffe an zurückzukehren. Vorher sollen sie ihre verfügbaren Drohnen und Robot-Sonden ausschleusen. Diese können die vorgegebenen Sektoren und Bereiche des Universums scannen. Falls eine von ihnen etwas aufzeichnen sollte, wird sie uns sofort Bericht erstatten. Wir gefährden nicht mehr länger unsere Anomalie, unsere Schiffe und das Leben unserer Besatzungen. «

» Der Prinz wird uns unangenehme Fragen stellen«, bemerkte, Commander Breckphan.

»Das ist mir egal«, antwortete Admiral Dragphan. »Die Schiffe und unsere Besatzungen gehen wir vor. Bekanntlich sind sich die Zierrakies zu fein, um ihre Schiffe mit ihrem eigenen Personal auszurüsten. «

»Ich werde ihren Befehl sofort an unsere Schiffe übersenden«, antwortete der Stellvertreter des Admirals.

» Noch etwas«, ergänzte der Admiral. » Wenn es zu einer entscheidenden Schlacht kommen sollte, werde ich auf keinen Fall alle unsere Schiffe in den Untergang befehlen. Wenn wir auf einem verlorenen Posten stehen sollten und keine Chance gegen die möglichen Angreifer sehen, dann ziehen wir uns zurück und suchen nach einer anderen Lösung. «

»Welche andere Lösung bleibt uns dann noch? «, fragte ein Offizier. » Bekanntlich verlangen die Zierrakies von uns den Kampf bis zum Untergang. «

»Haben wir uns bereits einmal mit diesem Thema auseinandergesetzt? «, fragte der Admiral. » Sind wir nur dafür da, um für die Zierrakies in den Tod zu ziehen und um ihre Macht im Universum zu vergrößern? Was ist mit uns als Volk? Steht uns nicht auch irgendwann einmal eine Allein-Verwaltung auf einem eigenen Planeten zu? « Die Offiziere senkten ihre Köpfe.

» Diese Gedanken sind verboten«, bemerkte Commander Breckphan. » Würden sie diese Worte im Beisein des Prinzen auszusprechen, müssten sie unangenehmen Zeiten entgegengehen. «

»Dafür sollten sie mich eigentlich kennen«, antwortete Admiral Dragphan. » Doch seit ich den gefiederten Prinzen gesehen habe, verstärkt sich meine Ansicht, dass wir den falschen Herren dienen. Unabhängig hierzu, ist die Denkweise der Zierrakies schwer nachzuvollziehen. Warum soll ich Tausende unseres Volkes in einen möglichen Untergang schicken, wenn ich erkenne, dass die Waffen der Angreifer uns überlegen sind? Ich bitte um Ihre Vorschläge. «

Niemand der Offiziere antwortete auf seine Frage. Mit so eine Denkweise wurden sie bisher noch nicht konfrontiert, geschweige hatten sie gewagt hierüber nachzudenken.

Admiral Dragon bemerkte, dass keiner seiner Offiziere in der Lage war, einen alternativen Vorschlag zu unterbreiten.

»Falls wir merken sollten, dass die Flotte der Angreifer uns massiv überlegen ist, bleibt nur der Rückzug in unsere Anomalie«, ergänzte er. »Ich habe immer noch den Funkspruch der Fremden im Hinterkopf, der von den Zierrakies verlangte, die mit ihnen befreundete Rasse der Macoronarus freizulassen. Vielleicht können wir auch einer Vernichtung entgehen, wenn wir zu gegebener Zeit diese Rasse an die Fremden übergeben. «

»Was ist, wenn der Zierr-Rat dies nicht duldet? «, fragte ein Offizier.

» Wie viele Zierrakies sind in dieser Anomalie stationiert? «, entgegnete der Admiral.

Die Offiziere blickten sich an.

»Eine genaue Schätzung liegt nicht vor«, antwortete ein Offizier. »Unter verdeckter Hand wird von 5.000 echten Zierrakies gesprochen. «

»Das meine ich«, erwiderte der Admiral. »Diesen wenigen Groß-Vögeln, die sich am Ende der Evolutions-Stufe verstehen, steht die 1.000-fache Anzahl an unseren Soldaten gegenüber. Wäre das nicht ein geeigneter Zeitpunkt, um die Macht in der weißen Anomalie an uns zu reißen und die Zierrakies mit Schimpf und Schande zu verjagen? «

Er ließ seine Worte auf seine Offiziere wirken. Nach einer kurzen Zeit fuhr er fort.

»Ich gehe noch einen Schritt weiter«, entgegnete der Admiral. »Vielleicht kämpfen die Fremden nicht gegen uns, sondern gegen die Zierrakies. Wir dienen ihnen als Hilfsvolk und sind nicht weisungsbefugt. Unser Fehler ist es, ohne nachzudenken ihre Befehle ausführen. Vielleicht haben wir die Gelegenheit die Fremden davon zu überzeugen. Möglicherweise haben sie Verständnis dafür, dass wir frei auf unserem eigenen Planeten uns eine Zukunft aufbauen möchten. Jegliche Art von Krieg, Kampf und Zerstörung ist uns von Natur aus fremd. «

» Der zierrakische Groß-Kaiser wird das nicht hinnehmen«, antwortete ein weiterer Offizier. »Er wird seine Vernichtungs-Flotten schicken, die an uns Vergeltung nehmen werden. «

» Um diese Punkte dreht es sich«, antwortete der Admiral. » Wir brauchen ein Geheimplan, falls die Mission des degenerierten Prinzen nach hinten losgeht. Der Prinz kämpft lediglich mit seinen Emotionen und mit seiner Gier nach Macht. Er will sich vor dem Kaiser reinwaschen und sich als wichtiges Mitglied des adeligen Hofstaates präsentieren. «

Der Admiral drehte sich ab und versuchte sich zu beruhigen.

»Erstellt einen Geheimplan, der uns eine Möglichkeit gibt zu überleben«, teilte er mit. »Dieser Plan darf nicht in die Hände der Zierrakies fallen, sonst hat unsere letzte Stunde geschlagen. Das ist wohl allen hier im Raum klar? «

Die Offiziere nickten.
» Außerhalb unserer Fern-Aufklärung darf kein Wort über diesen Plan bekannt werden«, wiederholte der Stellvertreter des Admirals die Worte.

Die Offiziere des Einsatzstabes sagten zu, das Gehörte für sich zu behalten.

»Noch etwas«, sagte Admiral Dragphan. »Verlegt Commander Trangohas von dem zierrakischen Arrest-

Palast in unser Gebäude. Er ist zu Unrecht inhaftiert. Leider konnte ich den Prinzen nicht umstimmen. Der Commander ist ein guter Verbündeter und garantiert auf die Zierrakies nicht mehr gut zu sprechen. Verlegt ihn unter dem Vorwand, dass wir ihn weiter verhören möchten. Lasst uns beginnen. «

Die Offiziere drehten sich ab und machten sich an die Arbeit.

»Commander Breckphan«, sprach der Admiral seinen Stellvertreter an.

»Ich habe in der Datenbank den Planeten ausfindig gemacht, auf dem die Macoronarus über ein Reservat verfügen. Bereiten sie ein Schiff vor. Ich möchte zu ihnen fliegen und fragen, warum die Fremden ein so großes Interesse an ihnen haben. Sie begleiten mich. Aktivieren sie einige Einheiten Kampf-Roboter, nur für den Notfall. Aus der Datenbank geht hervor, dass diese Rasse nicht von uns ernährt wird, sie lehnt es kategorisch ab zierrakische Lebensmittel anzunehmen. Sie bauen sich die benötigten Nahrungsmittel selbst an. Laut der Datenbank soll es nur noch wenige Überlebende dieses Volkes geben. Ich möchte mir ein eigenes Bild hiervon machen. Es ist der Planet 429 des Verbundes. «

Commander Breckphan nickte seinem Vorgesetzten zu. »Ich kümmere mich um alles«, antwortete er.

Geoffwan stand auf den Stufen des größten Gebäudes des Dorfes, indem die letzten seines Volkes auf dem Reservations-Planeten 429 lebten. Es war das Versammlungshaus des Volkes. Er war Sprecher des Ältestenrates der Macoronarus. So nannte sich seine Rasse seit dem Anbeginn der Zeit. Eine der zahlreichen Sonnen strahlte halbhoch am Firmament. Es war ein angenehmer Tag. Geoffwan liebte die weite Fläche dieses Planeten, der seit ihrer Niederlage gegen die Zerstörer vor nur 250.000 Jahren, notgedrungen ihre Heimat geworden war.

Der frische Wind, die grünen Felder und die weitläufig angelegten Plantagen, wurden mit der Unterstützung der letzten 169 Personen seines Volkes, die auf diesem Planeten lebten, mit zierrakischer Genehmigung abgeerntet. Sie hatten sich nie auf eine Versorgung durch die Zierrakies eingelassen und diese rigoros abgelehnt. Die Macoronarus waren seit langer Zeit eine Einheit mit der Natur und ihrem zugeteilten Reservations-Planeten geworden. Die anderen Angehörigen ihres Volkes bevorzugten die autarken Wolken-Städte ihrer Rasse, die ihnen den gewohnten

Luxus garantierten. Doch hiervon wussten die Zierrakies jedoch nichts.

Geoffwan zog tief die frische Luft in seine Lungen ein. Er erinnerte sich an die früheren Zeiten seiner Rasse, an denen sie fast allein im Universum waren. So war es in dem Buch des großen Aahnn niedergeschrieben und prophezeit worden.

Geoffwan kannte die Geschichte seines Volkes.

»Alles ist eingetreten«, dachte er. »Der große Prophet hat es vorausgesagt. «

Die Macoronarus hatten nie die Absicht gehabt, andere Völker zu unterdrücken oder auszubeuten. Sie wollten das große Universum mit ihren Kindern besiedeln und Licht in das Dunkle bringen. Vergleichbare Rassen, die sich untereinander akzeptierten, zusammenarbeiteten und sich weiterentwickelten, war immer ihr Ziel gewesen

Geoffwan wusste nicht, wie seine Rasse entstanden war und woher sie stammte. Das war ein dunkler Fleck in der umfangreichen Geschichte seines Volkes. Es existierten keine Aufzeichnungen hierüber. Doch die Entwicklung ihrer Technik und Medizin hatte sie als Rasse unsterblich werden lassen. Sie existierten bereits, als das Universum sich noch ausdehnte und neue Planeten erschuf. Schon lange hatten sie die materielle Hülle ihres humanoiden Körpers abgelegt und sich zu etwas Höherem entwickelt. Sie konnten sich jederzeit in pure Energie verwandeln und durch Raum und Zeit reisen. Obwohl viele von ihnen die Annehmlichkeiten der technischen Entwicklung liebten, bevorzugten einige von ihnen noch die Daseinsform ihres ehemaligen humanoiden Körpers. Sie manifestierten sich von Zeit zu Zeit in ihren alten Körpern, um sich die Vorzüge einer humanoiden Lebensform in Erinnerung zu rufen. Sie wollten den Kontakt zu dem Boden, der Luft und den Planeten, von denen sie vor so vielen langen Jahrtausenden Leben eingehaucht bekommen hatten, nicht ganz aufgeben. Sie lebten in mobilen, gigantischen Wolkenstädten, versteckt für die Blicke anderer Lebewesen. Nur durch die Energie ihre Gedanken konnten sie dorthin reisen und sich mit den Angehörigen ihres Volkes zu einem Kollektiv vereinen.

Seit die Macoronarus sich vor vielen Jahrtausenden, für die Weiterentwicklung ihrer Daseinsform in reine Energie entschieden hatten, wollten immer mehr Angehörige ihres Volkes diesen Weg einer unsterblichen Existenz gehen. Der Ältesten-Rat war hiermit zunächst nicht ganz einverstanden, doch er beugte sich dem Willen der Mehrheit seiner Rasse. Trotzdem wurde eine

Vereinbarung getroffen, dass sie einer Beobachtung und Verwaltung der Planeten, denen sie vor vielen Jahrtausenden Leben eingehaucht hatten, nur in körperlicher Form entgegentreten wollten. Die Welten sollten auf den rechten Weg einer gemeinsamen Existenz im Universum begleitet werden. Leider gab es eine Zeit, in der sich immer weniger des Volkes der Macoronarus mit dieser Aufgabe anfreunden konnten. Die Erforschung der neuen Lebensform in energetischer Form zog alle Interessen auf sich. Aus diesem Grund suchte der Ältesten-Rat nach einer Lösung dieses Problems. Er entschied sich ein Hilfsvolk ins Leben zu rufen, eine Lebensform aus den Wassergebieten eines fremden Planeten zu modifizieren und aufzubauen. Diese Lebensform sollte genmanipuliert und mit Intelligenz versorgt werden, um wichtige Aufgaben für die Aller-Ersten zu erledigen. Nach vielen Jahren der intensiven Forschung, konnte diesen quallenartigen Wasser-Wesen eine spezielle Drüse implantiert werden, die sich auf alle neu geborenen Wesen dieser Spezies in der Erbfolge übertrug.

Auch die weiteren Experimente, zwecks einer ausreichenden Intelligenz-Implantation, verliefen erfolgreich. Die zahlreichen Experimente entwickelten sich vielversprechend. Den Wasser-Wesen, wurde eine notwendige Intelligenz und ein absoluter Wille, den

Wünschen ihrer Erschaffer zu folgen, implantiert. Über den Zeitraum von weiteren Jahrhunderten gelang es den Macoronarus, die von ihnen modifizierten Quallen-Wesen in einer Art zu züchten und zu modifizieren, dass sie zu treuen Dienern wurden. Als diese Wesen endlich ihren Wünschen entsprachen, wurde ihnen der Auftrag übertragen, die mit dem Samen der Macoronarus angereicherten Planeten des Universums, zu überwachen und zu kontrollieren. Das langsam heranwachsenden Lebensformen vieler Planeten, sollten von den Dienern ihrer Rasse, sie tauften sie Worgass, in ihrer Entwicklung unterstützt werden.

Viele Jahrtausende zogen dahin und die Macoronarus waren zufrieden mit dem Erfolg ihrer Arbeit. Die Worgass-Diener versorgten sie mit Daten und Informationen aller beobachteten Planeten. Die Macoronarus zogen sie sich zurück und widmeten ihrer geistigen Vervollkommnung. Nach vielen Jahrtausenden der Abkehr, kamen einige Forscher zurück und wollten die Früchte ihrer Aussaat bewundern. Mit Schrecken stellten sie fest, dass sich das von ihnen erschaffene Hilfsvolk rasant vermehrt hatte. Sie erkannten, dass ihre Diener von vielen unterschiedlichen Rassen des Universums für eigenen Zwecke manipuliert worden war. Als einziges stand ihnen noch eine alte, treu ergebene Rasse zur Seite.

Die Ablonder, ebenfalls eine aus Genmaterial erschaffene Rasse, hatte zusätzlich Sicherheitssperren implantiert bekommen, die eine weitere Manipulation von außen unmöglich machte. Sie kämpften tapfer gegen die sich immer weiter ausufernde Worgass-Spreu, der unterschiedlichen Rassen-Manipulationen. Die Aller-Ersten erkannten, dass sich eigene Worgass-Stämme in Andromeda, in der kleinen Magellanschen Wolke, und in vielen anderen Galaxien entwickelt hatten. Trotz intensiver Recherche, konnten die Macoronarus kurzfristig nicht die Verursacher der auskeimenden Worgass Arten ausfindig machen. Doch sie erkannten, dass diesem Treiben Einhalt geboten werden musste. Der Ältesten-Rat fasste vor 260.000 Jahren den Entschluss, die ausufernde Species ihrer ursprünglichen Daseinsform zurückzugeben.

Sie entwickelten ein Worgass-Gift, das über alle von Worgass-Ablegern besetzten Planeten, abgerechnet werden sollte. Der Plan wurde kurzfristig umgesetzt. Lange 10.000 Jahre lang, konnten die Macoronarus diese Aufgabe erfolgreich umsetzen. Dann kam ihre Aufgabe ins Stocken. Immer mehr Forschungs-Schiffe der Macoronarus wurden aufgehalten und vernichtet. Sie stießen auf eine fremde Rasse, die sich selbst Zerstörer nannten. Ihre mächtigen Kriegs-Schiffe waren den

Forschungs-Schiffen der Macoronarus technisch überlegen. Auch diese Raumschiffe wurden bereits von genmanipulierten Worgass gesteuert. Zu spät erkannten die Aller-Ersten, dass die Zerstörer sich Zierrakies nannten. Auch diese Rasse hatte sich ihrer erschaffenen Quallen-Wesen bemächtigt.

Auf einen massiven Kampf waren die Aller-Ersten nicht vorbereitet gewesen. Noch nie waren sie auf einen so mächtigeren Gegner getroffen. Der großen Endschlacht konnten sie nicht mehr ausweichen. Die Zierrakies suchten nach ihnen. Sie duldeten keine intelligenten Lebensformen neben ihnen. Eine mächtige Flotte der Zerstörer hatte den Lebensraum der Aller-Ersten gefunden. Mit starken Flotten-Verbänden näherten sich die Zerstörer. Mit der Hilfe der Ablonder zogen sie alle verfügbaren Schiffe zusammen, um dem Gegner Einhalt zu gebieten. Vorher legten sie vorsorglich Not-Ressourcen an, lagerten Schiffe und Personal ein. Sie wussten, dass es eine Zeit nach dem großen Krieg geben würde, wie es in dem Buch des großen Propheten Aahnn geschrieben stand.

Die Weltraum-Schlacht lief schlecht für die Macoronarus. Sie hatten große Verbände ihrer Flotte verloren, aber nur weil ihre Schiffe kurzfristig nicht mehr als Kriegs-Schiffe umgerüstet werden konnten. Vielleicht hatten sie die bevorstehende Gefahr auch nicht sehr ernst genommen und richtig eingeschätzt. Ihre Flotte wurde aufgerieben. Sämtliches Personal konnte sich dank ihrer entwickelten Fähigkeiten retten. Die Möglichkeit sich räumlich, nur mit der Kraft ihrer Geistes zu versetzen, beherrschten sie perfekt. Leider verfügten die Ablonder nicht über diese Fähigkeiten. Die treuen Diener wurden mit den vernichteten Schiffen ausgelöscht.

Geoffwan blickte in den Himmel hoch. Er hob seine Hand und wischte die Wolken beiseite. Geoffwan wusste, dass diese Geste nur zur Unterstützung seiner geistigen Kräfte diente. Der Himmel klärte sich und gab den Blick auf drei große fliegende Städte frei. Es war ihr Rückzugsgebiet. Diese drei Wolken-Städte hatte sie aus ihrem geheimen Lebensraum in diese Anomalie verlegt. Die Zierrakies wussten nichts hiervon. Die Macoronarus hatten vor langer Zeit beschlossen, die Zierrakies studieren zu wollen. Nur aus diesem Grunde hatten sie drei ihrer Städte hierhin verlegt.

Dank ihrem technischen Wissen hatten die Macoronarus eine Sphäre um ihre Städte errichtet und diese somit unsichtbar für andere Lebewesen gemacht. Der Hauptteil ihrer Rasse lebte in einer anderen geheimen Dimension. Diese frei war von Gewalt und dem Trieb der Rassen, expandieren zu müssen. Ihre Rasse hatte sich im

Laufe ihrer langen Lebens-Existenz immer mehr vervollkommnet. Alle Gaben ihres Gehirns konnten sie auch in ihrer körperlichen Form aktivieren und nutzen. Sie waren zu den Göttern geworden, die ihre Hilfsvölker schon immer in ihnen sahen.

»Ich spüre das Leben in mir schlagen«, dachte Geoffwan. »Es fühlt sich stärker an als je zuvor. Der nächste Abschnitt in den Prophezeiungen des großen Aahnn steht kurz bevor. «

Er atmete tief aus und blickte über die Anbaufelder, die sie besät hatten. Die Früchte ihrer Arbeit reiften heran. Er schloss seine Augen und horchte in die Stille. Seine Konzentration richtete sich auf die Felder.

»Da war es wieder«, bemerkte er. »Ich höre die Halme und die Blätter kraftvoll wachsen. «

Zufrieden öffnete er seine Augen.

»Alles ist im Einklang mit unserer Rasse«, stellte er fest. »Die Zierrakies haben uns schon lange nicht mehr behelligt. Für sie sind wir ein unterentwickeltes Volk. Diese von Vögeln abstammende Rasse, hat nicht erkannt, dass sich einige Angehörige unserer Rasse bewusst in ihre Gefangenschaft begeben haben, um sie zu studieren. Noch nie sind wir Macoronarus einer so zornigen und auf Eroberung ausgerichteten Rasse begegnet. Wir waren mit einer Flotte Labor-Schiffen ausgezogen, um die ausufernde Entwicklung der Worgass-Stämme einzudämmen. Doch dann war eine unserer Forschungs-Flotten in einem unbekannten Raumsektor auf die Zierrakies gestoßen, die auch Zerstörer genannt wurden.

Ohne zu zögern hatte die fremde Flotte angegriffen. Hierauf waren unsere Forschungs-Schiffe und wir als ganze Rasse nicht vorbereitet gewesen. Die Zierrakies wussten nicht, dass sich Angehörige der Macoronarus entstofflichen und zu den Traumzielen ihrer Gedanken springen konnten. Zeit und Entfernung spielt für uns keine Rolle mehr. Die Zierrakies deklarierten die gewonnene Schlacht als grandiosen Sieg für sich und besiegelten hiermit die Vernichtung der ablondischen Besatzungen. Alle Angehörigen meines Volkes konnten sich rechtzeitig in Sicherheit bringen. «

Geoffwan schmerzte die Erinnerung an die getreuen Ablonder, die ihnen immer treu zur Seite standen.

»Leider konnten wir die Hauptflotte der Ablonder nicht retten«, erinnerte er sich. »Sie hatten uns, wie gewohnt begleitet. Stets waren sie ergebene Diener gewesen und standen loyal zu uns. Ihre kleinen Schiffe waren den Zierrakies massiv unterlegen gewesen. Ehe sie reagieren konnten, hatten Verbände der Zierrakies sie bereits eingekesselt und das Feuer auf sie eröffnet. Die scheinbar kampferprobten Einheiten der großen 2.500 Meter-Schiffe der Zierrakies, entluden im Dauerschuss alle Waffentürme auf die Schiffe der Ablonder. Die Schiffe unserer Diener zerplatzten förmlich unter dem starken Beschuss der fremden Kampf-Schiffe. « Angewidert von der Gräueltaten der Zierrakies, wischte Geoffwan sein Gedanken beiseite.

»Was mag wohl aus ihnen geworden sein? «, fragte er sich. » Hatten die Zierrakies ihre Versorgungs-Planeten finden und vernichten können. Ihre Aktivierung sollte zeitlich bereits begonnen haben. «

Der Seher blickte in die Ferne des weiten Landes. Ihr Reservat war weltläufig und groß. Die Fläche ist fast zu überdimensioniert, für die 169 letzten Angehörigen der Aller-Ersten, die sich nur noch aufgrund von Empfehlungen ihres Ältesten-Rates hier aufhielten.

Geoffwan schärfte seine Sinne und horchte in die Ferne. Die Wellen der Zeit wurden schwammig und durchsichtig für ihn. Er erkannte die Unruhe, die auf dem Zierrakie-Verwaltungs-Planeten ausgebrochen war. Zahlreiche

Schiffe landeten wurden neu ausgerüstet und starteten in aller Eile wieder.

»Außerhalb ihrer Anomalie haben sie große Flotten-Verbände zusammengezogen«, erkannte er.

»Die Zierrakies scheinen sich für einen neuen Kampf zu organisieren. Sie können es nicht aufgeben. Die von ihnen manipulierten Keimlinge unserer Dienerschaft helfen ihnen rückhaltlos dabei. «

Zwischen den nebeligen Zukunfts-Visionen erkannte er ein großes 2.500 Meter-Schiff, das den Kurs zu dem Reservats-Planeten 429 einschlug.

»Wir bekommen Besuch«, dachte er. »Vermutlich werden sie uns neue Auflagen diktieren. «

Geoffwan stand auf und schritt die Treppe hinauf, zu dem großen hölzernen Versammlungshaus des Volkes. Er läuterte die zentrale Glocke. Ein Zeichen dafür, dass der Ältesten-Rat einberufen wurde. Diese Glocke wurde auch in den schwebenden Städten gehört. Sie läutete synchron in allen drei Wolken-Städten.

Geoffwan setzte sich auf einen Stuhl, der vor einem großen Tisch stand. Geduldig wartete er ab. Es dauerte nur wenige Minuten, bis weitere Rats-Mitglieder materialisierten.

Die gerufenen Rat-Mitglieder schauten den Sprecher des Ältesten-Rates an.
»Du hast die Glocke geläutet? «, fragte Nadewan.» Das ist seit langer Zeit das erste Mal, dass du den Rat einberufen hast. Wir haben nicht viel Zeit, der wissenschaftliche Rat unserer Wolken-Städte tagt. «

Geoffwan nickte.
»Wir sollten nicht vergessen, wo wir uns befinden«, antwortete Geoffwan. »Unser Domizil heißt immer noch Gefangenschaft. Die Ratsmitglieder haben einen Befehl auf diesem Planeten auszuführen. «

»Eine befohlene Gefangenschaft«, antwortete Balswan. Er war ein jüngeres Mitglied des Ältestenrates und noch nicht lange involviert.

»Wir hätten uns schon längst verabschieden können«, entgegnete er. »Hier ist für uns nichts Neues mehr zu entdecken. «

»Unsere Aufgabe hier ist noch nicht abgeschlossen«, fiel ihm Geoffwan ins Wort. »Bevor du solche Aussagen tätigst, beschäftige dich erst einmal mit dem Buch unseres Propheten Aahnn. Dort steht alles vorhergesagt. « Geoffwan blickte in die Runde der zehn Rats-Mitglieder.

»Wir bekommen Besuch«, antwortete er schließlich. »Deswegen habe ich euch gerufen. Ein großes Schiff der Zierrakies hat Kurs auf unserem Reservats-Planeten genommen. Sie werden bei uns landen und uns Fragen stellen. Ist euch bekannt, ob ein entsprechender Besuch angekündigt war? «

»Nein«, antworten die Ratsmitglieder. »Eine neue Zählung unseres Volkes sollte erst in 50 Jahren stattfinden. Es ist kein planmäßiger Besuch. «

»Ich habe meine Seher-Eigenschaften eingesetzt und festgestellt, dass der Verwaltungsrat der Zierrakies in großer Unruhe ist. Ganze Schiffs-Flotten werden ausgerüstet und starten. Sie sammeln sich vor ihrer Anomalie, der ihnen als Brückenkopf dient. «

»Welche Ursache kann das haben? «, antwortete Halswan.

»Ich habe nicht weiter geforscht«, antwortete Geoffwan.

»Wir haben vereinbart, unsere speziellen Fähigkeiten nicht vor den Zierrakies offen zu legen. «

»Welches Jahr haben wir heute? «, fragte Talswan.

Er war der Befehlshaber der ehemaligen Flotte der Macoronarus.
Geoffwan schaute ihn an.

»Welchen Kalender meinst du? «, antwortete er. » Wir haben heute das Jahr 925.789 neuer Zeitrechnung, oder das Jahr 250.000 nach unserer Kapitulation. Was ist so wichtig an diesem Datum? «

»Früher führten wir ein erlebnisreiches Leben«, erwiderte Talswan. »Heute haben wir uns mit dem Zustand abgefunden, nicht mehr aktiv an der Konstruktion des Universums beteiligt zu sein. Das haben wir uns selbst zuzuschreiben. «

»Wir mussten uns ruhig verhalten«, entgegnete Nadewan. »Die Zierrakies sollten nicht erkennen, wer wir sind. Das gilt heute auch noch für uns alle. «

Geoffwan nickte.

»Wer wir waren, ist richtig von dir ausgedrückt«, antwortete er. »Unsere einstige Energie und unserer Forscherdrang ist aus unserem Leben verschwunden. «

»Wir leben seit geraumer Zeit zurückgezogen in unseren Himmels-Städten und haben uns auf das Beobachten beschränkt«, beschwerte sich Balswan. » Eine direkte Gestaltung unseres Lebensbereiches, in dem von uns bewohnten Universum, wird von uns nicht mehr praktiziert. «

»Das ist bekannt«, sagte Talswan. »Nach unserem Rückzug ist alles das, was wir schaffen wollten, aus dem Ruder gelaufen und von fremden Rassen vernichtet oder unterworfen worden. «

»Die Stärke deines Feindes sollte man nicht unterschätzen«, sagte Geoffwan. »Wir haben schon einmal eine überraschende Niederlage erlitten. «

»Doch nur weil wir nicht vorbereitet waren«, antwortete Balswan. »Die Stärke eines Feindes richtig abzuwägen, ist bereits der halbe Sieg. «

»Eine relative Ruhe, die zwar gut 250.000 Jahre gehalten hat, wieder in Wallung zu bringen, ist ebenfalls keine gute Entscheidung«, entgegnete Talswan, der Flotten-Befehlshaber.

Geoffwan hob seine Hände.
»Wir haben diesen Zustand unserer Isolation bereits lange genug erduldet«, teilte er mit. »Wir dürfen nicht vergessen, wie wir hierher gelangt sind. Unsere Absicht war es, die Zierrakies zu studieren. Doch jetzt ist die Zeit um. Die bisherige Ordnung weicht einem Chaos. Das ganze Universum scheint sich gegen die Zierrakies zu verbünden. Es passiert, wie es in dem Buch des großen Aahnn geschrieben steht. Die Prophezeiung wird sich erfüllen. Die Zerstörer werden bestraft werden und alle gefangenen Rassen werden in die Freiheit entlassen. Der Fall ihres Imperiums wird durch die Revolte ihrer Diener eingeleitet. «

»Welche ihrer Diener sind gemeint? «, fragte Nadewan. » Hiermit sind doch wohl nicht die Worgass gemeint? «

Geoffwan blickte ihn lächelnd an.

»Das Buch des großen Aahnn stellt keinen genauen Bezug zu einer Rasse her«, antwortete er. »Doch ich kann es nicht ausschließen, dass es sich bei den Dienern um die Worgass handelt. «

»Falls es so kommen sollte, wird alles in Frage gestellt, wofür wir bisher gearbeitet haben«, bemerkte Balswan. »Damit steht einer weiteren Verbreitung ihrer Keimlinge nichts mehr im Wege. Es muss ihnen Einhalt geboten werden. Ein Universum voller Worgass ist für mich ein unerträglicher Zustand. «

»Die Informationen über die Worgass als Rasse sind in dem Buch des großen Aahnn eher verschwommen«, antwortete Geoffwan. »Es werden mehrere Möglichkeiten angedeutet. «

Er drehte seinen Kopf zur Türe.

»Beenden wir dieses Thema«, bemerkte er. »Die Informationen sind noch nicht vollständig. Das zierrakische Raumschiff ist soeben gelandet. Empfangen wir die Herrenrasse gebührend und hören uns ihre abscheulichen Befehle an. «

Die Ratsmitglieder verbeugten sich und legten ihren Kopf in den Nacken. Dann riefen alle aus einem Mund. »Gepriesen sei der allmächtige Prophet. «

Die Ratsmitglieder folgten Geoffwan nach draußen. Auf der Plattform, vor dem Eingang zu dem Haus des Volkes, können sie gut das Feld erkennen, auf denen das große

Schiff der Zierrakies niedergegangen war. Der Ausstiegs-Schott war bereits geöffnet. Ein Trupp Kampf-Roboter begleitete zwei Offiziere auf den Weg in das Dorf. Vorsichtig kamen sie näher und sahen sich interessiert um. Einer der zierrakischen Offiziere zeigte auf eine Plantage, auf der zahlreiche Früchte und Gemüsesorten heranreiften. Geoffwan erkannte, dass sie sich unterhielten. Das Stampfen der Einheit Kampf-Roboter ließ den Boden erzittern.

Geoffwan hatte keine Zeit mehr, seinen Gedanken zu folgen. Die zierrakische Abordnung und die kampfbereiten Roboter näherten sich dem großen Rats-Gebäude.

An der der untersten Stufe hob der vorderste Offizier seine Hand. Der Trupp stoppte.

»Gewürdigt sind die Zierrakies«, rief Geoffwan den Gästen entgegen.

»Gewürdigt sind die Zierrakies«, antworteten die Offiziere der Abordnung.

»Mein Name ist Admiral Dragphan«, teilte er mit. »Ich bin der Leiter der zierrakischen Fern-Aufklärung. «

Er blickte auf seinen Begleiter.

»Das ist Commander Breckphan, mein Stellvertreter«, erklärte er. »Spreche ich mit dem Volk der Macoronarus?«

Geoffwan trat vor.

»Das entspricht der Tatsache«, erwiderte er. »Wir nennen uns Macoronarus. Ich bin der Sprecher des Ältesten-Rates. Was verschafft uns die Ehre ihres unplanmäßigen Besuchs? Gibt es neue Repressalien, die wir erfüllen müssen? «

Admiral Dragphan schüttelte seinen Kopf.

»Nichts von alle dem«, antwortete er. » Die zierrakische Verwaltung weiß nichts von unserem Besuch auf ihrem Planeten. «

»Wir haben lediglich einige Fragen an sie«, entgegnete Commander Breckphan. »Ich bitte sie aufrichtig zu kooperieren. Darf ich sie daran erinnern, dass bewusste Falschaussagen unweigerlich Konsequenzen nach sich ziehen werden. «

»Ihre Gesetzgebung ist uns bekannt«, erwiderte Geoffwan. »Was gibt es so Wichtiges? Die planmäßige Überprüfung unserer Population steht erst in 50 Jahren an.«

Admiral Dragphan blickte den Sprecher des Ältesten-Rates an.

»Das ist uns bewusst«, antwortete er überaus freundlich. »Wie stehen einer Zeit der politischen Umwälzungen gegenüber. Der degenerierte Neffe des zierrakischen Groß-Kaisers hat die Macht an sich gerissen und die Mobilmachung befohlen. «

Geoffwan blickte den Admiral erstaunt an.
»Haben sie sich wieder neue Feinde geschaffen? «, fragte er zynisch.

»Ihnen wird das Lachen noch vergehen«, erwiderte Commander Breckphan. »Unsere neuen Feinde sind ihre alten Freunde. Ihr ehemaliges Hilfsvolk, von uns als vernichtet eingestuft, ist wieder aus der Versenkung aufgetaucht. Einige von ihnen scheinen überlebt zu haben. Sie konnten sich wieder stark vermehren und scheinen geheime Ressourcen aktiviert zu haben. Drei von uns entsandte Aufklärungs-Schiffe, wurden von ihrem ehemaligen Hilfsvolk, ohne zu zögern vollständig zerstört.

Die daraufhin entsandte Kampf-Flotte musste schwere Verluste erleiden. Ganze 87 Gross-Kampf-Schiffe des zierrakischen Kaisers wurden zerstört, andere schwer beschädigt. Der Groß-Kaiser ist außer sich. Er fordert die Schuldigen einer gerechten Strafe zu übergeben. Doch das Kommando-Schiff der sogenannten Ablonder sandte uns einen Hyper-Funkspruch zu. In diesem wurde die sofortige Freilassung aller in der Anomalie gefangen Rassen gefordert, insbesondere aber die Rasse der Macaronus. «

Eine kurze Stille leitete den Denkprozess der Ratsmitglieder ein.

»Was wissen sie über die Ablonder? «, fragte Admiral Dragphan.

Die Ratsmitglieder hatten gespannt zugehört. Ein Lächeln zeigte sich auf dem Gesicht von Geoffwan. Er blickte den Admiral an.

»Die zweite Phase der Säuberung des Universums läuft an«, erklärte er. »Unser treues Hilfsvolk, die Ablonder haben uns nicht vergessen. Sie suchen nach uns. Vor der letzten Schlacht wurden zahlreiche Versorgungs-Planeten eingerichtet. Im Falle einer Niederlage sollten die Ablonder zusätzliche Kapazitäten schaffen, um die Zerstörer, hiermit wurden die Zierrakies betitelt, zu einem späteren Zeitpunkt frontal anzugreifen. Jetzt scheint ihre Kriegs-Maschinerie anzulaufen. «

»Wie ist das möglich? «, erkundigte sich Admiral Dragphan. » Es sind 250.000 Jahre nach dem großen Vernichtungs-Krieg vergangen? «

»Zeit ist für uns ohne Bedeutung«, antwortete Geoffwan.

»Die Aufgabe wurde von Generation zu Generation weitergetragen. Doch es hat sich etwas verändert. Die Ablonder wissen jetzt, mit wem sie es zu tun haben. Sie werden nicht mehr mit einer nur geringen Kampf-Stärke angreifen. Ein Sturm wird über die Anomalie der Zierrakies hereinbrechen und Rache für alle Gräueltaten fordern. «

Entsetzt hatte Admiral Dragphan zugehört.

»Seien sie froh, dass nicht Prinz Sirthrith vor ihnen steht«, erklärte er. »Der Neffe des Groß-Kaisers hätte bei diesen Äußerungen sofort alle Überlebenden ihres Volkes exekutiert. «

»Dann werden die Ablonder wieder versuchen, sämtliche Worgass-Stämme im Universum zu vernichten? «, fragte Commander Breckphan.

»Davon ist auszugehen«, antwortete Talswan. »Das war unser letzter Befehl an unser Hilfsvolk. «

»Dann sind sie auch nicht besser als die Zierrakies«, antwortete Admiral Dragphan. »Es scheint so, dass uns von allen Rassen des Universums, die Selbstverwaltung und das Recht auf einen eigenen Planeten abgesprochen wird. «

Geoffwan blickte den Admiral irritiert an.

»Seit wann tragen Worgass solche Gedanken in sich? «, fragte er erstaunt. » Die Zierrakies wären über solche Äußerungen nicht gerade erfreut. «

»Glauben sie nicht, dass wir Worgass uns auch weiterentwickeln können? «, fragte der Admiral. » Überlieferungen zu Folge, wird ihnen die Erzeugung unserer Rasse zugeschrieben. Ich bin mit den Geschichtsdaten früherer Generation nicht vollständig vertraut, jedoch verdanken wir ihrer Rasse unsere intelligente Entwicklung. «

Geoffwan blickte die restlichen Ratsmitglieder an. Diese wirkten genauso erstaunt wie er.

»Das ist eine andere Geschichte«, beantwortete er die Frage des Admirals. »Das geht zurück auf die Anfänge des Universums. «

Er machte eine kurze Pause.

»Ich will ihnen etwas hiervon erzählen«, ergänzte Geoffwan. »Es ist richtig, dass unserer Volk ihre Rasse genmodifiziert und ihren Intelligenz-Prozess eingeleitet hat. Lange Zeit waren sie eine hilfreiche und loyale Rasse für uns, bis wir uns zurückgezogen haben. Wir widmeten wir uns anderen Dingen, die einer Weiterentwicklung unserer Species dienten. Als diese Forschungen abgeschlossen waren und wir zurück in das bekannte Universum kamen, stellten wir erschreckt fest, dass sich vieles verändert hatte. Unser ehemaliges treues Hilfsvolk war von einigen kriegerischen neuen Arten, des sich entwickelnden Universums, missbraucht und entfremdet worden. Sie produzierten im sprichwörtlichen Sinne immer mehr Abkömmlinge ihrer Species, mit neuen schlechten Eigenschaften.

Ganze Brutstationen waren von ihnen erschaffen worden, um aus den unterschiedlichen Stämmen der Worgass, gewissenlose Krieger für das Universum zu züchten. Die Worgass, unser treues gezüchtetes Hilfsvolk, wurde von diesen Rassen ausgenutzt. Dieser ausufernden Pest wollten wir entgegentreten und ihre Rasse wieder ihrer ursprünglichen Bestimmung übergeben. Leider war uns kein Erfolg vergönnt. Nach anfänglichen positiven Resultaten, trafen unsere Forschungs-Schiffe auf die Zerstörer. Ihre Kriegs-Schiffe waren unseren Forschungs- und Labor-Schiffen massiv überlegen. Die kleinen 250-Meter-Schiffe, der uns unterstützenden ablondischen Flotte, hatten ebenfalls keine Chance gegen die übergroßen 2.500-Meter-Schiffe der Zierrakies. Den Rest kennen sie selbst.

Die wenigen Überlebenden unseres Volkes wurden auf diesem Reservats-Planeten eingepfercht. Das ganze Szenario ist jetzt 250.000 Jahre her. Seit dieser Zeit zog Jahrtausende lang Dunkelheit in das Universum ein. Die Kräfte der unterschiedlichen Rassen, die sich der Worgass bedienten, fielen über unzählige Planeten her, löschten deren Bevölkerung aus, oder versklaven diese auf den vielen Reservations-Planeten dieser Anomalie. Bedenken sie jedoch, dass die Zierrakies nur eines von vielen Völkern sind, die sich der Worgass-Keimlinge bemächtigt haben. «

Admiral Dragphan schüttelte seinen Kopf.

»Eine wirklich lange Zeit«, entgegnete er. »Aus der zierrakischen Datenbank geht nicht hervor, ob sie zu gegebener Zeit einmal einen Ausbruchs-Versuch in Erwägung gezogen haben. Sie scheinen sich mit ihrer Gefangenschaft abgefunden zu haben? «

»Wir haben in dieser Zeit die Zierrakies studiert«, antwortete Halswan. »Seit der neue Groß-Kaiser an die Macht gekommen ist, erkennen wir noch einen stärkeren Expansionskurs ihrer Rasse als früher. Einen Ausbruchs-Versuch sahen wir als sinnlos an, da wir uns geistig auf allen Ebenen des Universums bewegen können. «

Admiral Dragphan verstand nicht, was das Ratsmitglied von sich gab.

Er nickte beiläufig.
»Der Geist ist frei«, antwortete er. »Ihre Körper sind jedoch an diesen Planeten gebunden. «

Ein strafender Blick von Geoffwan ließ Halswan verstummen. Er hatte bereits zu viel preisgegeben.

»Können sie uns mitteilen, mit welcher Flottenstärke die Ablonder die Anomalie angreifen werden? «, fragte Commander Breckphan.

Geoffwan schaute ihn traurig an.

»Zu viele Jahre sind vergangen«, antwortete er. »Wie sollen wir Gefangene hier erahnen, mit welcher Flottenstärke die Ablonder angreifen werden. Wir wissen nichts über ihre Kapazitäten. Sie werden den gleichen Fehler nicht ein zweites Mal begehen. Die Zierrakies dürfen nicht unterschätzt werden. «

»Das bedeutet, wir werden uns auf ein Schlachtgemetzel einstellen müssen? «, entgegnete Admiral Dragphan. » Die Zierrakies werden uns Worgass wieder an die Front schicken und als Laserfutter verheizen. Entsprechend können wir mit vielen Verlusten unter unseren Besatzungen rechnen. Bei einer Meuterei, zum Beispiel bei einer Kapitulation der von uns gesteuerten zierrakischen Schiffe, erwartet uns unweigerlich die Exekution durch den Zierr-Rat. «

»Ich stelle fest, dass sie wirklich die Absicht haben, ihr Volk in ein besseres Leben zu führen, Admiral«, antwortete Geoffwan. »Können sie sich vorstellen, weitere Worgass-Stämme von einer Selbstverwaltung zu überzeugen? Sie zu bewegen, abzulassen von den Kriegsdiensten, die sie ihren Herrenrassen leisten? «

»Vorstellbar wäre dies«, antwortete Admiral Dragphan. »Doch wir beide wissen, dass dies ein sehr langes Verfahren wäre. Es ist uns nicht bekannt, wie andere Worgass-Stämme ihren Meistern verpflichtet sind, oder ob sie intensive Genmanipulationen erleiden mussten.

Um mehr zu erfahren, sollten Untergrundtreffen organisiert werden, um die Denkweise weiterer Stämme zu ergründen. «

»Wichtig wäre eine vertrauensbildende Maßnahme zwischen unseren Rassen«, antwortete Talswan. »Falls sie sich dazu entschließen könnten in Freiheit zu leben, aber in Verbindung mit uns andere Worgass-Stämme zu befrieden, dann würde sich eine Möglichkeit für ihre Rasse finden, in der Zukunft zu überleben. «

»Etwas anderes ist nicht unser Wunsch«, erwiderte Admiral Dragphan irritiert. »Doch wie können sie, als Gefangene auf einem zierrakischen Reservats-Planeten, solche Angebote machen? «

Geoffwan lachte ihn an.

»Sie müssen noch viel über das Universum lernen«, antwortete er. »Unser großer Prophet Aahnn ist voller Überraschungen. «

Der Leiter der Fernaufklärung verzog sein Gesicht.

»Wir haben schon gegen viele unterschiedliche Götter von verschiedenen Species gekämpft. Niemand von ihnen konnte die Zierrakies in ihrer Vernichtungs-Politik aufhalten. «

»Es gibt nur wenige wirkliche Götter«, erklärte Halswan. »Erst wenn sie einen der richtigen Allmächtigen gefunden haben und er Gefallen an ihrer Rasse gefunden hat, können sie mit seiner Unterstützung rechnen. «

Admiral Dragphan wirkte nachdenklich.
»Sie glauben tatsächlich an das, was sie gerade ausgesprochen haben? «, fragte er. » Ich möchte ihnen gerne glauben, doch mir fehlt einfach der Glaube. Unserer Rasse sind diese Götter bisher noch nicht begegnet. «

»Haben sie Geduld«, antwortete Geoffwan. »Es wird eine Zeit kommen, in der die Götter auch auf sie aufmerksam werden. Nicht die negativen Taten erwecken ihre Aufmerksamkeit. Es ist die positive Entwicklung eines Volkes, die ihre Aufmerksamkeit erweckt. «

Geoffwan sah den unverständlichen Blick des Admirals.

»Sie haben uns Informationen gegeben, die nicht für die Ohren der Zierrakies bestimmt sind«, antwortete er. »Sie haben sich bestimmt gefragt, wie wir mit den letzten 169 Personen unseres Volkes, die auf diesem Reservations-Planeten der Zierrakies gefangen gehalten werden, etwas ausrichten wollen. Wie ich schon anfänglich mitteilte, sind wir freiwillig hier, um die Zierrakies zu studieren. Der Hauptteil unserer Rasse lebt in einer anderen Dimension. Schauen sie nach oben in die Wolken. «

Der Admiral tat, wie von Geoffwan gefordert.
Dieser hob seinen Arm und wischte als Geste über die Wolken.
Die Wolkendecke öffnete sich. Vor einem blauen Himmel wurden drei gigantische Wolkenstädte sichtbar, die wie von magischer Hand gehalten, am Himmel schwebten.

Admiral Dragphan und Commander Breckphan glaubten ihren Augen nicht zu trauen.

Es dauerte einige Sekunden, bis sie ihre Sprache wiedererlangten.

»Wie ist das möglich? «, stammelte der Admiral. » Warum wurden ihre Städte von den Zierrakies nicht geortet. «

»Dafür haben wir gesorgt«, antwortete der Flotten-Befehlshaber der Macoronarus. »Sie sind von uns in eine Sphäre gehüllt und werden durch ein Zeit-Feld versetzt. Es ist somit unmöglich für die Zierrakies diese Städte zu erfassen, oder mit ihnen zu kollidieren. «

»Damit liegen sie technisch weit in der Entwicklung über den Zierrakies«, teilte er Admiral erstaunt mit.

»Das haben wir nie abgestritten«, antwortete Geoffwan. »Unser Volk stammt aus den Anfängen des Universums. Wir haben uns entwickelt. Von uns stammen die Samen viele Leben auf zahlreichen Planeten des Universums, die sie im Auftrag ihrer Herrenrasse vernichtet und ausgelöscht haben. «

»Erst jetzt erweitert sich unser Horizont«, antwortete Admiral Dragphan. »Wir haben Jahrhunderte, wenn nicht Jahrtausenden, den falschen Herren gedient. Welch eine Schande für unsere Rasse. «

»Ihr Gedanke war doch keiner Rasse mehr zu dienen? «, bemerkte Halswan. » Haben sie diesen Gedanken schon wieder aufgegeben? «

»Nein«, antwortete Commander Breckphan. »Doch diese Offenbarung stellt unsere ganze Planung in Frage. Wie können wir gezüchtete Worgass es mit solchen übermächtigen Fähigkeiten aufnehmen? «

»Das brauchen sie nicht«, erwiderte Geoffwan. »Uns ist es lediglich an einem harmonischen Miteinander aller Rassen im Universum gelegen. Lernen sie andere Rasse im Universum kennen, auch wenn sie noch so verschieden sind, versuchen sie diese zu akzeptieren. Lassen sie ab, von diesem unendlichen Kriegstreiben und der Vernichtung von unterentwickelten Rassen. Auch sie waren einmal in einer Entwicklungsstufe, in der sie für andere Rassen nicht brauchbar waren. «

»Wir verstehen«, antwortete Admiral Dragphan. »Das ganze Szenario wird immer komplexer. Jetzt haben wir noch mehr Angst vor den Ablondern als vorher. «

»Sprechen sie mit ihrer Rasse«, bemerkte Talswan. »Ich spreche hier für den Ältesten-Rat der Macoronarus. Ergründen sie, was der Wunsch ihres Volkes ist. Falls sie die Freiheit wünschen, einen Planeten beanspruchen, auf dem sie sich selbst verwalten und sich ohne äußere Einflüsse sich weiter entwickeln können, werden wir ihnen nicht im Wege stehen. Wir unterstützen sie hierbei und sorgen dafür, dass sie ohne große Verluste aus der bevorstehenden Schlacht mit den Ablonder herauskommen. «

Geoffwan hob seinen Finger.
»Den einst ist klar«, bemerkte er. »Die Ablonder werden wie ein Sturm angreifen, unterstützt von mächtigen Freunden aus dem Normal-Universum, werden sie dem Treiben der Zierrakies ein Ende setzen und ihr Imperium, nicht nur hier in der 2. Dimension, auslöschen. «

Admiral Dragphan und Commander Breckphan erschreckten bei den hart ausgesprochenen Worten des Wortführers des Ältesten-Rates.

Geoffwan drehte sich zu seinen Ratskollegen um.
»Sollten wir die Entwicklung der Worgass unterschätzt haben? «, fragte er. » Es sieht fast so aus, als ob sie in einem Stadion angekommen wären, an dem sie des Krieges überdrüssig geworden sind und einen eigenen Planeten für ihre Rasse suchen. Wenn wir diese zerbrechliche Blüte der Rebellion nutzen können, wird es möglicherweise auf allen von Worgass besetzten Planeten einen Flächenbrand geben.

Die zahlreichen, unterschiedlichen Stämme der Worgass werden feststellen, dass einige von ihnen bereits über einen eigenen Planeten verfügen und ihre Selbstbestimmung erlangt haben. Das wird sie in ihrem Denken nach Freiheit unterstützen. Unsere geplante Aufgabe würde sich wesentlich erleichtern und ein Abregnen des Worgass Giftes unnötig machen. «

»Wissen wir, ob wir ihnen trauen können? «, fragte Talswan. » Die Visionen und Ideen von Admiral Dragphan und seinen Worgass müssen nicht zwangsweise von anderen Planeten getragen werden? «

»Das gilt es herauszufinden«, antwortete Geoffwan. »Wir haben uns immer als eine Rasse der ersten Schöpfungen des Universums verstanden. Unser Ziel war es, das Universum mit buntem Leben zu füllen. Die sich entwickelnden Rassen wollten wir auf ihrem Weg unterstützen. Sollte dieser Vorsatz nicht auch für die Worgass gelten, wenn sie sich in ihrer Entwicklung verändert haben und sie es ernst mit ihren Absichten meinen. Geben wir ihnen eine Chance und beobachten ihre weitere Entwicklung. «

»Wir Anderen sind weiterhin skeptisch«, erwiderte Talswan. »Eine zu große Vernichtungswelle ist durch Worgass in der Vergangenheit ausgelöst worden. «

»Aber nur, weil sie von ihren Meistern dazu genötigt wurden«, antwortete Balswan. »Ich stimme Geoffwan zu, einen moderaten Kurs gegenüber den Worgass einzuschlagen. «

»Unsere ganzen Planungen müssten überarbeitet werden«, entgegnete Halswan. »Das ändert unsere Zielvorgabe. «
»Eine solche Situation hat es bisher noch nicht gegeben. Wir wissen nicht, ob Admiral Dragphan die ganzen Worgass des zierrakischen Imperiums für seine Idee begeistern kann? «, bemerkte Talswan.

»Die Spreu wird sich sicherlich vom Weizen trennen«, antwortete Geoffwan. »Die Worgass, die den Zierrakies weiterhin dienen wollen, werden bei dem Angriff unseres Hilfsvolkes untergehen. «

»Was macht uns so sicher, dass unser ehemaliges Hilfsvolk in der Lage ist, die Flotte der Zierrakies zu vernichten? «, fragte der Flotten-Befehlshaber.

»So wird es in dem Buch des großen Propheten Aahnn vorhergesagt«, antwortete Geoffwan. »Seine Zusagen sind immer stichhaltig gewesen. Ich zweifle nicht im Geringsten hieran, dass es auch dieses Mal so sein wird. « »Geben wir den Worgass, unter dem Kommando von Admiral Dragphan eine Chance«, bemerkte Halswan. » Das ist eine neue Situation für uns. Noch nie konnten wir einen Drang der Worgass-Stämme nach Freiheit registrieren. Hier entwickelt sich etwas völlig Neues. Vielleicht bereinigt sich die Worgass-Situation von allein.«

Die Ratsmitglieder blickten ihren Kollegen an.
»Versuchen wir es«, entschied Geoffwan. »Das ist eine einmalige Chance für die Worgass, uns von ihrer Weiterentwicklung zu überzeugen. «

Er drehte seinen Kopf und nickte Admiral Dragphan und Commander Breckphan zu.

»Sie erhalten eine Chance, für ihr Volk, oder für alle Worgass, die ihnen folgen wollen«, teilte er mit. »Sie können einer Vernichtung zu entgehen. Besetzen sie die Kriegs-Schiffe der Zierrakies mit zuverlässigen und loyalen Getreuen ihrer Rasse. Falls es zu einem Kontakt mit der Flotte der Ablonder kommt, sollten ihre Offiziere auf den Schiffen der Zierrakies das Kommando übernehmen und auf ihren Befehl hin abdrehen. Es wird einen Zeitpunkt geben, in der alle von Worgass-Offizieren befehligten Schiffe der Zierrakies, abdrehen können.

Wir benötigen ihre Zusage, dass Angehörige unserer Rates, natürlich werde ich auch dabei sein, unter einem Vorwand auf ihr Flagg-Schiff genommen werden, um mit der Flotte der Ablonder Kontakt aufzunehmen. Nur so können wir unser Hilfsvolk anweisen, nicht auf die ausscherenden Schiffe der Zierrakies mit ihrem Personal zu feuern. Wählen sie nur zuverlässige Besatzungen für diese Aufgabe aus, bei dem sie sicher sind, dass keine Informationen an die Zierrakies gelangen. Weisen sie ihr Personal an, nicht in den Kampf einzugreifen. Befehlen sie ihnen sich ruhig zu verhalten und folgen sie unseren Anweisungen. Nur so lässt sich eine Vernichtung ihrer Schiffe vermeiden. Ist das für sie möglich? «

»Noch haben wir genügend Zeit«, antwortete Admiral Dragon. »Wir werden ausgesuchtes, loyales Personal informieren und alle notwendigen Maßnahmen besprechen. Ich gehe fest davon aus, dass sich alle unseren Befehlen anschließen werden. Wir mussten unter dem Regime der Zierrakies leiden und unzählige Verluste hinnehmen. «

Er überlegte einen Augenblick.

»Es ist durchaus möglich, dass der Neffe des Kaisers, sich auf einem Flaggschiff befindet«, sagte er.

»Das spielt keine Rolle«, antwortete Geoffwan. »Der Prinz wird zu gegebener Zeit verantworten müssen. «

»Aahnn, der größte Prophet der Macaronus hat alle geplant«, sagte Talswan.

»Es werden keine Problem entstehen«, lächelte Geoffwan. » Ihr Personal ist in der Überzahl. Was ist mit den stationierten Kampf-Robotern? Hören diese auf ihr Kommando? «

»Wir haben Zugriff auf die Programmierung der Kampfroboter«, antwortete Admiral Dragphan. »Zu gegebener Zeit werden wir die Programmierung der Roboter modifizieren und den Zugriff der Zierrakies hierauf sperren. Sie werden keine Befehle mehr von ihnen annehmen. «

»Das ist gut«, antwortete Talswan. »Wir brauchen den Neffen des Kaisers. Er bleibt ein Teil der großen Geschichte des Universums. Eins ist ihnen wohl klar, der Groß-Kaiser wird eine Rebellion seiner Anomalie, hier in der zweiten Dimension, nicht hinnehmen. Rechnen sie damit, dass er nach dem Bekanntwerden der Niederlage seiner Flotte, alle Schiffs-Einheiten zusammenziehen und versuchen wird, die Anomalie zurückzuerobern. Er wird diesen Brückenkopf nicht so einfach aufgeben. Wir werden also eine zweite Schlacht schlagen müssen. Das vollständige zierrakische Kaiser-Imperium muss zerschlagen werden. Erst dann kehrt wieder Ruhe im Universum ein. «

»Der Weg in die Whirlpool-Galaxie, zu dem Heimat-Planeten der Zierrakies ist weit und beschwerlich«, entgegnete Admiral Dragphan. »Wollen wir das auf uns nehmen? «

»Machen sie sich hierüber keine Gedanken«, antwortete Geoffwan. »Wir haben die Möglichkeit einen Tunnel zu öffnen, der uns innerhalb von wenigen Sekunden von hier aus in die Whirlpool-Galaxie bringt. Die Entfernung ist nicht das Problem. Ich sehe eher ein Problem, die Zierrakies von ihrem expandierenden Kurs abzubringen. Wir haben sie studiert und konnten sie lange Zeit beobachten. Falls sie auf eine Expansion im Universum verzichten, werden wieder Kampfe unter ihren Clans ausbrechen. Aus diesem Grunde werden sie auf unseren Vorschlag nicht eingehen. «

»Dann können wir sie nur mit Gewalt zurückdrängen«, antwortete Admiral Dragphan. »Diese Rasse hat unserem Volk so viel Schlimmes angetan, dass wir einen großen Hass empfinden. Es muss eine Lösung gefunden werden, dass sie Zierrakies nie mehr andere Völker und Rasse des Universums unterjochen können. «

Geoffwan blickte die Worgass an.
»Waren sie jemals in der Whirlpool-Galaxie? «, fragte er.

Admiral Dragphan und Commander Breckphan schüttelten ihren Kopf.

»Wir sind hier gebrütet worden«, antwortete der Führer der Fern-Aufklärung. »Zu dem Heimat-Planeten der Zierrakies durften wir nie fliegen. «

»Auch das ist verständlich«, antwortete Geoffwan. »Das Whirlpool-System besitzt eine außergewöhnliche Anzahl von Methan-Planeten. Ein solcher Planet ist auch die Heimat der zierrakischen Rasse. Jetzt ist es so, dass Methan sich sehr leicht entzündet. Ein kleiner Funke würde ihren Planeten in einer atomaren Explosion vernichten. «
Admiral Dragphan und Commander Breckphan blickten den Sprecher des Ältesten-Rates interessiert an.

»Falls die Zierrakies nicht kapitulieren und auf unsere Forderungen eingehen, werden wir wohl angreifen müssen«, fuhr Geoffwan fort. » Dementsprechend wird ihr Heimat-Planet zerstört und als Warnung für andere boshafte Rassen als Demonstrieren aus dem Universum getilgt.

Allen Zivilpersonen geben wir vorher die Möglichkeit zu einer Evakuierung. Wenn das Kaiser-Reich nicht mehr existiert, werden ihre Flotten-Verbände führungslos sein. Sie werden demotiviert und niedergeschlagen sein. Wir bieten ihnen an, sich auf einem anderen Planeten eine neue Zukunft aufbauen, jedoch ohne ihre Groß-Flotten-Verbände. Uns liegt nichts an der Vernichtung einer ganzen Species. «

Der Sprecher der Macoronarus schaute die Gäste an.

»Können sie uns zusichern, dass sie diese Aufgabe übernehmen können, ohne Rache an den Zierrakies zu nehmen? «, fragte Geoffwan.

Admiral Dragphan überlegte kurz.
»Sie öffnen uns die Möglichkeit zur Freiheit«, antwortete er. »Wir werden unseren Hass niederlegen und den Zierrakies bei einem Neuanfang behilflich sein. «

Geoffwan lächelte.

»Das sind die Worte, die ich von ihnen hören wollte, « antwortete er. »Dieser Neuanfang sollte nicht von kriegerischer Natur sein. Den Zierrakies muss beigebracht werden, andersartige Rassen im Universum zu akzeptieren und mit ihnen ein gutes Miteinander zu pflegen. Anders wird es nicht gehen, denn auch sie sind nur eine Laune der Evolution. «

»Das sind alles schöne Worte«, antwortete Admiral Dragphan. »Hoffen wir nur, dass der Plan aufgeht und die Flotte ihres Hilfs-Volkes wirklich so stark ist, um die Groß-Raumschiffe der Zierrakies ausschalten zu können. «

»Wir werden dafür Sorge tragen, wie wir es in früheren Jahrtausenden ebenfalls gemacht haben. Es wird wieder Frieden in die zweite Dimension einkehren. Auch den kriegerischen Zierrakies und allen ihren Hilfs-Völkern, werden ihre expandierenden Ambitionen genommen werden«, erwiderte Geoffwan. » Gehen sie jetzt zurück in ihre Flotten-Fernaufklärung und leiten sie alles in die Wege. Informieren sie uns über ihre Schritte und übernehmen sie uns auf ihr Flagg-Schiff, wenn der Kampf bevorsteht. Ohne unsere Anweisung an die Ablonder, würde es zu einem fürchterlichen Gemetzel kommen. Hieraus kann dann keiner der Beteiligten Vorteile ziehen. «

Admiral Dragphan nickte.

Die Worgass-Offiziere traten vor und gaben dem Sprecher des Ältesten-Rates in die Hand.

»Wir vertrauen ihnen«, antwortete Commander Breckphan. »Es ist das erste Mal, dass wir unseren Erzeugern die Hand geben. Sie behandeln uns anders, als die Zierrakies es je getan haben. Wir folgen ihren Anweisungen, mit unserem stetigen Wunsch in die Freiheit entlassen zu werden. «

»So sei es«, entgegnete Geoffwan. »Unseren Zusagen können sie vertrauen. Viel Erfolg für ihre schwierige Arbeit.

Die Offiziere der zierrakischen Fernaufklärung verabschiedeten sich bei den weiteren Rat-Mitgliedern. Dann drehten sie sich um, gaben den Kampf-Robotern den Befehl zu wenden und abzuziehen. Der Tross setzte sich in Bewegung und schritt schweren Schrittes durch das kleine Dorf der Aller-Ersten.

Die Rats-Mitgliedern der Macoronarus blicken ihnen lange hinterher. Zeit stand ihnen ausreichend zur Verfügung. Sie beobachteten, wie das schweres Groß-

Raumschiff der Zierrakies von dem Feld abhob, beschleunigte und der Atmosphäre entgegeneilte.

»Informieren wir den kompletten Rat«, schlug Geoffwan vor. »Die Zeit der Erneuerung ist angebrochen. Alles trägt sich so zu, wie in dem großen Buch des Aahnn vorhergesagt. Bereiten wir uns vor. «

Entscheidung auf Centros

Heran befand sich auf dem Rückflug nach Centros zur. Er hatte den Kurs zur Mitte der Milchstraße programmiert, wo sich das große schwarze Loch befand. Hierin war der Planet der Lantraner seit vielen Jahrtausenden verankert. Unsichtbar für alle jungen Rassen des Universums. Bewusst hatten die Lantraner ihre Heimat für andere Rasse nicht erreichbar gemacht.

Heran saß in dem Kommando-Sessel der Zentrale seines Evolutions-Schiffes und beobachtete die Anzeigen. Der Flug verlief schnell und problemlos. Lange hatte es keine Zwischenfälle mehr gegeben. Die lantranische Technik war ausgereift.

»Es dauert nicht mehr lange, dann werde ich Centros erreicht haben«, dachte er. »Heute soll die Entscheidung unserer hohen Empore, zur Unterstützung der Ablonder fallen. Aritron, unser mächtiger Lenker hat versprochen, unsere Regierung im Sinne der Ablonder zu überzeugen. Die Terraner können die Arbeit nicht immer für uns übernehmen. Hiervon gilt es unsere Empore zu überzeugen. Es ist zwar hilfreich, wenn Hilfsvölker vorhanden sind, doch alle Aufgeben allein übernehmen, können sie nicht. Wir sind noch zu schwerfällig, um uns zu engagieren. Das muss sich ändern. «

Heran schüttelte seinen Kopf.

»Das wird ein sehr schwieriges Stück Arbeit für Aritron«, schmunzelte er. »Ich möchte seine Arbeit nicht ausführen. Sich um jede Entscheidung mit der hohen Empore auseinanderzusetzen, das macht nicht den geringsten Spaß. «

Er wusste, dass auch Aritron die Verhandlungen mit der Empore hasste.

Das ehrwürdige Gremium war in der großen Turm-Pyramide auf Centros zusammengetreten, um anstehende Beschlüsse zu fassen. Das höchste Gebäude des Planeten war der Regierungs-Palast. Der allwissende Rat, überwiegend als hohe Empore bezeichnet, bestand aus 12 gewählten Weisen des lantranischen Volkes. Sie entschieden über alle Belange des lantranischen Volkes. Ihre Beschlüsse waren endgültig und konnten nicht mehr angefochten werden. Es wurde in einem Abstimmungsverfahren beschlossen. Eingaben erfolgten über die Behörden der Verwaltung. Ihnen stand Aritron, als oberster Lenker vor. Nicht immer waren sich die gewählten Weisen einig, über Sinn oder Unsinn einiger Eingaben. Letztendlich folgte aber die Gesetzgebung der Vorgaben der Gründerväter ihres Volkes. Die besagte, dass alle Schichten ihres Volkes das Recht hatten, Eingaben ihrer Belange der Regierung vorzutragen.

Hieran hatte sich in den vielen Jahrtausenden ihrer Existenz nichts geändert.

Aritron saß mit einigen seiner Offiziere in der vordersten Reihe des Sitzungs-Saales. Er hatte Brontan, den ewigen Überwacher der Dimensionen mitgebracht. Ebenso waren Thoran, der Oberbefehlshaber der lantranischen Kampf-Flotten, zugegen, Tyran, der Oberbefehlshaber der Boden-Elite-Truppen, Freyjan, der oberste Befehlshaber der Polizei-Kräfte auf Centros, Nerthan, der Administrator für äußere Angelegenheiten und Thazian, der oberster Wissende der Entwicklungs- und Forschungs-Zentren. Sie alle sollten die Eingabe von Aritron unterstützen. Er war zwar der oberste Lenker des lantranischen Volkes, jedoch legte er Wert darauf, dass seine Offiziere ihre Aufgabebereiche selbst verwalten konnten.

Er drehte seinen Kopf zur Seite und blickte den kommandierenden Flotten-Befehlshaber an.

»Admiral Thoran«, sagte er. »Gleich fällt die Entscheidung für ihre Eingabe. Ich hoffe für sie, dass sich die hohe Empore positiv entscheidet. «

»Es ist für uns alle notwendig«, antwortete der Admiral. »Die Flotten unserer Evolutions-Schiffe hätten laut der

Planung schon längst modifiziert werden sollen. Es wurde immer wieder aufgeschoben, da laut unserem Rat dringendere Aufgaben durchgeführt werden mussten. Jetzt wäre es endlich an der Zeit, unsere Schiffe zu modifizieren. «

Der weise Rat der hohen Empore war in weißen Kapuzenmänteln gehüllt. Auf der Brust prangerte das Logo des lantranischen Imperiums. Sie blickten von einem drei Meter hohen Podest auf die Politiker und Offiziere herunter. Ihre Gesichter waren nicht erkennbar. Es diente zu Sicherheitszwecken. Nur wenige Personen kannten die wahren Identitäten der Ratsmitglieder.

Der Vorsitzende der Empore stand auf. Mit seinem goldenen Zepter-Stab schlug er dreimal auf den Boden auf. Er schien aus einem massiven Metall zu bestehen. Dumpfe Donnertöne eilten durch den Saal. Die Gespräche verstummten, die Augen der Zuhörer blicken die hohe Empore an.

»Ruhe bitte«, rief der Vorsitzende. »Unsere Entscheidung der ersten Eingabe ist gefallen. Hören sie unsere unseren Beschluss. «

Eisige Ruhe herrschte im Saal. Man hätte eine Stecknadel fallen hören. Der hohen Empore und den Ratsmitglieder wurde ein großer Respekt gezollt.

Der Vorsitzende der Empore ließ seine Blickte über die Zuhörer schweifen.

»Wie ich sehe, scheint großes Interesse an unseren Beschlüssen zu bestehen«, rief er mit honoriger Stimme. »Seit Jahren war dieser Saal nicht mehr so stark frequentiert, wie heute. Ich erkenne Aritron, den Lenker unseres Volkes, mit hochrangigen Offizieren seiner Verwaltung, ferner einige wichtige Politiker unseres Planeten. Ich weise ausdrücklich darauf hin, dass dieses Gremium nicht nur der Verwaltung, oder einigen Offizieren, sondern dem ganzen lantranische Volke dient. Viele von ihnen sehen dieses Gremium als überholt an. Doch ich kann sie beruhigen.

Die hohe Empore geht mit der Zeit und ist sich den neuen Herausforderungen sicherlich bewusst. Ihnen allen ist bekannt, dass wir die Verpflichtung haben, die Interessen unseres ganzen Volkes in Ruhe abzuwägen. So steht es bereits in der Verfassung unserer Urväter geschrieben. Das Universum verändert sich nicht nur heute. Es hat sich die ganze Zeit über weiterentwickelt, ob jetzt in unserem Sinne, oder in eine entgegengesetzte

Richtung. Durch unsere zeitweilige Abkehr von den Geschehnissen der Milchstraße und des Universums, haben wir die Entwicklung und die Geschehnisse, der von uns beobachteten Planeten sich selbst überlassen. Es gab eine dunkle Zeit in der Milchstraße, in der viele der von uns behüteten Planeten von fremden Rassen angegriffen wurden.

Hiervon haben wir leider erst zu spät etwas mitbekommen. Die Zeit ist uns zwischen den Händen entglitten. Im Nachhinein kann dies als ein grober Fehler unsererseits betrachtet werden. Nicht zuletzt, um zukünftig solche Geschehnisse zu vermeiden, haben wir uns entschlossen, wieder verstärkt auf unsere Milchstraße zu achten und deren Entwicklung zu lenken. Doch diese Entscheidung kann nicht innerhalb von kurzer Zeit umgesetzt werden. Hierzu sind reichhaltige Maßnahmen erforderlich. Die Entwicklung vieler fremder Rassen ist ebenfalls nicht stehengeblieben. Sie haben sich geistig und technisch weiterentwickelt. Einige von ihnen wurden vernichtet, andere sind ausgestorben.

Neue Rassen wurden geboren und haben sich rasend schnell entwickelt. Es benötigte eine Katalogisierung der neuen Milchstraße. Auch aus diesem Grund stimmen wir dem Wunsch des Flotten-Oberbefehlshabers Thoran zu, die zahlreichen Flotten unserer Evolutions-Raumschiffe nachhaltig aufzurüsten. Diese Gesetzgebung wird umgehend vollzogen. «

Beifall wurde im Hörsaal laut.

Der Flotten-Oberbefehlshaber Thoran stand auf und verbeugte sich.

»Ich danke der hohen Empore für diese Entscheidung«, antwortete er. »Nur wenn wir bereit sind und technisch gut ausgestattet, können wir die Weichen für eine neue Milchstraße stellen und mögliche Aggressoren zurückdrängen. Die Zukunftsvisionen zeigen, dass viele dunkle Wolken in Richtung der Milchstraße aufziehen. Wir sollten für diese Zeit bereit sein. «

Der Sprecher der hohen Empore blickte ihn irritiert an.

»Ihnen sollte doch bewusst sein, dass trotz der vielen Jahre der Zurückgezogenheit, unsere Forschung, Technik und Entwicklung nie zu einem Stillstand gekommen ist. Noch immer bewerten unsere Experten sie auf einem hohen Stand. Ich kann ihre heutige Aussage noch nicht deuten, da diesem Rat die Informationen fehlen. Doch einige Mitglieder dieses Rates sehen ihre Bitte als überzogen an. Es ist nicht unsere Aufgabe mit ihnen über Sinn oder Unsinn einer solchen Eingabe zu diskutieren.

Ihrem Wunsch wird entsprochen, wenn auch nur knapp, die Flotten-Verbände unserer Schiffe aufzurüsten. Das oberste Gebot der Urväter ist es, die Sicherheit unseres Volkes und der ganzen Milchstraße zu sichern. Wir werden die benötigte neue Technik für ihre Schiffe freigeben und die Werften-Technik entsprechend instruieren. Die Aufrüstung kann unverzüglich erfolgen. «

Der Vorsitzende des Rates schlug wieder dreimal mit seinen Zepter-Staub auf dem Boden auf. Dieses bedeutete den Abschluss der Eingabe. Dass Gesetz hatte ab sofort Gültigkeit.

Der Sprecher der hohen Empore blickte Aritron an.

»Der Lenker unseres Volkes möchte vortreten und seine Eingabe vorbringen«, rief er mit dunkler Stimme Aritron stand auf und schritt zur Mitte des Saales, vor das Podest der hohen Empore.

»Weise Empore«, sprach er den Regierung-Rat von Centros an. »Vor nicht allzu langer Zeit gaben sie uns ihr Einverständnis, wieder verstärkt die Belange junger Rassen in der Milchstraße zu unterstützen, wie es die Niederschriften unserer Urväter vorgeben. Wir haben uns hiernach gerichtet und versucht Kontakte zu jungen

Rassen aufzunehmen. Leider haben unsere Späh-Schiffe eine zerstörte Milchstraße vorgefunden.

In der Zeit unserer Zurückgezogenheit, ist es fremden Aggressoren gelungen, die jungen Rassen unserer Milchstraße zu vernichten und auszudünnen. Eine große Flotte von nicht humanoiden Wesen hat die Milchstraße zu ihrem Schlachtfeld gemacht und viele von uns angesiedelte Rassen förmlich in die Vernichtung gebombt. Das ehemals so blühende Leben in unserer Sterneninsel wurde fast gänzlich ausgelöscht. Wir vermuten, dass sie im Auftrag einer alten, uns nicht freundlich gesonnenen Rasse gehandelt haben.

Leider fehlen uns immer noch stichhaltige Hinweise, wer hinter dieser Misere steckt. Selbst die von uns als weit entwickelt eingestuften Natrader, wurden von ihnen attackiert und ihr Heimat-Planet verwüstet. Ihnen blieb nur die Evakuierung in ein neues Sternen-System. So etwas darf nicht mehr passieren. Uns obliegt der Schutz der Milchstraße, wie es von unseren Gründer-Vätern gewünscht wurde. «

»Die Daten sind uns bekannt«, antwortete der Sprecher des Rates. »Worauf wollen sie hinaus? «

Aritron ließ eine kurze Pause vergehen. Sein Blick wurde ernst.

»Wie Admiral Thoran bereits mitteilte, haben wir dunkle Wolken im Universum entdeckt, die sich in aggressiver Weise immer weiter ausdehnen und die auch vor unserer Milchstraße nicht halt machen werden. «

Die hohe Empore hatte interessiert zugehört.

»Von welchen Wolken sprechen sie? «, fragte der Vorsitzende. » Sie scheinen über Informationen zu verfügen, die uns noch nicht bekannt sind? «

»Ich spreche von einer Rasse, die den alten geregelten Vertrag über die Zugehörigkeit erster Rassen im Universum gebrochen hat. Wie sie wissen werden, regelt dieser Vertrag die Verwaltung von Sterneninseln, durch frühe Rassen in unserem Universum. Durch diesen Vertrag unserer Gründer-Väter, bekamen wir die Milchstraße zugeteilt, anderen Rassen wurden entferntere Sternen-Systeme zugeteilt. Hierdurch wurde vermieden, dass sich alte, technisch weit entwickelte Zivilisationen auf zu engen Raum einengten.

Alle alten Rassen unterschrieben diesen Vertrag und garantierten, sich für ihren Zuständigkeitsbereich einzusetzen. Sie versprachen neues, heranwachsendes Leben zu unterstützen. Doch jetzt haben wir Informationen erhalten, dass sich eine dieser Rassen nicht mehr an die gültigen Verträge hält. Durch eine neue Ausrichtung ihres Kaiser-Imperiums, scheint auch ein Umdenken in ihrer Expansions-Politik erfolgt zu sein. Sie haben einen aggressiven Kurs eingeschlagen und dehnen sich seit Jahrtausenden unbemerkt aus. «

»Wir wissen immer noch immer nicht von welcher Rasse sie sprechen, Aritron? «, mahnte der Vorsitzende des hohen Rates den exekutiven Lenker von Centros. » Uns ist ihre vorausschauende Arbeit bekannt, die sie zum Wohlergehen unseres Volkes durchführen. Ihre Meinung hat in unserer Empore starkes Gewicht. Teilen sie uns bitte mit, worum es sich handelt? «

Aritron ließ wieder eine kurze Pause vergehen.

»Ich spreche von einer alten Species, die sich selbst Zierrakies nennen. Ihnen wurde die Verwaltung der Whirlpool-Galaxis anvertraut. Uns liegen Aufklärungs-Berichte vor, dass diese Rasse sich in den vielen Jahren unserer Abgeschiedenheit bewusst aufgemacht hat, ihr Einflussgebiet im Universum zu vergrößern. Mit gnadenloser Gewalt, Unterdrückung und sogar mit der Vernichtung ganzer Rassen, versuchen die Groß-Kaiser dieses Volkes zu expandieren. Erreichbare Planeten und deren Einwohner wurden angegriffen und unterjocht, falls dies nicht gelang, sogar restlos ausgelöscht. Bisher ist niemand in der Lage, ihnen Einhalt zu gebieten.

Uns liegen Informationen vor, dass sie bereits in der 2. Dimension einen Brückenkopf errichtet haben. Dieser liegt in einer natürlichen Anomalie, einer sogenannten weißen Wolke. Diese dehnt sich ebenfalls auf natürlichem Wege immer weiter aus. In dieser abgeschlossenen Anomalie existieren 8.300 Planeten, die von den Zierrakies als Reservations-Planeten genutzt werden. Junge Völker, Rassen und Zivilisationen, die aufgrund eines zierrakischen Angriffes kapituliert haben und von ihren Siegern als erhaltungswürdig eingestuft wurden, sind auf diesen Planeten übersiedelt und eingepfercht worden. Sie unterliegen seitdem der aggressiven Gerichtsbarkeit der Zierrakies. Sie entscheiden über Leben und Tod dieser unschuldigen Rassen. «

Die hohe Empore hatte interessiert zugehört.

»Die Whirlpool-Galaxie ist weit entfernt«, bemerkte der Vorsitzende der hohen Empore. »Es werden noch viele Jahrtausende vergehen, bis es möglicherweise den

Zierrakies gelingt, die Milchstraße zu erreichen. Wenn es dieser Rasse überhaupt technisch möglich ist? «

Brontan der allmächtige Seher, hatte sich erhoben.

»Hier möchte ich ihnen ausdrücklich widersprechen«, antwortete er. »Der geschätzten Empore dürfte entgangen sein, dass wir uns in dem Ältesten-Vertrag bereit erklärt haben, in Notfällen mit anderen Rassen für eine Konfliktbeseitigung zu sorgen. Ich habe das Rad des Wissens gedreht. Es zeigt mehrere Visionen einer fiktiven Zukunft an. In neun von 10 Varianten rücken die Zierrakies ohne Gegenwehr vor. Ich stimme Aritron zu, dass wir uns diesem Vertragsbruch annehmen sollten. «

Der Sprecher des hohen Rates nickte.
»Wir danken ihnen für ihre Einschätzung«, antwortete er. »Doch sie ist bei unserer Entscheidungsfindung unerheblich. «

Thoran stand auf.
»Geschätzte Empore, ich bitte um das Wort«, sprach er das Gremium an.

»Sprechen sie Admiral«, antwortete der Vorsitzende des Rates. »Auch ihnen steht Redezeit zu. «

»Danke«, erwiderte Thoran.

»Ein Volk, zu denen wir gute Kontakte unterhielten, nannte sich Macaronus«, teilte er mit. »Diese alte humanoide Rasse war technisch weit entwickelt. Sie hatten den Vertrag ebenfalls unterschrieben und eingewilligt, sich im Konfliktfall um Krisenherde zu kümmern. Von vielen jüngeren Rassen wurden sie die Aller-Ersten genannt. «

»Die Rasse ist uns bekannt«, antwortete der Sprecher des Rates. »Fahren sie fort. «

Thoran nickte.

»Diese Rasse von Forschern und Entdeckern ist dem alten Vertrag gefolgt und hat sich den Zierrakies entgegengestellt. Sie ersuchten um Gespräche und wollten den Expansionsdrang der Zierrakies beenden. Leider scheiterten ihre Verhandlungen. Die Zierrakies ließen sich nicht von ihrem Expansionsdrang abbringen. Vor 250.000 haben sie sich dann mit ihren kleinen Forschungs-Schiffen den Zierrakies gestellt. Es gab keine andere Möglichkeit mehr, als die Zierrakies mit Gewalt zurückzudrängen. Die Schiffe der Macaronus, überwiegend Schiffe einer 250-Meter-Klasse, waren waffentechnisch nicht groß ausgestattet. «

»Es sind Schiffs-Klassen, wie wir sie auch benutzen«, bestätigte ein Rats-Mitglied. »Daran muss nichts Schlechtes sein. «

»Lassen sie Admiral Thoran aussprechen«, schellte der Vorsitzende seinen Rats-Kollegen.

»Ich bitte um Entschuldigung«, entgegnete der getadelte Zwischensprecher.

Thoran nickte.
»Vor genau 250.000 Jahren sind die Macaronus dann auf die Haupt-Flotte der Zierrakies gestoßen«, fuhr Thoran fort. »Sie wollten die übermächtigen Schiffe der 2.500 Meter-Klasse in die Whirlpool-Galaxie zurückdrängen. Doch sie hatten die Kampfkraft, der vermutlich nicht humanoiden Rasse, massiv unterschätzt. Die Zerstörer, wie sie von den Aller-Ersten genannt wurden, benutzen teilweise Methan als Atemgemisch auf ihren Schiffen. Andere Schiffe, nur von Besatzungen ihrer Hilfsvölker geflogen, benutzten wiederum ein Sauerstoffgemisch. Jedenfalls griff die Flotte der Macaronus unbeeindruckt die Verbände der Zierrakies an.

In den tagelangen schweren Schlachten, wurden die kleinen Schiffe Macaronus und die Schiffe ihres Hilfsvolkes, die sich Ablonder nannten, restlos vernichtet. Die wenigen Überlebenden, wurden auf einem ihrer Reservats-Planeten eingepfercht. Was die Zierrakies noch nicht wissen ist, dass es sich bei diesem Volk um die sogenannten Aller-Ersten handelt. Sie werden bei den Zierrakies mit dem natürlichen Namen ihres Volkes geführt. «

Thoran blickte den Vorsitzenden an.

»Jetzt komme ich zu der Gefahr, die von ihnen ausgeht«, bemerkte er. »Die Aller-Ersten verfügen über eine fortschrittliche Amulett-Technik, über die sich spezielle Wurmlöcher öffnen lassen. Diese ist so fortschrittlich, dass sie aus der 2. Dimension heraus, direkt ein Wurmloch in die Mitte der Milchstraße programmieren können. Ihnen ist es möglich, kurzfristig vor unseren Toren stehen zu können. Es wird den Zierrakies nichts ausmachen uns anzugreifen und auszulöschen. Noch ist diese Technik nicht in dem Besitz der Zierrakies gelangt. Es wäre hilfreich für uns, wenn es auch so bleiben würde.«

»Wie lässt sich das möglich machen? «, fragte der Vorsitzende der hohen Empore.

Aritron nickte Thoran zu.

»Ich danke für deine Ausführungen«, sagte er. »Ich fahre fort. Uns liegen Informationen vor, dass dieses alte

Hilfsvolk der Macaronus jetzt wieder zum Leben erwacht ist. Scheinbar hatten sie Ressource-Planeten angelegt, für den Fall einer Niederlage. Das Hilfs-Volk der Aller-Ersten mobilisiert derzeit seine Kräfte. Sie werden die Zierrakies angreifen. Ob ihre Kampfstärke ausreicht, ist uns nicht bekannt. Jedenfalls haben sie die Terraner und Heran um Unterstützung gebeten. Es soll eine Endlösung für die Zierrakies gesucht werden und die gefangenen Rassen, auf allen Reservations-Planeten befreit werden. Der Terror in der Whirlpool-Galaxie muss aufhören. Die alten Verträge unserer Gründer-Väter haben weiterhin bestand.

»Danke«, antwortete der Sprecher des Rates. »Wir verstehen ihre Besorgnis. Unsere Zuständigkeiten sind auf die Milchstraße beschränkt. Wir können uns nicht um alle Dinge im Universum kümmern. «

»Entschuldigen sie bitte, hoher Vorsitzender, dass wir ihnen wiederum widersprechen müssen«, antwortete Aritron. »Der unterschriebene Vertrag unserer Urväter, bestätigt eindeutig, dass wir uns bereit erklärt haben, in Krisenfällen einzugreifen. Derzeit lassen wir grundsätzlich andere Rassen die Kohlen für uns aus dem Feuer holen. Sie kämpfen für Freiheit, Recht und Ordnung. Sie kämpfen Schlachten, die in unserem Sinne sind.

Falls sie die Unterstützung für Heran und die Terraner ablehnen sollten, führt das die Zierrakies später direkt zu uns. Sie werden erkennen, dass lantranische Schiffe die Terraner unterstützt haben. Unabhängig hierzu brauchen wir die Terraner als Führungsmacht in der Milchstraße.

Ein junges Volk, dass auf den Spuren der Natrader wandelt und sich deren Technik zu eigen macht, sorgt für ein ausgeglichenes Miteinander aller Rassen in der Milchstraße. Es entspricht unseren Zielen, dass sie die Polizei-Arbeit für uns durchführen. Entsprechend dieser Tatsache sollten wir sie in schwierigen Krisen-Situationen unterstützen und für eine Überlegenheit ihre Kampfkraft sorgen. Sie haben allein nicht die Möglichkeit, die weiße Anomalie der Zierrakies aufzulösen. «

Der Vorsitzende der hohen Empore blickte seine Kollegen an. Diese nickten dem Sprecher zu.
»Wir haben durchaus sehr viele positive Dinge über die Terraner gehört«, erwiderte er. »Sie sind so, wie wir in unserem frühen Stadium waren. Vermutlich haben sie Recht, dass wir wieder für eine verstärkte Lenkung der Milchstraße einstehen sollten. Ich spreche hier für alle Ratsmitglieder, dass eine gewisse Ordnung erforderlich ist. Falls es eine Möglichkeit für die Zierrakies gibt, in

unsere Milchstraße einzudringen, dann muss diese unterbunden werden. Welcher Plan schwebt ihnen vor den Augen? «

Aritron schmunzelte innerlich. Er wusste, dass sich die hohe Empore für seine Wünsche offen zeigte.

»Ich fordere von ihnen 500 Evolutions-Schiffe, die mit unserer Sonnen-Destroyer-Technik ausgestattet sind«, ergänzte er. »Mein Ziel ist es, die weiße Anomalie der Zierrakies zu zerstören und die eingefangenen Planeten wieder ihrer regulären Bestimmung im Universum zu übergeben. Wir werden diese Anomalie in ihrem Gefüge erschüttern, so dass sich ihr Ausdehnungs-Prozess ins Gegenteil umkehrt. Falls dies nicht funktioniert, sollte es eine Möglichkeit geben, die Anomalie aufzulösen, so dass sie keine Gefahr mehr darstellt.

Bekanntlich bildet sich so eine weiße Barriere aus einer rotierenden Wolke aus Gestein, Schutt und Resten von explodierten Planeten, die sich aufgrund der unnatürlichen Kreiselbewegungen zu einem in sich festen Gebilde manifestiert. Die Ursache der Rotation muss ausgeschaltet werden. Das ist keine einfache Aufgabe. Hier sind gewaltige Gravitations-Kräfte im Einsatz. So etwas geschieht nur durch das Zusammenspiel mehrerer roter übergroßer Sonnen-

Giganten. Eliminiert man die Sonnen, löst sich ihre weiße Anomalie von selbst auf. Die Einflugs-Strudel fallen in sich zusammen. «

»Es wurde lange Zeit keine solche Waffe mehr produziert«, entgegnete der Ratsvorsitzende. »Ich hoffe sehr, dass unsere Wissenschaftler das hinbekommen. «

»Wir sollen die Produktion nicht hier auf Centros befehlen«, ergänzte Aritron. »Falls ein Unglück passiert, reißen die Kräfte unseren ganzen Planeten in den Untergang. «

Der hohe Rat blickte den Lenker des Volkes an.
»Wir aktivieren wieder einen unserer alten Produktions-Planeten, der weit genug von entfernt Centros ist«, teilte Aritron mit. »Falls dort ein Unfall passieren sollte, hat dies keinen Einfluss auf unseren Planeten. Ich halte das für einen geeigneten Standort für die Produktion dieser Waffen. «

»Können sie uns zusichern, dass keine Technik von uns in die Hände der Terraner fällt? «, fragte der Sprecher des Rates.

Aritron verzog sein Gesicht.

»Ich schlage dem Rat vor, den Terraner mehr Vertrauen zu beweisen«, entgegnete er. »Falls sie einen Wunsch haben, bitten sie uns um Unterstützung. Sie werden nicht heimlich Technik von uns stehlen. Dafür kenne ich sie mittlerweile zu gut. «

»Sie stehen also mit ihrer Person als Sicherheit zur Verfügung«, bemerkte der Sprecher des Rates. Aritron nickte beiläufig.
»Das reicht uns«, antwortete der Vorsitzende. »Wir beraten uns kurz und verkünden dann unsere Entscheidung. Die Sitzung wird unterbrochen. «

Der Sprecher schlug dreimal mit seinem Zepter-Stab auf den Boden auf. Wieder hallte ein dumpfes Donnern durch den Saal.

Alle Ratsmitglieder standen auf und entfernten sich aus dem Saal.

Die Zuhörer standen auf und näherten sich den Service-Stellen. Hier wurden Getränke und Speisen gereicht. Thoran trat auf Aritron zu.

»Da hast du dich aber weit aus dem Fenster gelehnt«, lächelte er. »Scheinbar hast du dies von Heran gelernt. «

»Solche Kommentare kann ich nicht gebrauchen«, antwortete Aritron. »Wenn diese Mission schief geht, dann haben wir die hohe Empore für alle Zeit verloren. Das ist euch allen doch klar. «

Der blickte in die Runde seiner Offiziere.
»Ich bin mir nicht sicher, ob Heran in der Lage ist, die benötigten 500 Evolutions-Schiffe zu kommandieren? «, fragte er seine Offiziere. » Er ist bekanntlich unser bester Wurmloch-Techniker. Nicht mehr und nicht weniger. «

Er blickte seine Untergebenen schelmisch an.
»Je größer die Herausforderung, je mehr Schiffe und Personal werden benötigt«, teilte er mit.

»Ich möchte, dass du Thoran das Kommando über die Einsatz-Flotte übernimmst. Du verfügst über genug Kampf-Erfahrung. Dir zur Seite wird Tyran gestellt, der ein Sonder-Kommando von lantranischer Elite-Bodentruppen befehligt. «

Thoran wollte aufbegehren.
»Keine Widerrede zu diesem Punkt«, beendete Aritron den Ansatz einer Diskussion. »Es schadet euch nicht, wieder einmal in eine Schlacht zu ziehen. «

Er wendete sich Tyran zu.

»Es versteht sich von selbst, genügend Einheiten Kampf-Roboter mitzunehmen«, entschied er. »Ihr wisst nicht, was auf euch zukommt. Vielleicht sind Bodenkämpfe unumgänglich. Stellt der Befehl ein Problem für dich dar? «

»Ich freue mich auf den Kampf-Einsatz«, antwortete der Oberbefehlshaber der lantranischen Boden-Verbände. »Die Zeit des Einrostens scheint vorbei zu sein. «

Aritron suchte mit seinen Augen Nerthan. Der Administrator für äußere Angelegenheiten stand etwas abseits und blickte teilnahmslos im Saal herum.

»Nerthan«, rief Aritron. »Komm bitte zu uns. «

Verdutzt blickte der Verhandlungsführer Aritron an. »Was gibt es? «, fragte er.

»Du wirst Thoran und Heran begleiten«, bemerkte er. »Deine Aufgabe wird es sein, mit den Zierrakies einen neuen Vertrag aushandeln, der sie auf den Raum ihrer Whirlpool-Galaxie beschränkt. Es muss ihnen für alle Zeiten untersagt werden, sich in andere Regionen des Universums auszudehnen. «

»Ich war noch nie im Außeneinsatz«, beschwerte sich Nerthan.

»Dann wird es aber Zeit«, lächelte Aritron. »Du bist bei Thoran in guten Händen. «

»Hoffentlich entscheidet sich die hohe Empore gegen einen Angriff«, flüsterte Nerthan.

»Solche Aussagen will ich nicht von dir hören«, ermahnte Aritron seinen Untergebenen. »Willst du deine Aufgabe noch länger ausüben, oder nicht? «

Der Administrator für äußere Angelegenheiten blickte gescholten zu Boden.

»Natürlich möchte ich sie noch länger ausüben«, antwortete er. »Doch muss ich direkt in einen Außeneinsatz. «
»Mach die hiermit vertraut«, antwortete Aritron. »Die Zeit der Erneuerung macht auch vor dir nicht halt. Es wird jetzt wieder etwas spaßiger für uns. «

Heran war im Anflug auf seinen Lande-Platz auf Centros. Die Hypertronic-KI seines Schiffes nahm eine automatische Landung vor. Heran brauchte sich um nichts zu kümmern. Er hatte sich in seinem Kommando-

Sessel zurückgelehnt und blickte auf dem Panoramafenster seines Schiffes.

Langsam zogen die Wolkenschichten an ihm vorbei. Die künstliche Sonne leuchtete in der vertrauten Farbe Rosa. Der künstlich gearbeitete Boden des Planeten beeindruckte ihn immer wieder. Die Formung wurde eigens durch ausgesuchte Planeten-Designer vorgenommen. Hohe Berge wichen kleineren Hügeln. Diese wurden von romantischen Seen und Flüssen unterteilt. Hieran grenzten kleinere Wohnsiedlungen, denen wieder Plantagen, Ländereien und Grünanlagen, zugeordnet waren.

Unter dem Evolutions-Schiff von Heran stauchte die Regierungs- und Hauptstadt des Planeten mit Namen Civitas auf. Sie war die größte Stadt und beeindruckendste Stadt auf dem Planeten. Hier saß die Regierung des lantranischen Volkes und leitete alle Belange.

Das Evolutions-Schiff von Heran senkte sich langsam nieder. Er konnte die imposante Verwaltungs-Pyramide erkennen, in der die hohe Empore tagte.

»Lieber Heran, ich gehe in den Lande-Modus über«, meldete die Hypertronic-KI des Schiffes.

»Setze das Schiff auf meinen persönlichen Landeplatz auf«, befahl der Wurmloch-Techniker.

»Das habe ich bereits vorgesehen«, meldete die KI. »Ich lande immer auf dem gleichen Platz. «

Heran verzog sein Gesicht, aufgrund der Belehrung seiner KI.

Heran bemerkte, wie das Schiff einen Gegenschub einleitet und sanft auf dem Boden aufsetzte.

»Das Schiff wurde erfolgreich gelandet«, teilte die weibliche Frauenstimme der Hypertronic-KI mit. »Ich schalte sämtliche Energie-Funktionen ab. Bitte verlasse das Schiff. Ich verriegele in wenigen Minuten den Außen-Schott und sichere gegen eine Fremd-Nutzung ab. «

Heran murrte.

»Alter Blechkasten«, schrie er. »Ich brauche Zeit, um das Schiff zu verlassen. «

Heran vermutete, dass sich die KI einen Spaß hieraus machte, ihn zu einen schnelleren Handlungsweise zu bewegen.

Heran sprang auf, griff nach seiner Uniformjacke und lief aus der Zentrale des Schiffes. Endlich hatte er den

Hangar durchquert und erreichte den Ausstiegs-Schott. Er öffnete ihn. Die Laser-Treppe fuhr aus und der Wurmloch-Spezialist schritt hinab auf den Boden des Raum-Flughafens. Er drehte sich um und sah, wie die Treppe automatisch eingezogen wurde. Der breite Schott klappte ein und verschloss sich. Das Evolutions-Raumschiff war verriegelt und gesichert.

»Ich muss unbedingt die Hypertronic-KI neu programmieren«, dachte er. » Es führt langfristig kein Weg hieran vorbei. Sie nervt gewaltig. «

Er drehte sich um und bemerkte den schwarzen Leiter, der unweit seines Schiffes stand. Es war ein typischer Regierungs-Gleiter, in der Farbe Schwarz gehalten. Das silberne Logo der lantranischen Regierung prangerte gut sichtbar auf der einsehbaren Seite.

Heran schritt auf den Gleiter zu. Ein Pilot stieg aus. Dieser wartete bis Heran vor ihm stand, dann verbeugte er sich freundlich.

»Ich habe den Auftrag sie in den Palast der Regierung zu fliegen«, teilte er mit. »Sie werden von Aritron erwartet. «
»Ist die Entscheidung der Regierung schon gefallen? «, fragte Heran.

Der Pilot schüttelte seinen Kopf.

»Als ich abflog, tagten sie noch«, teilte er mit. »Bringen sie etwas Zeit mit. Bekanntlich ist die hohe Empore nicht sehr schnell mit ihren Entscheidungen. Trotzdem möchte Aritron, dass sie der Sitzung beiwohnen. Steigen sie bitte ein. «

Heran seufzte und ergab sich seinem Schicksal.
Der Pilot öffnete den hinteren Schott des Regierungs-Gleiters.

Heran stieg ein und nahm auf den bequemen Polstern Es war sehr gemütlich. Er blickte sich um.

»Die Regierungs-Gleiter scheinen nochmals einen höheren Standard zu haben als die normalen Personen-Gleiter«, dachte er.

Er bemerkte, wie der Gleiter ohne Geräusche von dem Landefeld abhob, beschleunigte und den sichtbaren Regierungs-Palast zuflog. Aus dem Seitenfenster des Gleiters, beobachtete er das rege Treiben in der Stadt unter ihnen. Flug-Taxis, Stadt-Gleiter und jegliche Art von Flug-Vehikeln flogen in geordneten Bahnen durch die Stadt. Unzählige Passanten waren zu sehen, die vermutlich Dinge des täglichen Lebens besorgten. Die größte Stadt der Lantraner, quirlte vor Leben.

Während der Gleiter auf einen höheren Kurs einschwenkte, blickte Heran die Regierungs-Pyramide an.

»Landen wir nicht auf dem Regierungs-Platz vor dem Gebäude? «, fragte er den Piloten.

»Nein«, antwortete dieser. »Wir dürfen den Terrassen-Hafen ansteuern, der eigentlich nur für hohe Regierungs-Vertreter vorgesehen ist. «

» Wir dürfen direkt auf dem Gebäude parken? «, fragte Heran nach.

»Ich habe eine Sonder-Genehmigung erhalten«, antwortete der Pilot. »Vermutlich wird ihre Einschätzung er Situation von der Regierung für eine Urteilsfindung benötigt? «

Heran lächelte.
»Daher weht der Wind«, antwortete er. »Vermutlich soll ich wieder für alles Schlechte hinhalten? «

Der Pilot lachte.

»Warum soll es ihnen anders ergehen als uns Piloten«, erwiderte er. »Ich leite jetzt den Landeanflug ein«, ergänzte er. »Bleiben sie ruhig sitzen. «

Heran erkannte, wie der Pilot einen Bogen steuerte und oberhalb einer Lande-Terrasse des Gebäudes die Geschwindigkeit verlangsamte. Er hob die Nase des Gleiters an, drosselte weiter die Geschwindigkeit und schalte die Anti-Graf-Stabilisatoren zu. Dann setzte er langsam auf der Gleiter-Trasse auf.

Der Pilot sprang aus dem Gleiter und öffnete Heran den Schott.

»Wir sind da«, bemerkte er. »Viel Erfolg für ihre Gespräche. «

Heran stieg aus und bedankte sich.

»Das hoffe ich«, antwortete er.

Er drehte sich um und lief auf zwei schwarze Glastüren zu, die von zwei Sicherheits-Bediensteten der Regierung geöffnet wurden.

Er blickte die Sicherheits-Offiziere ein.
»Heute keine ID-Kontrolle? «, fragte er.

Sie winkten ihn durch.

»Wir kennen sie mittlerweile«, antwortete einer von ihnen. »Sie sind doch dieser berüchtigte Wurmloch-Spezialist. «

»Nein«, antwortete Heran. »Ich sehe nur so aus. In Wirklichkeit steht ein Worgass vor ihnen, der jetzt unsere Regierung infiltriert. «

Die Sicherheits-Bediensteten schauten ihn irritiert an.

»Das war ein Spaß«, lachte Heran. »Doch wir sollten die Worgass-Kontrollen nicht vernachlässigen. Wo muss ich hin? «

»Sie können reingehen«, sagte einer der Sicherheitskräfte. »Immer dem Korridor nach. Die hohe Empore hat sich soeben vertagt. Die Anhörung wurde unterbrochen. «

Er nickte und bedankte sich.

Schnellen Schrittes ging er durch das Gebäude. Nach einigen Abzweigungen mündete der Korridor in einen breiten Gang, der mit einem silbernen Teppich ausgelegt war. Am Ende des Ganges konnte Heran die große verzierte Pforte erkennen, vor der wiederum zwei Sicherheitskräfte postiert waren. Diesmal waren sie schwer bewaffnet und beobachteten bereits von Weitem seine Ankunft. Ihre Hände schwebten über den schussbereiten Laser-Gewehren.

»Ist hier der Sitzungsaal der großen Empore? «, fragte Heran. » Man erwartet mich. «

»Name und Identität«, antwortete einer der Sicherheits-Offiziere. Der zweite Soldat ließ Heran nicht aus den Augen.

Heran reichte ihm seine ID-Card.
Der Offizier steckte sie in einen Scanner. Das Gerät leuchtete grün auf.

»Sie können eintreten«, antwortete er. »Ihre Genehmigung liegt vor. «

Er lächelte Heran an.
»Die Kontrolle ist Pflicht«, bemerkte er. »Das sollten sie ja wissen. «

Heran nickte emotionslos.
Der vorderste Sicherheits-Offizier öffnete ihm die Türe.

»Bitte treten sie geräuschlos ein«, sagte er.

Heran schlüpfte durch den Spalt und blickte sich um. Der Sitzungssaal war gut besucht. Schnell hatte er Aritron und die weiteren Offizieren seiner Führungsriege entdeckt. Langsam schritt er auf sie zu.

Aritron war gerade in einem Gespräch mit Nerthan verstrickt. Ohne etwas zu sagen, blieb er hinter dem exekutiven Lenker von Centros stehen.

Aritron hatte Gespräch mit Nerthan beendet und drehte sich langsam um. Ohne dem Anzeichen einer Verwunderung, lächelte er Heran an.

»Du bist schon da«, begrüßte er den Wurmloch-Spezialisten. »Das ist gut. Dann kannst du gleich selbst die Entscheidung der hohen Empore anhören. Der Rat wird sicherlich gleich zurückkehren und seine weise Entscheidung verkünden. Wir haben getan, was wir konnten. Mehr ist nicht möglich gewesen. Die Entscheidung liegt jetzt bei unserer Regierung. «

»Ich verstehe nicht, dass bei solchen wichtigen Endscheidungen, immer so viele Diskussionen mit der hohen Empore entstehen«, murmelte Heran. »Wir wollen doch auch nur das Beste für unser Volk. Warum muss die hohe Empore immer ihren Segen dazugeben. Das gibt es bei keinem anderen Volk. «

»Die Verfassung wurde noch von unseren Urvätern ausgearbeitet«, antwortete Aritron leise. »Sie wurde seitdem nicht mehr verändert. Sicherlich würde sie einige Modifikationen vertragen. «

»Das ist ja ewig her«, bemerkte Heran. »Vermutlich weiß kein Lantraner mehr, wie viele Jahre sie bereits unverändert existiert, weil kaum noch Niederschriften von den Urvätern vorliegen? «

»Trotzdem sind wir immer gut hiermit gefahren«, antwortete Aritron. »Daran wirst du jetzt auch nichts ändern. «

Er blickte den Wurmloch-Techniker ernst an.
»Ich bereite dich darauf vor, falls die Empore unserer Eingabe zustimmt und die 500 Evolutions-Schiffe freigibt, wird die Flotte von Thoran befehligt. Ich habe ihn abkommandiert mit dir zu fliegen. Ebenso wird Tyran dabei sein, der Elite-Bodentruppen mitnimmt und diese im Bedarfsfall auch einsetzt. Nerthan wird mitfliegen, um den Zierrakies nach Beendigung der Kampfhandlungen, einen neuen Vertrag zu präsentieren. Dieser wird ihr zukünftiges Einflussgebiet regeln. Er soll

mit den Zierrakies den Vertrag ihrer Kapitulation aushandeln. «

Heran blickte den Lenker des lantranischen Volkes an.

»Traust du mir die Führung der Raumschiffe nicht mehr zu? «, fragte Herren irritiert.

»Bist du jetzt zum Flotten-Kommandeur befördert worden? «, fragte Aritron. » Ich dachte bisher immer, du bist ein guter Wurmloch-Spezialist? «

»Jetzt kommt diese Leier wieder«, antwortete Heran. »Bisher konnte ich doch auch alles mit Erfolg managen? «, ereiferte er sich.

»Das ist richtig«, antwortete Aritron. »Dafür sind wir dir auch sehr dankbar. Doch bei dieser Mission handelt sich es nicht nur um ein 100 Schiffe in beobachtender Funktion, sondern um 500 Evolutions-Schiffe, die alle mit lantranischen Piloten besetzt sind und sensible Waffen-Systeme an Bord haben. «

»Das ist mir bewusst«, antwortete Heran. »Was macht das für einen Unterschied? «

»Der Unterschied macht folgendes Argument aus«, lächelte Aritron ihn an. »Thoran hat große Kampferfahrung und ist der Ober-Befehlshaber der lantranischen Flotten-Verbände. Es ist seine Aufgabe diese Flotte in den Kampf zu führen. «

Heran verzichtete auf weitere Kommentare.

»Ich sehe, dass du nicht ganz zufrieden bist«, entgegnete Aritron. »Falls die hohe Empore zustimmt, kannst du doch diese Mission bereits als ein Erfolg für dich und Major Travis verbuchen. Uns beiden ist doch klar, dass die Mission erfolgreich verlaufen muss. Eine Niederlage wirft uns um Jahrhunderte zurück. Wir würden dann lange Zeit keine solche Mission mehr genehmigt bekommen. «

Heran blickte Aritron an.
»Das ist mir auch bewusst«, antwortete er. »Ich gehe davon aus, dass wir erfolgreich sein werden. Ich halte die Technik der Zierrakies für nicht so weit entwickelt. «

»Das hoffe ich sehr«, antwortete Aritron. »Ich habe von der hohen Empore eine Aufrüstung aller an der Mission beteiligten Schiffe gefordert. Sie werden mit unserer Sonnen-Destroyer-Technik ausgestattet. Hierdurch gelingt es uns, die Anomalie der Zierrakies aufzulösen.

Diese sensiblen Geräte haben wir nicht eingelagert. Sie müssen noch produziert werden. «
»Das sollte schnell geschehen«, antwortete Heran. »Wo soll das von statten gehen? «

Heran blickte Aritron an.
»Du vermutetest richtig«, entgegnet der Lenker von Centros. »Wir werden die Produktion auf einem unserer stillgelegten Produktions-Planeten durchführen. Weit genug entfernt von Centros. Dort werden unsere Techniker die Waffen herstellen. «

»Wir lagern die Produktion aus, um hier der Gefahr einer Explosion zu entgehen? «, fragte Heran. » Trauen sich unsere Wissenschaftler den Bau dieser Waffen nicht mehr zu? «

»Ich gehe zwar nicht davon aus, dass kein Unglück passiert, aber sicher ist sicher«, antwortete Aritron.

Heran wollte noch etwas sagen, doch Aritron verbot ihm mit einer Geste das Wort.

»Ruhe jetzt«, befahl er. »Die hohe Empore kehrt zurück. « Heran blickte auf das Podest und sah, wie die zwölf gewählten Weisen der hohen Empore, von ihrer

Beratung zurückkehrten. Ohne etwas zu sagen, nahmen sie auf ihren Sitzgelegenheiten Platz.

Nach einigen Sekunden stand der Vorsitzende der Empore auf und schlug dreimal mit seinem Zepter-Stab auf den Boden. Wieder halten dumpfe Donnerschläge durch den Raum.

»Ruhe bitte«, rief der Vorsitzende des Rates. »Wir sind zu einer Entscheidung gekommen. Hören sie uns bitte zu. Aritron, weiser Lenker unseres Volkes und des Planeten Centros, treten sie bitte vor. «

Der Angesprochene tat, wie ihm befohlen. Er stand auf und näherte sich der Mitte des Sitzungs-Saales. Dort blieb er stehen und blickte die hohe Empore an.

Das Gesicht des Vorsitzenden war nicht zu erkennen. »Weiser Aritron, geschätzte Offiziere, Politiker und Zuhörer, begann der Sprecher der hohen Empore. « Dann hielt er kurz inne.

»Ich sehe, sie haben noch Verstärkung bekommen«, bemerkte er. »Ihr Wurmloch-Spezialist ist auch erschienen. So wie wir ihn aus der Vergangenheit kennen, ist er vermutlich für das Übel ihrer Eingabe verantwortlich. «

Ein kurzes Gelächter flammte auf.

Heran schaute nach allen Seiten, konnte aber den Grund für die Erheiterung der Zuhörer nicht feststellen.

»Aritron«, rief der Vorsitzende. »Wir haben ihre Eingabe angenommen und diskutiert. Im Anschluss konnten wir uns beraten und ihre Wünsche sorgfältig abwägen, so wie es in der Verfassung unserer Gründerväter niedergeschrieben steht. «

Er machte eine kurze Pause.

»Die Zierrakies bedrohen derzeit nicht direkt die Milchstraße«, fuhr der Vorsitzende fort. »Doch wir erkennen die von ihnen vorgetragene Besorgnis, auch in der Zukunft dieser Bedrohung durch die Zierrakies zu entgehen. Ausschlaggebend für unsere Entscheidung war ihr Argument, dass eine Technik der Macaronus in die Hände der Zierrakies fallen könnte. Durch dieses Verfahren der Aller-Ersten würden sie in den Genuss kommen, sich kurzfristig allen Sterneninseln nähern zu können, die von ersten Rassen des Universums überwacht werden. Doch als viel schlimmer erachten wir, dass diese Technik ihnen die Möglichkeit eröffnen würde, sich unerkannt unserem Planeten zu nähern.

Diese Möglichkeit darf den Zierrakies nicht zugänglich gemacht werden. Das muss nach unserer Einschätzung für heute und für alle Zeiten ausgeschlossen werden. Nur in der Verwaltung der Aller-Ersten, einer mit uns befreundeten humanoiden Rasse, sehen wir diese Technik in guten Händen aufgehoben. Die hohe Empore ist zu dem Endschluss gekommen, dass dem Expansionsdenken der Zierrakies Einhalt geboten werden muss. Wir ordnen an, dass sie mit allen uns zur Verfügung stehenden Mittel zurückgeführt werden, in den Wirkungsbereich der Whirlpool-Galaxie.

Dies wurde durch den Vortrag unserer Urväter im Einverständnis mit allen ersten Rassen unseres Universums geregelt. Zukünftig werden sämtliche Expansionen der Zierrakies untersagt und unter Strafe gestellt. Ihr Brückenkopf in der 2. Dimension stellt für viele Rassen eine Gefahr da. Ihre Anomalie wird aufgelöst, ihr Brückenkopf beseitigt und alle dort angesiedelten Rassen in die Freiheit überführt. «

Der Vorsitzende machte eine kurze Pause.

»Unsere Bitte an die Macaronus ist klar«, ergänzte er. »Ihnen obliegen die weitere Verwaltung der 2. Dimension und die Betreuung ihrer Hilfsvölker. Zur Erreichung dieser Ziele und der gewünschten Reduktion des zierrakischen Imperiums, wird ihnen Aritron die Verwendung unserer Sonnen-Destroyer-Technik gestattet. Sämtliche an dem Einsatz befindlichen Raumschiffe werden hiermit ausgestattet. Die Produktion wird auf einem externen Produktions-Planeten erfolgen. Suchen sie einen geeigneten Standort aus. «

Nach einer kurzen Pause sprach der Vorsitzende weiter.

»Wie sie uns mitteilten, nehmen die Terraner auf unseren Wunsch hin an dieser Mission teil. Es ist richtig, dass wir sie nicht immer als vorgeschobenes Hilfsvolk einsetzen können. Pflegen sie den Kontakt zu den Terranern und bauen sie diesen weiter aus. Es scheint für uns die interessanteste Species der letzten Jahrhunderte zu sein. Ihnen trauen wir langfristig eine ausgeglichene Steuerung der Milchstraße zu. Eine Entschädigung der Terraner für ihre Bemühungen, beziehungsweise die Überlassung von für sie nützlichen wissenschaftlichen Daten, liegt in ihrem Ermessen. «

Der Sprecher der hohen Empore schlug dreimal mit seinem Zepter-Stab auf dem Boden auf. Wieder dröhnten schwere Donnerschläge durch den Raum.

Das Gesetz war hiermit genehmigt und bestätigt. Der hohe Rat erhob sich und entfernte sich auf dem Sitzungssaal.

Aritron lächelte seine Offiziere an.

»Ich bin überrascht«, sagte er. »Diese Eingabe ist problemlos durch den Rat gelaufen. Hiermit hätte ich niemals gerechnet. «

Er blickte Heran an.

»Du weißt, was dies bedeutet? «, fragte er.

Heran nickte.

»Es hat alles funktioniert«, antwortete er. »Uns ist es gestattet einzugreifen. «

»So ist es«, lächelte Aritron.

»Wie schnell werden jetzt die Waffen fertig sein? «, erkundigte sich Heran.

Aritron blickte sich nach dem wissenschaftlichen Leiter um.

»Ich habe soeben noch Thazian hier im Saal gesehen«, antwortete er.

Er blickte durch die Reihen der Offiziere. Der gesuchte Leiter der wissenschaftlichen Abteilungen unterhielt sich mit einem Techniker.

»Dort ist er«, entgegnete er. »Heran, bitte ihn einmal zu uns herüber.

Heran schritt durch die Menge auf Thazian zu.

»Entschuldigen sie bitte«, sprach er den Leiter an. »Aritron wünscht sie zu sprechen. «

Der Angesprochene nickte.

»Wir vertagen unser Gespräch«, entgegnete er zu seinem Gegenüber. Dann folgte er Heran zu Aritron.

»Sie haben eine Frage an mich? «, sprach er den Lenker der Executive von Centros an.

Aritron blickte ernst in die Augen des hochrangigen Wissenschaftlers.

»Ja«, entgegnete er. »Wie sie mitbekommen haben, befinden wir uns in einem Krisenfall. Wir wissen nicht, wie lange die Aller-Ersten die Technik noch vor den

Zierrakies verbergen können. Unser Eingreifen ist dringend erforderlich. «

»Sie sprechen von der Produktion der Sonnen-Destroyer-Waffen? «, erkannte der Wissenschaftler.

Aritron nickte.
»Wie schnell können sie die Waffen herstellen und unsere Schiffe bestücken? «, fragte er.

»Wir haben zwar diese Waffen eine lange Zeit nicht mehr gefertigt«, antwortete er. »Doch die Art und Weise der Herstellung bereitet uns keine Probleme. Es ist alles in unserer Datenbank. Geben sie uns 3 Tage für die Produktion und weitere 4 Tage, um alle 500 Schiffe hiermit auszurüsten. «

»Schneller geht es nicht? «, murrte Heran.

»Was soll diese Frage? «, konterte der Wissenschaftler. » Sie sind doch auch Techniker. Können sie 500 Wurmloch-Stationen an einem Tage reparieren? «

Heran schaute ihn sprachlos an.
»Na also«, antwortete der Wissenschaftler. »Gerade aus ihrem Mund hätte ich mir mehr Zustimmung gewünscht. «

Thoran lachte.

»Unserer Wurmloch-Spezialist hält es nie lange auf Centros aus«, bemerkte er. »Er ist sehr ungeduldig, was leider nicht typisch für unsere Rasse ist. «

»Auch er muss sich an die uns gegebenen Möglichkeiten halten, ansonsten kann er die Waffen gerne selbst einbauen«, antwortete der Wissenschaftler verärgert.

Aritron hob seinen Arm.

»Wir sind mit ihrem Vorschlag einverstanden«, erklärte er. »Reichen 50 Transport-Schiffe aus, um ihr Material zu dem Produktions-Planeten zu bringen? «

»Das reicht in jedem Fall«, antwortete der Wissenschaftler. »Wir begeben uns sofort an die Arbeit und duplizieren alle erforderlichen Teile. Alle kritischen Komponenten werden auf dem uns zugeteilten Produktions-Planeten erstellt. Welchen Planeten weisen sie uns zu? «

»Ich denke an C-12«, antwortete Aritron. »Er liegt nicht zu weit entfernt und ist mit neuester Technik ausgestattet. Er wird alle ihre Wünsche erfüllen. «

»Stellen sie auch eine Schutz-Flotte ab? «, fragte der Wissenschaftler. » Wir möchten nicht, dass die Zierrakies vorher eintreffen und über uns herfallen. «

»Hierum kümmert sich Thoran«, antwortete Aritron. »Er wird für ihren Schutz sorgen. «

»Gestatten sie, dass ich mich wieder der Arbeit widme«, fragte der Leiter der wissenschaftlichen Abteilungen. »Es liegen viele Aufgaben vor uns. «

»Selbstverständlich«, antwortete Aritron. »Versuchen die die Zeit noch etwas abzukürzen. «

Der Wissenschaftler verzog sein Gesicht, drehte sich um und schritt davon.

Aritron blickte seine Offiziere an.
»Es liegt viel Arbeit vor uns«, bemerkte er. »Thazian hat Recht. Lasst uns anfangen. «

Er blickte Thoran an und fasste ihn am Arm.
»Du kümmerst dich um die Schutz-Flotte für die Wissenschaftler«, befahl er. »Ich halte es zwar für unwahrscheinlich, dass etwas passiert. Doch wir sollten vorsichtig sein. «

Thoran bestätigte.
»Das ist gleich das Erste, was ich erledigen werde«, antwortete der Flotten-Befehlshaber. »Ich rufe die Piloten zusammen und weise sie ein. «

»Es wird Zeit. Ich muss in die Leitstelle«, verabschiedete sich Aritron. » Heran, du fliegst vorab zu den Terranern und informierst sie über unsere Entscheidung. Teile ihnen mit, dass in 7 Tagen unsere Flotte eintreffen wird. Nach Möglichkeit, sollten sie die Zeitdaten mit der Flotte der Ablonder koordinieren. «

Er blickte Heran fragend an.
»Noch ist das Hilfsvolk der Aller-Ersten nicht im Sol-System angekommen«, antwortete der Wurmloch-Spezialist. »Ich denke aber, der Kontakt steht kurz bevor. «
Aritron nickte.
»Noch etwas«, bemerkte Aritron. » Du bleibst unsere Kontaktperson zu den Terranern. Ich glaube, dieser Major Travis hat in dir einen Freund gefunden. Das kann uns nur hilfreich sein, in unserer zukünftigen Zusammenarbeit mit den Terranern. «

Aritron drehte sich um und schritt zu Ausgang.

Heran blickte ihm kurz nach. Da bemerkte er, wie Thoran ihm mit seiner linken Hand auf die Schulter schlug.

»Freue dich, dass ich mitkomme«, sagte ja. »Ich war lange nicht mehr auf der Erde und auf Atlantis. Ist Atlanta noch die Kommandeurin? «

Heran blickte ihn entgeistert an.
»Woher kennst du Atlanta, die heimliche Kaiserin von Atlantis? «, fragte er.

Thoran grinste schelmisch.
»Ich kenne sie aus früheren Zeiten sehr gut«, antwortete er. » Wir haben viele Schlachten gegen rebellische Barbaren geschlagen. Ich freue mich wirklich, sie wiederzusehen. Es gab eine Zeit, da hatte ich mich mit einigen Spezialisten unserer Rasse auf der Erde festgesetzt. Wir wiesen uns als germanische Gottheiten aus. «

Heran blickte ihn verwundert an. Thoran schwelgte in den Erinnerungen.

»Es war wirklich eine schöne Zeit, die ich unter den Atlantern und den germanischen Stämmen verbracht habe«, ergänzte er.

»Warum weiß ich hier von nichts? «, fragte Heran. » Das geht aus unserem Geschichts-Archiv nicht hervor. «

Wieder lachte Thoran schelmisch auf.

»Nicht alles wurde in den Geschichts-Speichern niedergeschrieben«, flüsterte er. »Glaubst du wirklich, dass es damals keine hohe Empore gab, über die sich ein Krieger immer nur ärgern konnte. Damals haben wir noch viele Aktionen in eigener Regie geplant und durchgeführt. Nur die belanglosen Berichte, die man problemlos erzählen konnte, wurden für unsere Datenspeicher freigegeben. «

Heran dachte nach.

»Das würde ja bedeuten, dass ihr Missionen in der Zeit durchgeführt habt, als die hohe Empore eine Zurückgezogenheit angeordnet hat«, erwiderte er.

Thoran lachte Heran schmutzig an.

»Das ist korrekt«, antwortete er. »Du weißt vieles noch nicht, dass dir Aritron einmal erzählen kann. Es sind lange und gute Geschichten. Leider fehlt uns im Moment die Zeit. Daran trägst du eigentlich Schuld. Kümmere dich jetzt um deinen Kontakt mit den Terranern. Alles Weitere wird von uns erledigt. «

Mit diesen Worten drehte sich Thoran ab und ging in die Richtung des Ausganges.

Heran dachte über seine Worte nach.

»Gibt es da vielleicht noch Geheimnisse in unserer Geschichte, die nicht bekannt werden dürfen? «, grübelte er.

Zusammenkunft auf Tarid

Major Travis hatte mit Sirin ihnen einige freie Tage in seinem Haus auf der Isle of Man verbracht. Sie hatten alles das nachgeholt, worauf sie so lange hatten verzichten müssen. Marc hatte es geduldig über sich ergehen lassen. Sirin war in dieser Zeit nur eine Frau gewesen, die den Stress der letzten Wochen abstreifte und Geborgenheit und Zärtlichkeit suchte. Er hatte dafür gesorgt, dass es ihr an nichts fehlte. Heinze bewohnte das Gästehaus auf Marcs Anwesen. Er verstand Sirin und gab sich gewohnt zurückhaltend.

Der Ro nutzte die Zeit, um weitere Daten-Archive nach terranischen Wissen zu durchforsten. Er war bereits eine längere Zeit auf der Erde und fand sich immer besser zurecht. Er hatte registriert, dass die Beiden in ihrer Freizeit auch gerne einmal alle für sich etwas unternehmen wollten. Heinze hatte viel über humanoide Lebewesen gelernt und akzeptierte deren Hang nach Liebe und Zweisamkeit. Neben dem Lernprozess widmete er sich seinen Gemüsefeldern, wo er von Marc die Genehmigung erhalten hatte, Möhren, Rüben und Salat anzubauen. All die Spezialitäten, die sein Herz so sehr begehrte.

Obwohl der Boden sehr steinig war, ließ Heinze sich nicht von den Mühen abbringen. Zwischendurch rief er Tart 1 zu Hilfe, der ihm gutmütig half den Boden für eine

Aussaat vorzubereiten. Die natradischen Personenschutz-Roboter waren zwischenzeitlich ein fester Bestandteil von Major Travis geworden. Ihnen oblag es, Gefahren rechtzeitig zu erkennen und den Träger des natradischen Kaisergens, in jeder Lage zu beschützen.

Tart 1 blickte Heinze an.

»Ist diese Aussaat etwas Besonders? «, fragte er blechern. » Du legst jedes Samenkorn einzeln mit der Hand in die Furche? «

»Das habe ich von den Menschen gelernt«, erwiderte Heinze. »Dadurch wird ein optimaler Abstand der Pflanzen erreicht. Die Ernte sollte sich hierdurch wesentlich verbessern. «

»Habt ihr Ro das nicht so auf eurem Planeten gemacht?«, fragte Tart 1.

Der Heinze schüttelte seinen Kopf.

»Nein«, antwortete der Ro. »Bis zu dem Eintreffen von Major Travis, hat uns der Beschützer versorgt. Es war die Hypertronic-KI des Planeten. Wir wussten nichts von einer Aussaat von Samen. Das habe ich erst hier auf der Erde gelernt. «

»Es wird noch viel Zeit vergehen, bis alle alten Imperiums-KI's wieder an die heutige Zeit angepasst sind«, sagte Tart 1. »Obwohl Marc meinem Herrn versprochen hat, sich um die Eingliederung der ausgefallen Hypertronic-KI's im Universum zu kümmern, kommen immer wieder andere Dinge dazwischen. «

»Ich weiß«, bemerkte Heinze. »Wir müssen Geduld haben. Das alte Imperium deines ehemaligen Kaisers liegt in Trümmern. Wir sollten das, was noch zu retten ist, wiederzubeleben. «

Heinze hielt inne und blickte den Roboter an.

»Empfindest du Emotionen? «, fragte er. » Zum Beispiel, wenn du an die alte Kaiserzeit zurückdenkst? «

»Elite-Kampf-Roboter besitzen keine Emotions-Chip«, antwortete der Tart Roboter.

»Ich spreche nicht von den Shy-Ha-Narde«, ergänzte Heinze. »Ich spreche von den wenigen Tart-Robotern. Mach mir nichts vor, ich kann auch Emotionen erfassen. Ich vermute einmal, dass Marin und Gareck sich etwas Besonderes für euch haben einfallen lassen. Warum gibst du das nicht offen zu? «

Tart 1 stellte die Arbeit ein.

»Das ist ein Geheimnis, dass nicht offen mitgeteilt werden darf«, entgegnete er. »Ich muss mich auf dich verlassen können? «

»Ich schweige wie ein Grab, würden die Menschen jetzt sagen«, antwortete Heinze. »Du kannst dich auf mich verlassen. «

Tart 1 nickte.

»Da wir immer direkten Kontakt zu Lebewesen hatten, wurde uns ein Emotions-Chip integriert, der uns das Gefühlsverhalten der zu beschützenden Person erkennen lässt. Das ist sehr hilfreich bei unserer Arbeit. «

»Ich verstehe«, entgegnete Heinze. » Du hast aber auf meine Frage noch nicht geantwortet. Vermisst du das alte Kaiserreich, oder arbeitest du lieber unter Major Travis. «

»Im natradischen Kaiserreich waren wir nur Maschinen«, antwortete Tart 1. »Major Travis spricht mit uns und behandelt uns als wichtige Partner. Er bindet uns in alle möglichen Arbeiten ein. Das ermöglicht uns neue Situationen aufzunehmen und uns weiterzuentwickeln. Reicht dir das als Antwort? «

»Natürlich«, antwortete Heinze. »Ich habe deine Antwort fast schon vorhergesehen. «

»So leidvoll der Angriff der Sauroiden auch war«, ergänzte Tart 1. »Ich bin froh, dass hierdurch ein neues Zeitalter für uns alle angebrochen ist. «

***

Die Crew der Termar 1 hatte einen Kurzurlaub genehmigt bekommen. Jedes Mitglied der Besatzung war unterschiedliche Wege gegangen. Einige des Personals nutzten die Gelegenheit, um lange nicht mehr gesehene Freunde aufzusuchen. Andere Mitglieder des Schiffs-Personals machten mit ihren Familien Urlaub. Wieder andere gingen ihren Hobbys nach. Fast alle Crewmitglieder nutzten die Freizeit auf ihre eigene bevorzugte Art.

Commander Brenzby war bereits früh am Morgen des letzten Urlaubs-Tages aufgetaucht und hatte Marc zu einem lange geplanten Angel-Ausflug abgeholt. Es sollte ein klassischer Männerausflug werden. Heinze wollte nicht mit und kümmerte sich lieber um seine Möhren-Beete. Der Worgass, Commander Rantero, hatte sich als zuverlässiger Überläufer in der Gruppe von Major Travis integriert. Obwohl er bereits viele wertvolle

Informationen der EWK anvertraut hatte, glaubte Marc, dass der Worgass noch mehr wusste. Der Major wollte dem Worgass zeigen, dass sich ein Neuanfang auf Tarid lohnte. Auch er war zu dem Angelausflug eingeladen worden. Das Vertrauen in den Worgass war bereits gewachsen. Commander Senga-Hol begleitete ihn, als Stellvertreter von Atlanta. Obwohl der Worgass durch eine Operation seine Formwandlungsdrüse verloren hatte, klebte noch der Hauch des Unbekannten an seiner Person. General Poison traute ihm noch nicht ganz. Der Worgass war von Heinze und von Noel mehrfach durchgecheckt worden. Sie bescheinigten ihm eine wahrheitsgetreue Integrations-Absicht und die ernsthafte Absicht das neue Imperiums zu unterstützen.

Commander Senga-Hol, ein Elite-Commander der Atlantis-Basis, behielt ihn im Auge und beobachtete den Worgass weiterhin sehr genau. Der Atlanter, ein durch eine Stasis-Kammer überlebender genmodifizierte Mitarbeiter der Kaiserin von Atlantis, hatte sich ebenfalls gut in das Team von Major Travis und der Organisation der EWK eingelebt. Er war äußerst motiviert und es schien ihm sehr viel Spaß zu bereiten, wieder in einer intakten Organisation arbeiten zu können. Die lange Zeit in der natradischen Stasis-Kammer, hatte er ohne körperliche Beanstandungen überstanden.

Atlanta hatte Sirin zu einem Einkaufsbummel abgeholt. Sie hatten die neuen Möglichkeiten auf der Erde schätzen gelernt, die im alten natradischen Imperium nicht gegeben waren. Die beiden Frauen verstanden sich ausgezeichnet und waren mit einem Gleiter nach London aufgebrochen, um sich die Auslagen exklusiver Geschäfte anzuschauen.

Major Travis und seinem Angelteam sollte es recht sein. Die Männer hatten sich bereits früh auf den Weg gemacht und waren ins Landesinnere geflogen, um an einem Bergsee frischen Fisch angeln zu können. Tart 1 und Tart 2 ließen es sich nicht nehmen, den Schutzbefohlen zu begleiten. Heinze war zwar hiermit nicht einverstanden, da er Tart1 bereits für die weitere Bearbeitung seiner Möhrenfelder vorgesehen hatte.

Doch das musste erst einmal warten.

Der Gleiter stand an einer Enge eines Sees abgestellt. Bäume, Sträucher und hohes Gras, umgaben den kleinen See. Ein idyllische Ecke, an der die Männer ungestört unter sich sein konnten. Commander Brenzby hatte ein Feuer angezündet. Er beobachtete, wie die Flammen größer wurden und nach den gesammelten Hölzern griffen. Er drehte sich um und ging zu dem See, an dem sein Stuhl stand.

»Das Feuer ist vorbereitet«, sagte er. » Jetzt fehlt nur noch der Fisch. «

Marc schaute ihn an.
»Das Wichtigste beim Angeln ist, dass man nicht zu viel Lärm macht«, entgegnete er. »Sonst ist nachher dein Feuer heruntergebrannt und kein Fisch liegt in der Pfanne. «

»Ich bin ja schon ruhig«, lächelte der Commander.

Die Angeln hingen im ruhigen Wasser, nichts bewegte sich.

»Diese Wasserwesen einzufangen, nennen sie angeln? «, fragte Commander Rantero. » Ist es auf diesem Planeten nicht verboten, andere Lebewesen zu essen? «

Commander Brenzby blickte ihn an.
»Wollen sie uns jetzt das gute Essen verderben? «, fragte er ernst. » Bisher haben sie sich doch sehr gut eingeführt. Jedoch wenn sie so weitermachen können, kann das eine negative Beeinflussung auf die zukünftige Bewertung haben. «

Der Worgass blickte den Commander irritiert an.

Major Travis und Commander Senga-Hol brachen in lautes Lachen aus.

»Lassen sie sich von Commander Brenzby nicht irreführen«, antwortete Marc. » Sie haben recht, man sollte andere Lebewesen nicht essen. Jedoch ist das hier auf der Erde noch ein Überbleibsel aus früheren Zeiten. Diese Tiere wurden als Tiere in der Lebensmittel-Versorgung der Menschen genutzt. Sie werden für einen solchen Zweck in großen Mengen gezüchtet. «

»Wie sie wissen, entstammen wir ja auch dem Wasser«, erwiderte Commander Rantero. »Nehmen wir einmal an, Menschen wären auf einem unserer Planeten gelandet. Würde es dann auch möglich sein, dass wir Worgass geangelt werden? «

»Machen sie sich nicht zu viele Gedanken«, antwortete Senga-Hol. »Die Augen essen auch mit. Sie teilten uns mit, dass ihre Urform der Form einer Qualle entspricht. Die würde niemals von den Menschen gegessen werden. «

»Verfügen Worgass auch über einen Geruchssinn? «, fragte Commander Brenzby.

Commander Rantero blickte ihn an.

»Wir Worgass verfügen über alles das, was ein formgewandelter Körper kann«, antwortete der Commander. »Falls das Wesen über einen Geruchssinn verfügt, dann verfügen wir auch über diese Funktion. «

»Dann bin ich einmal gespannt, ob sie den köstlichen Geruch von gebratenem Fisch bereits kennen«, entgegnete der Commander.

»Ruhe«, flüsterte Marc. »Mein Schwimmer bewegt sich.«

Alle blickte auf die Angel von Major Travis. Der Schwimmer wippte hin und her. Dann wurde er unter Wasser gezogen. Marc drehte vorsichtig seine Angelrolle zurück. Die Schnur spannte sich.

»Lass ihn nicht entwischen«, rief Commander Brenzby.

Marc kurbelte schneller.
»Ich glaube, ich habe ihn«, schmunzelte er.

Hastig zog er an der Angel und kurbelte die Schnur ein. Dann war es geschafft. An der letzten Schnur hing eine große Forelle.

»Davon werden wir aber nicht satt«, bemerkte Commander Rantero.

Marc blickte ihn lächelnd an.

»Dann sehen sie zu, dass sie auch einen Fisch fangen«, erwiderte er. »Dafür sind wir ja hier.

Marc entfernte den Haken aus dem Fisch und warf ihn in den Eimer Wasser hinter sich. Dann setzte er sich wieder und warf die Angel erneut aus.

Zwei Stunden waren vergangen. Die Männer hatte eine Ausbeute von sechs Forellen ans Land gezogen.

»Ich glaube, mehr wird es nicht mehr«, bemerkte der Worgass. »Wir sollten die Fische jetzt grillen. «

Marc nickte.

»Langsam bekomme ich Hunger«, sagte er. »Lasst uns abbrechen und den Fisch grillen. «

Commander Brenzby hatte die Forellen bereits vorbereitet. Vorsichtig legte er sie auf die große Pfanne über der Feuerstelle.

Die Männer setzten sich in eine Runde um das Feuer und blickten in die Glut.

»Vermissen sie ihre Heimat? «, fragte Marc plötzlich den Worgass.

Der Worgass hob seinen Kopf.

»Einerseits ja, andererseits nein«, antwortete Commander Rantero. »Es ist immer schlimm, seine Freunde und seine gewohnte Umgebung zu verlieren. Doch eine Rückkehr ist nicht möglich. Mich erwartet Tod durch die abscheulichen Netzwerk-Denker. «

Der Geruch von geröstetem Fisch lag in der Luft.

Marc stand auf und ging zu dem Kasten Bier, aus dem er vier Flaschen herausnahm. Er gab jedem Teilnehmer eine.

Geschickt öffnete er die Flasche mit einem Stück Holz.

Commander Senga-Hol hatte ihn beobachtet.

»Haben wir keinen Öffner dabei? «, erkundigte er sich.

Commander Brenzby schüttelte den Kopf.
»Zuviel Ballast für eine Männertour«, erwiderte er.

Er griff nach der Flasche des Worgass-Commanders und öffnete sie auf dem gleichen Wege.

Auch Commander Senga-Hol hielt ihm seine Flasche hin. Commander Brenzby öffnete auch diese.

Marc hob seine Flasche.
»Auf unsere Männertour«, sagte er.
»Auf unsere Männertour«, wiederholten seine Begleiter.

»Was empfinden sie, wenn sie diesen köstlichen Geruch von dem gebraten Fischen wahrnehmen? «, fragte Commander Brenzby den Worgass nach einer Weile.

Der Überläufer blickte den Commander an.
»Was soll ich sagen«, entgegnete er. »Für mich ist das fremd. Es riecht wie verbranntes Fleisch. «

Commander Brenzby, Major Travis, und Senga-Hol schauten den Worgass an. an.

»Das ist das ihre neue Bewährungsprobe«, lächelte Major Travis. »Wenn sie in unserem Team mitspielen wollen, dann müssen sie auch gebratenen Fisch kosten. «

Commander Brenzby und Senga-Hol lachten schelmisch.
»Das ist bei uns ein ungeschriebenes Gesetz«, ergänzte der Atlanter.

Der Worgass war unentschlossen.

Marc ging an das Feuer und drehte die Fische auf die andere Seite. Sie sahen kross und durchgebraten aus.

»Ich glaube die Fische sind gleich fertig«, entgegnete er.

Der Major griff nach einem Teller und legte eine Forelle hierauf. Dann garnierte er noch zwei Zitronenstücke unterhalb des Fisches. Er drehte sich um, griff nach Messer und Gabel und schritt auf Commander Rantero zu.

»Ihr erster Fisch«, lächelte Marc. »Lassen sie es sich schmecken. «

Der Worgass schaute fast widerwillig auf den Fisch. Der Schwanz lag leblos auf dem Teller, die weißen Augen der Forelle schienen den Worgass zu mustern.

Major Travis wiederholte die Zeremonie noch dreimal. Dann war jeder der Angler im Besitz der Beute.

Major Travis setzte sich.
Der Teller lag auf seinen Schenkeln.

»Bevor wir den Fisch essen können, müssen wir diesen filetieren«, erklärte er.

Er zeigte auf das Seitenlinien-Organ.

»Wir schneiden mit dem Messer an dieser Linie entlang«, sagte er. »So gelangen wir zu der Mittelgräte. Dann klappen wir mit der Hälfte des Fisches zur Seite. Darunter liegt das schöne Forellen-Filet. Wir entnehmen mit der Gabel vorsichtig die oberen Filets und legen sie auf die Seite. «

Der Worgass schaute genau zu, wie der Major es vormachte.

»Unter diesem Filet finden wir die große Mittelgräte«, erklärte Marc. »Wenn die obere Filetschicht abgetragen ist, können wir vom Schwanz des Fisches her, die Mittelgräte vorsichtig lösen und herausnehmen. Hiernach haben wir Zugriff auf die untere Seite des Fisches. Ich wünsche allen einen guten Hunger. «

Marc schmunzelte. Er beobachte wie Commander Rantero geschickt seinem Beispiel folgte. Der Worgass schnitt den Fisch auf der gezeigten Linie auf und klappte die Haut beiseite. Vorsichtig trennte er die obere Filetschicht von der Mittelgräte. Dann zog er sie mit der Gabel aus dem Fisch.

»Respekt«, bemerkte Major Travis. »Sie scheinen schnell zu lernen. «

»Ich habe nur aufgepasst«, antwortete der Commander.

Er steckte sich mit der Gabel ein Stück Fischfilet in den Mund und kaute darauf herum.

Sein skeptischer Gesichtsausdruck hellte sich auf.
»Das ist eine Explosion für die Geschmacksnerven«, schmunzelte er. »So etwas habe ich noch nie gegessen. «

»Das gibt's auch nur hier auf der Erde«, lachte Commander Brenzby. » Scheinbar gibt es hier sehr viele Feinschmecker. «

»Trotzdem ändert es nichts an der Tatsache, dass wir ein Lebewesen eingefangen und es gebraten haben«, monierte der Worgass. »Jetzt essen wir es auch noch. Ich dachte, ich wäre zu einem technisch und geistig weit entwickelten Planeten gewechselt. «

»Sie entwickeln sich immer mehr zu einem Miesmacher«, entgegnete Commander Brenzby. »Falls sie noch mehr hierauf herumreiten, schmeckt mir der Fisch wirklich nicht mehr. Sehen sie das Essen einfach als

Fleischerzeugung an, dass auf diesem Planeten immer noch Grundlage der Lebensmittel-Produktion ist. «

Major Travis drehte sich um und zog den Bierkasten näher an sich heran. Er zog wieder vier Flasche aus dem Kasten und reichte sie an die Gefährten weiter.

»Nachschub«, lachte er. »Trinken wir lieber etwas, als dauernd über den Fisch zu sprechen. «

»Das Getränk wird hoffentlich nicht aus Fisch gemacht? «, fragte Commander Rantero.

Die Angler lachten.
»Nein«, antwortete Marc. »Da kann ich sie beruhigen. Das ist ein Getränk, welches aus Weizen und Hopfen hergestellt wird. Es scheint das Lieblingsgetränk vorn Heran geworden zu sein. «

Marc öffnete seine Flasche wieder mit einem Stück Holz. Dieses gab er weiter. Der Worgass hatte den Prozess beobachtet und öffnete ebenfalls geschickt seine Flasche. Wie die anderen, setzte er sie an seinen Mund an und nahm einen tiefen Schluck.

»Ich registriere eine alkoholhaltige Wirkung«, bemerkte er. »Gehe ich richtig in der Annahme, dass der übermäßige Genuss die Sinne vernebelt? «

Die Commander Brenzby und Senga-Hol lachten wieder laut auf.
»Das passiert nur, wenn der ganze Kasten zu schnell getrunken wird«, antwortete Senga-Hol. »Gerade zu Fisch ist so ein Getränk empfehlenswert«.

»Man kann sich hieran gewöhnen«, erwiderter Commander Rantero.

Er senkte seinen Kopf und blickte auf den Fisch auf seinem Teller. Wieder stach er ein Stück ab und führte es mit der Gabel in seinen Mund. Genussvoll zerkaute er es und schluckte es hinunter. Sein Kopf wendete sich Major Travis zu.

»Herr Major«, fragte er. »Sie haben mich zu diesem Ausflug mitgenommen. Das bedeutet mir sehr viel. Mein Vertrauen in die humanoide Rasse ist gewachsen.«

Das Gesicht von Major Travis wurde ernst.
»Sie haben uns bereits viele Informationen gegeben und uns bei der Suche nach dem Schläfer der Zierrakies sehr geholfen«, antwortete der Major. »Wir sehen ihre

Bemühungen uns zu unterstützen. Bisher erkennen wir, dass sie hilfreich sind und es vermutlich auch ehrlich meinen. Sie beteuern immer, auf der Erde einen neuen Anfang machen zu wollen. Wie ich ihnen schon mehrmals mitteilte, das Vertrauen muss beiderseitig wachsen. Machen sie weiter so. Wir werden sie beobachten und wohlwollend ihre Entwicklung registrieren. «

»Ich verstehe«, antwortete Commander Rantero. »Es scheint ein langwieriger Prozess zu sein, bis man in ihrer Welt integriert wird. «

»In der Regel nicht«, sagte Commander Brenzby. »Doch sie sind anders. Viele Menschen erfüllt das mit Furcht.

Sie kennen bisher nur die Gräueltaten von den Worgass und wissen nichts von den möglicherweise guten Seiten ihrer Rasse. «

Der Commander ließ die Worte auf sich wirken. Langsam nickte er.

»Es gibt noch vieles, was sie über die Worgass nicht wissen«, entgegnete er. »Tief in unserem inneren sitzt eine Vision, die sich zu einem regelrechten Wunsch transformiert. Irgendwann hoffen wir unseren eigenen

Planeten zu haben, auf dem wir uns frei entfalten können. Dann ist der Zeitpunkt gekommen, alle Worgass-Stämme des Universums wieder zu vereinen. Unser Wunsch ist es, mit den anderen Rassen des Universums in Frieden leben zu können. «

Major Travis zeigte sich erstaunt.

»Das sind ganz neue Töne von einem Worgass«, lächelte er. » Ich dachte immer, die Genmanipulationen an ihrer Rasse lassen ihnen keine andere Möglichkeit, als den Wünschen ihrer Herren zu folgen? «

Commander Rantero blickte fast traurig in die Runder der Zuhörer.

»Die genmanipulierte Einwirkung hat sich im Laufe der vielen Jahrtausenden dermaßen abgeschwächt, dass viele Angehörige unseres Volkes eigene Wünsche in den Vordergrund stellen können. Wir dienen unseren Herren weiterhin, um keinen Verdacht entstehen zu lassen. Wir Worgass sind als Volk zerrissen, über das ganze Universum verteilt und können keine Gemeinschaft bilden. Nur als vereintes Volk können wir gegen unsere Herren vorgehen und die Ausnutzung durch sie beenden. «

»Dann haben wir ein falsches Bild von den Worgass bemerkte«, Commander Senga-Hol. »Wir sind immer davon ausgegangen, dass sie nichts anderes können, als humanoide Rassen zu hassen, sie zu verfolgen und um sie zu vernichten. «

Commander Rantero lachte laut auf.

»Wir haben nichts gegen andere Rassen des Universums«, erklärte er. »Erinnern sie sich bitte daran, wo wir herkamen. Auch wir sind nicht anders als eine Laune der Natur und ursprünglich in Wasserwelten geboren. Hier würden wir heute noch intelligenzlos die Gewässer unserer Planeten durchschwimmen, wenn nicht durch Zufall die Aller-Ersten auf uns aufmerksam geworden wären. Nur durch ihre Genmanipulation und die weitere Züchtung unserer Rasse in ihren Labors, wurde uns eine Intelligenz eingehaucht.

Hiermit startete der Prozess, dass sich unsere Rasse aus dem Wasser aufmachte und aufs feste Land schritt. Sie haben uns als erstes Hilfsvolk gezüchtet und immer weiter modifiziert. Später nach ihrem zeitweisen Rückzug aus dem Universum, wurden dann aggressive Rassen auf uns aufmerksam. Sie haben die Leichtigkeit der Manipulation unserer Rasse für ihre Zwecke missbraucht. Durch sie wurden wir Worgass derart verändert, dass wir nicht anders konnten, als ihrem Willen zu gehorchen. Wir flogen mit ihnen in jede Schlacht, um andersartige Lebewesen zu bekämpfen, zu unterjochen oder zu vernichten. «

Major Travis hatte dem Worgass gespannt zugehört.
»In welcher Beziehung stehen sie zu den Rigo-Sauroiden? «, fragte er.

Commander Rantero blickte ihn ernst an.
»Ich habe von der dem großen Krieg gegen die Natradern aus den Datenbanken der Netzwerk-Denker erfahren«, erklärte er. »Diese exoide Rasse muss sehr stark in der Milchstraße gewütet haben. Das war der Zeitpunkt, an dem die Netzwerk-Denker an einer Übernahme der Milchstraße dachten und diverse Spähposten anlegten. Doch ich kann sie beruhigen, Krisenherde in anderen Sterneninseln ließen diesen Plan von den Netzwerk-Denkern auf Eis legen. Um ihre Frage zu beantworten, wir Worgass haben keinerlei Beziehung, oder Verwandtschaft zu den Rigo-Sauroiden. Es scheint sich hierbei wieder um eine Züchtung einer anderen fremden Rasse des Universums zu handeln.

Die Netzwerk-Denker vermuteten, dass es sich hierbei um Wesen gehandelt hat, die manipuliert gezüchtet wurden. Wer hinter dieser Rasse steckt, ist nie bekannt geworden. Die Netzwerk-Denker vermuten, dass sich eine sehr mächtige Macht im Hintergrund verbirgt. Ob sie heute noch existieren, entzieht unserer Kenntnis. Ebenso, ob neue Angriffe dieser Art vorbereitet werden. «

Commander Rantero seufzte laut auf.
»Scheinbar war es für viele aggressive Species im Universum leicht, unsere Rasse gentechnisch zu verändern«, sagte er. »Dies können wir den Aller-Ersten ankreiden. Sie hätten ihre Forschungen besser geheim halten sollen. Nach meiner Kenntnis ist das der Ursprung der ganzen Misere. Jetzt scheinen in zahlreichen Sterninseln des Universums Worgass-Stämme zu existieren, die von ihren Herren massiv ausgenutzt werden. Es ist eine Aufgabe von Jahrtausenden, diese Stämme wieder zu einigen und der Ausnutzung durch ihre selbsternannten Herren ein Ende zu bereiten. «

»Die Aufgabe wird nicht einfach werden«, bemerkte Commander Brenzby. »Wir wissen noch nicht einmal, wer sich auf den unterschiedlichen Sterninseln als Herrenrasse aufgeschwungen hat. Ferner stehen uns keine Informationen über ihre Kampfkraft und ihre Waffentechnik zur Verfügung. Vermutlich werden sie nicht auf normale politische Gespräche reagieren, und die Manipulation an ihrem Volkes aufzugeben. «

Commander Rantero lachte auf.

»Warum auch«, antwortete er. »Für diese Rassen ist es einfach, uns Worgass als Laserfutter in die Schlacht zu schicken. Sie vermeiden hier durch Verluste auf ihren eigenen Seiten. «

Tart 1 kam aus dem Hintergrund und legte die restlichen zwei Forellen nach. Die heiße Pfanne brutzelte laut auf.

»Zwei Fische haben wir noch«, bemerkte Major Travis. »Wer noch hungrig ist, kann später gerne zugreifen. «

Es steckte sich nachdenklich ein weiteres Stück Fisch in den Mund und kaute genüsslich hierauf herum. Der Worgass folgte seinem Beispiel.

»Sie haben Kontakt zu vielen Rassen in der Milchstraße«, bemerkte Commander Rantero. »Auch Heinze scheint sich bei ihnen wohlzufühlen. Das zeigt mir, dass ein gutes Nebeneinander vieler unterschiedlichen Rassen im Universum möglich ist. Es kommt nur darauf an, wie man miteinander umgeht. «

»Da sagen sie etwas Richtiges«, bemerkte Major Travis. »Die Zeit des Krieges im Universum sollte vorbei sein. Nur gemeinschaftlich kann man sich weiter entwickeln.

Die großen Kriege haben die freie Entwicklung der Rassen unmöglich gemacht. Neue Ideen des anderen verstehen und sie unterstützen, sollte die zukünftige Devise sein. Alle Rassen sollten miteinander kommunizieren, Handel betreiben und sich gegenseitig ergänzen. Ohne über eine Region, das Aussehen oder ihre Herkunft, zu verurteilen. «

Die Zuhörer nickten zustimmend.

Motorengeräusch ließ die vier Angler zum Himmel blicken. Tart 1 und Tart 2 hatten vorsichtshalber in den Kampf-Modus geschaltet.

»Es ist ein Fluggerät der EWK«, meldet Tart 1. »Es droht keine Gefahr. «

Ein schwarzer Turbo-Stahl-Helikopter wurde am Horizont sichtbar.

»Wir bekommen Besuch«, sagte Marc. »Unser Urlaub geht vermutlich zu Ende. General Poison schickt uns einen Adjutanten. «

Der schwarze Turbo-Stahl-Helikopter der EWK hatte die Position über der kleinen Gruppe erreicht. Vorsichtig flog er einige Kreise über ihnen. Dann senkte er sich langsam auf den Boden ab.

Alle vier Ausflügler blickten erwartungsvoll zu dem Fluggerät hinüber. Es setzte weit genug entfernt auf, um nicht das Feuer durch die Turbo-Strahl-Turbinen zu gefährden. Der Schott sprang auf und zwei Personen stiegen aus. Lächelnd kamen sie auf die wartenden Angler zugeschritten.

Schon von Weitem erkannte Marc die zweite Gestalt, die sich in Begleitung eines EWK-Offiziers näherte.

Der Leutnant salutierte.
»Ich bin Leutnant Ryans«, stellte er sich vor. »Ich gehöre zum Team von General Poison. Sie haben Besuch bekommen. Der General wollte ihn nicht in der Leitzentrale haben. Er hat befohlen, den Besuch an sie zu übergeben. «

Marc lachte.
»Heran«, rief er freudig. »Warum hast du nicht bei dem General auf uns gewartet? «

»Ich begrüße euch«, erwiderte der Lantraner. »Wie ich sehe, bin ich bei euch gut aufgehoben. Ich vermute, dass der General sich durch meine Anwesenheit genervt gefühlt hat. Er hat mir zu verstehen gegeben, dass er viel zu tun habe und ich im Wege herumstehe. «

»So kenne ich ihn«, antwortete Major Travis.

Er gab Heran die Hand.
»Was machst du schon wieder hier? «, fragte er. » Ich dachte du wärst auf Centros, um die Gespräche mit deiner Regierung zu führen? «

»So war es geplant«, entgegnete Heran. »Doch Aritron hatte bereits alles in die Wege geleitet. Als ich ankam, war die Verhandlung schon beendet. Ich konnte nur noch die Verkündung der Entscheidung unserer hohen Empore anhören. «

Sein Blick fiel auf den Fisch, der in der Pfanne schmorte. Dann sah er den auf den am Boden stehen Kasten Bier. Der Blick des Lantraners erhellte sich.

»Das riecht aber sehr gut«, bemerkte er.
Sein Blick suchte Leutnant Ryans, der schüchtern etwas abseitsstand.

»Ich hoffe, ihr habt für uns noch etwas übriggelassen? «, sagte er. » Wir sind völlig ausgehungert. General Poison hat es nicht für nötig gehalten, uns etwas anzubieten. «

»Dann könnt ihr ja froh sein, dass wir genügend Fische gefangen haben«, bemerkte Commander Brenzby. »Zwei sind noch übrig, das passt gut. «

Senga-Hol war aufgesprungen und besorgte noch zwei Sitzgelegenheiten aus dem Gleiter.

Marc hatte zwei Teller geholt und legte den gebratenen Fisch hierauf. Die Teller reichte er die neuen Gäste weiter.

»Der Fisch sollte durch sein«, bemerkte er. »Muss ich dir erklären, wie der Fisch gegessen wird? «, fragte er Heran.

»Nicht nötig«, antwortete der Lantraner. »Ich habe hier auf der Erde bereits öfter Fisch gegessen. Gib mir lieber eine Flasche Bier, bevor ich verdurste. «

Commander Brenzby griff nach einer Flasche und reichte sie an Heran durch.

Heran fasste die Gabel an der Forke an und öffnete mit dem Handstück die Flasche Bier. Mit einem dumpfen Zischen löste sich der Korken von der Flasche und verschwand im das hohen Gras.

Commander Rantero schaute dem fliegenden Korken hinterher.

»Wo hast du das wieder gelernt? «, fragte ihn Marc. » Das macht man auf Centros bestimmt nicht so? «

»Ich vermute, ihr habt keinen Öffner dabei, antwortete Heran. »Das habe ich zufällig in einer TV-Ausstrahlung gesehen. Sie sagten, das ist die typische Art von Männern eine Flasche Bier zu öffnen. «

»Da gibt es diverse Meinungen«, entgegnete Commander Brenzby.

»Man muss nicht alles wiederholen, was im TV ausgestrahlt wird«, bemerkte Marc.

Heran blickte ihn fragend an.
»Viele Menschen mögen es nicht, wenn Müll einfach in der Natur entsorgt wird«, ergänzte Marc.

»Ich verstehe«, lachte Heran. »Vermutlich war das eine Spaß-Sendung. «

Commander Brenzby stand auf und suchte nach dem Kronenkorken im Gras. Endlich hatte er ihn gefunden.

Der Commander hob den Kronenkorken auf und warf ihn den abseitsstehenden Müllbeutel.

»Alles klar«, ergänzte Heran. »Eine saubere Umwelt kommt allen zugute. «

»Ist das bei euch anders? «, fragte Major Travis.
»Etwas schon«, entgegnete der Lantraner. »Wir leisten uns für diesen Zweck Robot-Reinigungseinheiten. Ihre Aufgabe ist es, täglich für Ordnung sorgen. «

Heran blickte auf seinen Fisch. Mit dem Messer schnitt er die Forelle geschickt an der Linie auf. Er klappte eine Hälfte beiseite und nahm das obere Fisch-Filet von der Mittelgräte ab. Dann hob er diese vorsichtig mit der Gabe herunter, um keine Gräten in dem Unterfilet zu hinterlassen. Das Skelett und die Haut entsorgte er in der Mülltüte. Dann stach er mit der Gabel etwas von dem heißen Fisch-Filet ab und steckte es sich in seinen Mund.

Seine Augen verdrehen sich.
»Vorzüglich«, sagte er. »So mag ich den Fisch. Ich wusste gar nicht, dass ihr so gut kochen könnt. «

Er zerkaute das Fisch-Filet in seinem Mund und schluckte es herunter. Dann griff er nach der Flasche Bier und lehrte sie halb aus.

»Sehr gut«, rief er. »Darauf habe ich viel zu lange gewartet. «

Der Blick von Heran schweifte umher. Erstaunt stellte er Commander Rantero fest.
»Sie sind auch da? «, fragte er erstaunt. » Langsam scheinen sie immer mehr Freiheiten zu erhalten. Ich glaube, ich fange ich an sie zu beneiden. Sie können auf alle Köstlichkeiten der Erde zugreifen. «

»Bis dahin ist es noch ein weiter Weg«, antwortete der Worgass. »Doch darf ich sie etwas fragen. Etwas irritiert mich. «

»Nehmen sie kein Blatt vor den Mund«, antwortete Heran. »Fragen sind noch erlaubt. «

»Ich habe gehört, dass es Lantraner verboten ist, das Fleisch von lebenden Tieren zu essen«, entgegnete Commander Rantero.

Heran verschluckte sich und fing an zu husten. Ärgerlich blickte er den Worgass an.

»Was sie alles wissen«, murrte er. »Das scheint mir schon ein bisschen verdächtig zu sein. «

Heran ließ eine kurze Pause vergehen.

»Diese Gesetzgebung gilt nur auf unserem Heimat-Planeten«, antwortete er. » Da ich jetzt auf der Erde bin, muss ich mich den Gebräuchen der Erde anpassen. «

Major Travis war Wortfindung von Heran gefolgt und lächelte.

»Ob man das so glauben kann, muss ich einmal dahingestellt lassen«, bemerkte er.

Heran blickte den Major strafend an.

Marc hob seine Hände.
»Entschuldigung«, sagte er. »Es war nur so ein Gedanke.«

»Man sollte nicht alle Gedanken direkt aussprechen«, bemerkte Heran. »Gerade nicht, wenn man in einer gemütlichen Runde sitzt. «

»General Poison hat uns für den heutigen Tag freigegeben«, teilte Leutnant Ryans mit. »Ich soll ihnen mitteilen, dass sie sich morgen bei ihm zu einer Besprechung einfinden möchten. Er wird sie über den ein aktuellen Stand der neuen Mission informieren. «

»Dazu kann ich auch noch etwas berichten«, bemerkte Heran. »Unsere Regierung hat getagt und eine Entscheidung getroffen. Diese ist ab sofort gültig«.
»Da sind wir aber neugierig«, sagte Major Travis. »Mache es nicht so spannend, du kannst uns die Entscheidung Eurer hohen Empore auch hier mitteilen. «

Heran blickte in die Runde.
»Ich weiß nicht ob ich das darf«, antwortete er. »General Poison hat mich nochmals drauf hingewiesen, unbedingt die Statuten der EWK einzuhalten. Insbesondere meine dauernden, ungenehmigten Einflüge in euer Sonnensystem, bereiten ihm Kopfschmerzen. «

»Hast du wieder nicht um eine Einflugs-Genehmigung gebeten? «, lachte Marc.

»Das liegt an dem Wurmloch«, erwiderte Heran unschuldig. »Es öffnet sich direkt in eurem System, nicht außerhalb. Wenn ich ein Wurmloch außerhalb öffne, muss ich noch einen weiten Weg per Hyper-Raumflug zurücklegen. Dazu habe ich keine Lust. Das verzögert meinen Besuch. Leider versteht das der General nicht. «

Major Travis und die Zuhörer lachten.
»Generell Poison hat es wirklich nicht leicht mit dir«, lächelte Marc. » Er bemüht sich in letzter Zeit, dir das Verfahren der EWK einzutrichtern. «

Heran nickte zustimmend.
»Es ist nicht so, dass ich das nicht bemerke, doch warum soll ich den Anflug komplizieren, wenn es auch einfacher geht. «

»Wir sind von der Entscheidung eurer Regierung abgekommen«, entgegnete Marc. »Spanne uns nicht weiter auf die Folter. Welche Entscheidung hat die Hohe Empore bekanntgegeben? «

Heran blickte in die Runde der Angler.
»Der Eingabe von Aritron wurde gefolgt«, antwortete er. »Unsere Regierung war einsichtig und genehmigte die angeforderte Flotte von 500 Evolutions-Schiffen. Unsere hohe Empore erkannte den Bruch des alten Galaxien-Vertrages durch die Zierrakies an und die Notwendigkeit einschreiten zu müssen. Die sich immer weiter ausdehnenden Zierrakies, werden auf ihr Gebiet der Whirlpool-Galaxie zurückgedrängt. Alle 500 Evolutions-

Schiffe werden mit einer besonderen Technik ausgestattet, die es uns ermöglicht die Anomalie der Zierrakies in der 2. Dimension aufzulösen.

Diese äußerst sensible Technik wird von uns auf einem externen Produktions-Planeten gefertigt. Es sind hochexplosive Geschosse, mit einer immensen Feuerkraft. Wir nennen diese Sonnen-Destroyer-Technik. Hiermit ist es möglich, die weiße Anomalie der Zierrakies zu zerstören und die eingefangenen Planeten wieder ihrer regulären Bestimmung im Universum zu übergeben. Wir werden diese Anomalie in ihrem Gefüge erschüttern, so dass sich ihr Ausdehnungs-Prozess ins Gegenteil umkehrt. Bekanntlich bildet sich so eine weiße Barriere aus einer rotierenden Wolke aus Gestein, Schutt und Resten von explodierten Planeten. Aufgrund der unnatürlichen Kreiselbewegungen manifestiert sich hierdurch ein festes Gebilde. «

»Die Ursache der Rotation muss ausgeschaltet werden, bemerkte Major Travis.

Heran nickte.
»Das ist keine einfache Aufgabe«, ergänzte er. »Hier sind gewaltige Gravitations-Kräfte im Einsatz. So etwas geschieht nur durch das Zusammenspiel mehrerer roter übergroßer Sonnen-Giganten. Eliminiert man die

Sonnen, löst sich ihre weiße Anomalie von selbst auf. Die Einflugs-Strudel fallen in sich zusammen. Unsere Sonnen-Destroyer-Technik zielt hierauf ab. Wir werden eine entsprechende Anzahl dieser Bomben, zur gleichen Zeit, in den übergroßen Sonnen zu Explosion bringen. Hierdurch entsteht ein schwarzes Loch in der Sonne, welche die Sonnenmasse förmlich in sich aufsaugt. Es ist so, als ob sie nie existiert hat. «

»Hört sich kompliziert an«, bemerkte Marc. »Ich hoffe, es kann hierbei nichts schief gehen? «

Heran lachte.
»Ich hoffe nicht«, antwortete er. »Unsere Experten kümmern sich hierum. Bisher hat es noch immer funktioniert. Die Anomalie löst sich auf, die Reservats-Planeten können befreit werden. «

»Was ist mit dem Imperium der Zierrakies in der Whirlpool-Galaxie? «, fragte Commander Brenzby. » Wird der Groß-Kaiser nicht toben und außer sich sein? «

Heran blickte ihn an.
»Davon gehe ich aus«, erwiderte er. » Vermutlich werden die Einflussgebiete miteinander verbunden sein. Ich weiß nicht, welche Kommunikations-Technik die Zierrakies verwenden. Doch sie werden sicherlich

Kuriere an ihren Kaiser senden und von der Niederlage ihres Brücken-Kopfes informieren. Der Groß-Kaiser wird sämtliche Flotten-Verbände zusammenziehen. Es ist gut möglich, dass wir in der Whirlpool-Galaxie eine zweite Schlacht schlagen müssen. Erst wenn das zierrakische-Imperium am Boden liegt, können wir ihnen einen Kapitulations-Vertrag präsentieren und sie auf dem Gebiet der Whirlpool-Galaxie festsetzen. «

»Eine aufwendige Mission«, bemerkte Major Travis. »Hoffentlich ist den Ablondern gelungen, ausreichenden Nachschub zu aktivieren. Sicherlich werden sie bereits in Kürze bei uns auftauchen. «

»Es nützt trotzdem nichts«, antwortete Heran. »Wir brauchen noch sechs Tage, um die Waffen herzustellen. Hat der Schläfer neue Informationen preisgeben? «

»Nur unwesentliche«, antwortete Marc. »Noel kommt nicht weiter mit ihm. Er verabreicht ihm kein stärkeres Wahrheits-Serum, weil wir er die Reaktion des Worgass nicht hierauf kennt. «

»Soll ich unseren Wirkstoff einmal ausprobieren? «, fragte der Lantraner. » Ich gebe ihm die Hälfte des Präparates und hoffe, dass er überlebt. «

Commander Rantero hatte zugehört und riss entsetzt seine Augen auf.

»Diese Aussage zeigt mir, dass ein Worgass in den Augen der Lantraner keinen Stellenwert hat. «

Heran blickte ihn erstaunt an.
»Wie sollte es auch anders sein«, antwortete er. »Ihr Volk war bisher nur für alle Gräueltaten im Universum gut. Wissen sie, wie viele Rassen und Zivilisationen sie im Laufe der Jahrtausende in den Untergang gebombt haben? Wieso glauben sie jetzt, dass wir gnädig zu ihrer Rasse sein könnten? «

Der Worgass-Commander resignierte.
»Sie haben sicherlich Recht«, antwortete er. »Doch wenn keiner einen Anfang machen möchte, dann wird sich auch nie etwas ändern. «

Die Zuhörer dachten über die Äußerung des Worgass nach.

»Wir alle werden umdenken müssen«, bemerkte Major Travis nach einer kurzen Zeit. »Das Beispiel von Commander Rantero zeigt uns, dass die Worgass sich auch weiter entwickelt haben. Ihr Wunsch nach Freiheit, einen eigenen Planeten und einer Selbstbestimmung, ist nicht mehr zu ignorieren. «

Leutnant Ryans hatte interessiert zugehört und seinen Fisch aufgegessen.

»Vielleicht muss man den Worgass nur eine Chance geben? «, bemerkte er. » Auch wir Menschen haben im Mittelalter und pausenlos Kriege mit allen erdenklichen Nachbarn geführt. Bist du dem Zeitpunkt, an dem ein Umdenken erfolgte. «

»Wir sollten uns lieber wieder dem Bier widmen«, lachte Heran. »Für die komplizierten Dinge haben wir morgen noch Zeit. «

Er nahm zwei Flaschen aus dem Kasten und warf eine Commander Rantero zu. Der fing sie geschickt auf.

»Hier Worgi«, sagte Heran. »Genieße deine neu gewonnene Freiheit. «

Die anderen lachten kurz auf und hoben ihre Flaschen.

»Auf die Freundschaft«, sagte Commander Brenzby. »Auf die Freundschaft«, wiederholten die anderen.

***

General Poison und Noel saßen in der Leit-Zentrale der EWK auf Tarid. Der rissige Raum war ebenso, wie die Zentrale auf Natrid, technisch aufgerüstet worden. Hier liefen synchron mit der Imperiums-Zentrale in Tattarr, alle neuen Daten zusammen und wurden ausgewertet. Hier stand die allmächtige Hypertronic-KI von Tarid im Hintergrund und wertete alle Daten aus. Es erfolgte die Gegenkontrolle aller Daten durch die vergleichbare Atlantis-Groß-Hypertronic-KI. Auf überlichtschnellen Hyperkomm-Verbindungen glichen die beiden einzigartigen Gross-Rechner ihre Resultate ab. So untereinander verbunden, errechneten sie mit fast 100-prozentiger Sicherheit ein verwertbares Ergebnis.

Mit zwei Fingern zog Admiral Poison den Kragen seines Uniformhemdes glatt. Er stand auf und lief zu einem Spiegel. Er streifte mit einer Hand mehrfach über seine Uniformjacke, als ob er Staub von ihr herunter wischen wollte.

Noel hatte ihm emotionslos zugeschaut. Er verstand die Aufregung des Admirals nicht.

»Was ist mit ihnen? «, fragte er in einem scharfen Ton.

»Was soll mit mir sein? «, erwiderte der General. » Wir stehen vor einer schwierigen intergalaktischen Aufgabe. Kluge Sprüche sind hier fehl am Platz. Wir wissen nicht, wie unsere geplante Mission ausgehen wird. Welche neuen Verwicklungen und Gefahren entstehen durch unser Eingreifen? Haben sie denn keine Bedenken? «

»Ich vertraue auf unsere fortschrittliche Technik und auf das Fingerspitzengefühl von Major Travis«, antwortete Noel. »Er trägt ja immerhin das kaiserliche Natridgen in sich. «

General Poison blickte ihn an.
»Ich kann das Gefasel über prädestinierte Natridgen nicht mehr hören«, schrie er Noel an. »Das hat ihren Planeten auch nicht vor einem Angriff der Rigo-Sauroiden gerettet. «
Noel blickte ihm in die Augen.
»Wenn sie nicht weiterwissen, kommt dieses Thema wieder auf dem Tisch«, entgegnete er. »Wir alle haben doch aus der Geschichte gelernt. Nie mehr werden wir so unvernünftig sein, wie seinerzeit Admiral Tarin und unser Heimat-System erneut derart entblößen. «

Der natradische Kunstklon ließ eine kurze Pause vergehen.

»Das lässt sich längst nicht mehr vergleichen«, bemerkte Noel. »Durch die Kombination der natradischen, kaiserlichen Ressourcen und den Neubauten von Tarid, verfügt das neue Imperium über ein gewaltiges Militärpotenzial. Und es kommen monatlich neue Schiffs-Einheiten hinzu. Dieses Potenzial sollte ausreichen, um anderen Aggressoren die Stirn bieten zu können. In den ganzen orbitalen Werft-Stationen und stationären Werft-Anlagen, wird mit Hochdruck dupliziert und gefertigt. Niemand darf Wunder erwarten, dass wir ein Groß-Raumschiff in einer Woche fertigstellen können. Doch wir sind auf einem guten Weg. Neben dem Ausbau des Mondes Europa zu einer gigantischen Großraum-Basis, bin ich mir sicher, dass wir noch viele Schiffe des natradischen Imperiums finden werden, die zur Zeit der Evakuierung nicht fertig gestellt waren.

Der letzte Kaiser war ein seltsamer Geheimniskrämer. Er hat seine Offiziere nicht über wichtige Projekte informiert. Vermutlich entstand diese Denk- und Vorgehensweise durch den großen Krieg, in dem viele geheime Informationen dem Gegner in die Hände gefallen waren. Zu dieser Zeit wurden von dem natradischen Geheimdienst, immer mehr Verräter enttarnt und festgenommen. Diese regimetreuen Natrader waren Zeitbomben, die selbst nicht abwägen konnten, welches tückische Vernichtungspotential in ihnen schlummerte. Mit der geübten Präzision einer jahrhundertelangen Erfahrung, siebte der natradische Geheimdienst verdächtige Personen aus und ließ sie überprüfen. Bei einer Bestätigung des Verdachtes, wurden sie gnadenlos hingerichtet. «

»Das waren schlimme Zeiten«, bemerkte General Poison. »Gerade aus diesem Grund möchte ich die Milchstraße unangreifbar machen. Sensoren, Sender, Frühwarn-Stationen und Drohnen, müssen uns das Eindringen fremder Rassen und Verbände melden. Nur so ist ein Schutz möglich. «

»Ich stimme ihnen zu«, antwortete Noel. »Doch auch das natradische Imperium ist nicht an einem Tag aufgebaut worden. Wir sind uns der Last und Verantwortung bewusst, die wir für die Milchstraße übernommen haben. Das neue Imperium beansprucht die Führungsrolle für sich und möchte das natradische Imperium wieder in seinen alten Grenzen aufbauen. Selbst die Gildoren haben den Hass auf die Rigo-Sauroiden hinter sich gelassen. Sie haben einen neuen Platz zum Leben gefunden und Ordnung in das frühere Chaos gebracht. Erste Kontakte zu dem neuen Imperium wurden geknüpft. Diese heißt es jetzt auszubauen. Auch wir sollten keinen Hass mehr, auf die

Zerstörer der natradischen Welt in uns tragen. Die Leiden und der Schrecken gehören zu einer anderen Zeitepoche. «

»Damit habe ich keine Probleme«, entgegnete General Poison. »Wir sind wir und schreiben eine neue Geschichte. Trotzdem zeigt die Geschichte, wie leicht ein großes Imperium durch den Einfluss von außen untergehen kann. Dem möchte ich vorgreifen und aus dem Sol-System eine Festung machen, die jedem Angriff trotzen kann. «

Noel lächelte ihn an.

»Das schaffen wir«, sagte er. »Allein die mobilen Flotten-Kampf-Stationen sind bereits ein starkes Bollwerk in dem Gefüge. «

»Das ist mir bewusst«, erwiderte der General. »Doch wissen wir wirklich, mit welchen Rassen wir es noch zu tun bekommen. Selbst dem natradischen Geheimdienst gelang es nicht zu ermitteln, wer hinten den Rigo-Sauroiden die Fäden zog. Die Worgass, die Daraner und die Zierrakies, halte ich ebenfalls nur für weitere Rassen, die ihre Befehle von einer noch mächtigeren Macht empfängt. Vermutlich werden bei diesen Völkern die obersten Regierungsstellen massiv beeinflusst, wenn nicht selbst der Kaiser, oder die Kaiserin ein Befehlsempfänger war. «

Noel schaute ihn an

»Wer sollte das sein? «, fragte er. » In der ganzen uns zugänglichen Geschichte des Universums tritt eine solche Macht nicht offen in Erscheinung. Selbst die Lantraner wissen nichts hiervon. «

»Ist das so? «, entgegnete General Poison nach. » Heran ist uns freundlich gesonnen. Wissen wir, was ihr Lenker Aritron in seinem Kopf für Gedanken mit sich trägt? «

»Nein«, antwortete Noel. »Doch die Lantraner würde ich ausschließen. Sie hatten seinerzeit für das natradische Volk die Führungsrolle in der Milchstraße vorgesehen. Wir sollten die Kaiserin der Daraner hierzu befragen. Sie könnte entsprechend Informationen besitzen. «

General Poison überlegte.

»Würden sie diesem Großinsekt wichtige Geheiminformationen anvertrauen? «, fragte er.

»Es kommt an, aus welcher Sichtweise man es betrachtet«, entgegnete Noel. »Falls es sich bei dieser Rasse im Hintergrund auch eine nicht humanoide Species handelt, wäre dies vielleicht nachvollziehbar. Der Hass auf alle humanoide Lebewesen würde sich auch so darstellen, dass ich denken würde, diese Geheim-

Informationen wären in den Händen meinesgleichen sicher. «

General Poison drehte seinen Kopf und blickte mit starren Augen in die Leit-Zentrale. Er fühlte sich leer und ausgebrannt. Die Gedanken schienen ihn zu erdrücken. Die ganze Last der Verantwortung lag auf seinen Schultern. Unselige Personen warteten auf seinen Befehl. Die Mannschaften von 5.000 Schiffen formierten sich nahe dem Saturn. Sie wussten, dass ihnen ein schwerer Auftrag bevorsteht.

»Das ganze Personal ist aufwändig ausgebildet, und von Noel mit Zusatzwissen implantiert worden«, dachte der General. »Also waren es Spezialisten auf Ihrem Fach-Gebiet. Die meisten von ihnen besaßen Familien oder Angehörige. Bisher war es noch zu keinen großen Verlusten an Schiffen des neuen Imperiums gekommen. Die EWK war bisher immer mit einem blauen Auge davongekommen. Könnte er dies den Mannschaften auch für die Zukunft versichern? «

General Poison wusste es nicht.

Er blickte wieder Noel an. Der General schwieg Minuten lang. Die aufkommende Ruhe war ungewöhnlich. Noel erkannte den Gewissenskonflikt des Generals.

»Nützt es ihnen, wenn ich ihnen mitteile, dass ich genauso fühle wie sie«, fragte er.

Der General schlug mit der flachen Hand auf den vor ihm stehenden Schreibtisch. Ein lauter Knall war hörbar.

»Seit wann haben sie Gefühle«, schrie er den Kunst-Klon der natradischen Hypertronic-KI an. »Das ist ja etwas ganz Neues. «

Noel unterbrach ihn.
»Emotionen gehören nicht zu unserer vorrangigen Kommunikation«, antwortete er. » Doch meine Mutter und ich können sie wahrnehmen. Wir sprechen sie nur nicht aus. «

Der General blickte Noel an.
»Ich kann nicht behaupten, dass mir diese Mission Freude bereitet«, teilte er mit. » Ich sehe nicht nur unsere Raumschiffe, sondern die Väter, Töchter, Söhne und Lebensgefährten unseres Personals. Alles Lebewesen, die von dem Schicksal meiner Entscheidungen abhängig sind. Meine Aufgabe ist es, richtig zu entscheiden und dass Leid, den Schmerz und eine mögliche Trauer für unser Personal zu verhindern. «

»Das ist in einen Krieg vermutlich unabdingbar«, antwortete Noel. »Wichtig ist es, die richtigen Entscheidungen zu treffen. Jeder sollte sich vor Augen halten, dass wir eine Mission in unsere Zukunft starten. Wir kümmern uns einen Gegner, der sich immer weiter ausbreitet und irgendwann auch vor der Milchstraße nicht halt machen wird. Wir sichern die Zukunft für die Kinder und unsere Kindeskinder. «

»Sie haben Recht«, antwortete der General. »Zu viele Gedanken sind nicht angebracht. Zwischen Saturn und Jupiter sammelt sich der größte Flotten-Verband, der von der Erde jemals in eine Schlacht geschickt wurde. Wenn wir kämpfen, kämpfen wir für uns, für die Menschen und für das Sol-System. «

»Nicht nur hierfür«, bemerkte Noel. »Wir kämpfen für die Ideen des neuen Imperiums, für Freiheit und für die Selbstbestimmung. Unser Sol-System entscheidet über die Geschicke der Milchstraße. «

Poison blickte ihn an
»So heroische Reden, bin ich von ihnen gar nicht gewohnt«, sagte er.

»Das kommt nicht oft vor«, antwortete Noel. »Doch ich erkenne ihre innere Zerrissenheit. Diese Mission ist notwendig. Berücksichtigen sie bitte, dass wir uns nicht allein dastehen. Die nur 500 Evolutions-Schiffe von Heran, sind eine fast nicht überwindbare Kampf-Flotte. Hinzu kommen noch die Schiffe der Ablonder, über die wir mengenmäßig noch gar nichts wissen. Hoffen wir einmal, dass das Abschreckungs-Potenzial hoch genug ist, um die Zierrakies von einer Raum- Schlacht abzuhalten. «

»Ihre Worte in meinen Ohren geben mir Mut«, murrte der General. »Hoffen können wir, dass diese Zierrakies nicht alle verfügbaren Flotten-Einheiten zusammengezogen haben. Dann können sie sich ihr Flotten-Potenzial vermutlich an den Hut stecken. «

»Wir schaffen das«, wiederholte Noel.

General Poison nickte.
»Ich hoffe nur, dass wir nicht irgendwann auf aus diesem Albtraum aufwachen und feststellen, dass unser Sol-System vernichtet wurde. «

»Die Verteidigung von Tarid, Natrid und des heimatlichen Sternen-Systems hat vorrangige Priorität«, antwortet Noel. »Hieran wird sich nichts ändern. Wir gehen weiter unseren Weg, duplizieren Schiffe und rüsten diese weiter aus. Unsere starken Flotten-

Kampfverbände mehren sich. Wir haben den Mitgliedern des neuen Imperiums versprochen, sie zu beschützen und ihnen ein erfolgreiches Leben zu ermöglichen. Bis dahin ist es jedoch noch ein weiter Weg, bis wir alle Bereiche in der Milchstraße absichern können. Unsere Hoffnungen und Ziele sind es, ein Massaker, wie es in der Vergangenheit dem natradischen Kaiserreich widerfahren ist, zukünftig zu verhindern. «

General Poison nickte.

»Bisher konnten wir immer rechtzeitig eingreifen und Krisenherde beseitigen«, bestätigte er. »Nie sind wir in einen offenen Kriegsausbruch gerissen worden. «

»Deswegen bin auch der Meinung, wir sollten die von Major Travis vorgeschlagene Mission durchführen«, erwiderte Noel. »Bereits die Pläne solcher fremder Aggressoren, sollten im Vorfeld bereits vereitelt werden. «

»Wie lange wird die Mission wohl dauern? «, fragte General Poison.

»Das hängt von vielen Kriterien ab, die wir alle noch nicht kennen«, antwortete Noel. »Wenn wir die Zierrakies überraschen und sie nur auf ihre Streitmacht in der weißen Anomalie zurückgreifen können, dann werden wir sicher schnell zu einem Erfolg kommen. «

Suche nach den Schuldigen

Herein tönte es von innen.

Die zwei Elite-Gardisten öffneten Admiral Dragphan die Türe zu dem Büro des Prinzen.

Der Leiter der Fern-Aufklärung betrat den verdunkelten, seltsam ausgestatteten Raum. Er trat fünf Schritte vorwärts und verbeugte sich vorschriftsgemäß.

»Ihr könnt euch erheben«, hörte der Admiral die bekannte monotone Stimme von Prinz Sirthrith. »Was habt ihr mir zu berichten? «

Der Admiral richtete sich in seiner vollen Gestalt auf und blickte den Prinzen an.

Der Prinz hatte wieder seinen Schutzanzug angelegt, durch die die wahre Gestalt seiner Spezies nicht erkannt werden konnte.

»Ich wollte sie darüber informieren, dass die zugesagten Schiffe des Groß-Kaisers angekommen eingetroffen sind«, meldete der Admiral. »Alle Einsatz-Schiffe wurden komplett ausgestattet und sind bereit. Wir warten auf ihre Befehle.

»Es geht nichts über loyale und zu verlässliche Offiziere«, lächelte der Prinz. »Das weiß ich zu schätzen. «

Der Admiral blickte den gehassten Prinzen an.

»Ein Neffe des Groß-Kaisers«, dachte er verächtlich. »Er will sich profilieren. Ein ins Abseits gedrängter Hofabkömmling ereifert sich die Macht im Universum an sich zu reißen. «

Der Admiral verzog keine Miene und ließ den Prinzen nicht an seinen Gedanken teilhaben.

»Die aggressive Rasse der Zierrakies wird sich nicht ändern«, dachte er. »Seit den Anfängen unserer Brütungen, dienen wir ihrem großen Kaiserreich. Wir Worgass haben sie fälschlicherweise als die Herren des Universum betrachtet. Das muss sich ändern. «

»Gewürdigt sind die Zierrakies«, teilte der Admiral mit.

»Vorbildlich«, antwortete der Prinz. »Doch wir können jetzt frei reden. Verzichten sie auf Höflichkeitsfloskeln. Ich habe die Berichte ihrer Such-Aktion gelesen. Es ist uns nicht möglich gewesen, den Standort der ablondischen Flotte zu ermitteln? «

Das Gesicht des Hochgeborenen verdunkelte sich.

»Habe ich nur Dummköpfe als Untertanen«, schrie der Prinz. » Wie ist es einer Rasse möglich, die bereits als ausgerottet galt, uns an der Nase herumzuführen? «

Der Admiral verspürte eine plötzliche Unruhe.

»Hatte der Prinz Lunte gerochen«, fragte er. »Das Universum ist groß«, antwortete der Admiral.

»Durch die uns nicht bekannte Sprungtechnik der Ablonder, ist es ihnen möglich, in alle Bereiche des nahen und fernen Universums zu springen. Unsere Wissenschaftler vermuten, dass diese Technik es ihnen auch ermöglicht, zwischen den Dimensionen hin und her zu springen. Sie haben keine Spuren hinterlassen. Wir suchen die Nadel im Heuhaufen. «

Der Admiral schaute den Prinzen an. Er erkannte, wie es in den Prinzen arbeitete und dieser kurz vor dem Explodieren stand.

»Warum stellte der Prinz ihm diese Frage? «, überlegte Admiral Dragphan. » Er sollte die Berichte doch vorliegen haben. Wollte der Prinz ihn prüfen, versuchte er zu analysieren, ob er die Wahrheit sagte? «

Admiral Dragphan atmete durch.

»Ich mag den Prinzen nicht«, dachte er. »Er wird unser ganzes Volk an den Rand einer Katastrophe führen. Sicherlich würde der Prinz die Soldat und Offiziere unseres Volkes an der vordersten Front für das zierrakische Imperium sterben lassen. «

Er blickte den Prinzen emotionslos an.
»Die ganze Suche bringt nichts«, antwortete er. »Es wird genügen, wenn Drohnen und Such-Sonden unterwegs sind. Wir sammeln unsere vereinte Flotte hier vor unserer Anomalie und warten die Ankunft ihrer Flotte ab. Somit in entgehen wir einem tückischen Hinterhalt. «

»Ich frage euch, wann das sein mag? «, antwortete der Prinz mit einem seltsamen Lächeln. » Können sie mir diese Frage beantworten? «

»Wie sollte ich das«, entgegnete Admiral Dragphan. »Ich habe die gleichen Informationen, wie sie vorliegen. « Warum sollte unsere Fern-Aufklärung Informationen zurückhalten? «

Prinz legte seinen Kopf schräg und blickte den Admiral lange an.

»Da bin ich mir nicht sicher«, antwortete er. »Wir sind Gerüchte zu Ohren gekommen, dass einige ihrer Offiziere mit meiner Führung nicht mehr ganz einverstanden sind. «

»Das weise ich entschieden zurück«, antwortete der Admiral. »Jeder Soldat und jeder Offizier unter meiner Führung, dient der imperialen Krone bis zu seinem Tode. Wie sie wissen, ist dies eine Grundlage der Genmanipulation an unserer Rasse. «

Der Admiral hielt kurz inne, als ihm die gesprochen Worte bewusst wurden und diese anfingen zu schmerzen.

»Eine Irritation bei unseren Soldaten, oder Offizieren ist mir nicht ersichtlich«, ergänzte der Admiral.

»Sie wissen, dass der Groß-Kaiser Erfolge von uns sehen möchte«, bemerkte der Prinz. »Ein Versagen unsererseits kommt für ihn nicht infrage. Sie wissen, was dies für uns bedeuten würde? «

»Das ist mir bewusst«, antworte Admiral Dragphan. »Doch wieso sollten wir versagen? Bisher haben wir doch im Namen der Zierrakies immer noch gesiegt. So teilten sie es uns mit. Die Zierrakies sind unüberwindlich.« Der Prinz blickte ihn eindringlich an und nickte.

»Ich glaube euch«, antwortete er. »Wir Zierrakies sind einzigartig. Niemand ist uns gewachsen. Ihr seid einer der wenigen, die mir treu ergeben sind. Verscherzt euch dieses Wohlwollen nicht.«

Der Admiral verbeugte sich.
»Ich weiß diese Wertschätzung zu achten«, antwortete er.

Im geheimen wusste er, dass der Prinz, als neuer Herrscher der weißen Anomalie, seine Spione nicht nur in dem Palast, sondern auch außerhalb, in der ganzen Stadt verteilt hatte. Sie dienten ihm als Zuträger aller Informationen und der Stimmungen seines Volkes.

»Wir müssen diese Mission erfolgreich abschließen«, bemerkte der Prinz. »In diesem Fall wird meine Belohnung für sie und ihre Offiziere sehr hoch sein. Ich kann mir auch vorstellen, sie mit einem Adelstitel auszustatten. Hierdurch würde sich ihr Leben radikal ändern.«

»Ich bin mit meiner jetzigen Situation zufrieden«, antwortete der Admiral. »Auf einen Adelstitel lege ich keinen Wert. Ich sorge für die Sicherheit, vor und in unserer Entlarve. Politische Ziele bedeuten für mich nichts. «

Der Prinz schaute den Admiral an.

»Sollte er sich so getäuscht haben«, dachte er. »Der Führer der Fern-Aufklärung war frei von politischen Interessen. Ihn interessierte lediglich die Unversehrtheit der Anomalie in der zweiten Dimension. Er erinnerte sich daran, dass er diesen pflichtbewussten und fähigen Admiral bereits ansetzen wollte, doch es ließ sich kein vergleichbarer Offizier, mit vergleichbaren Fähigkeiten und Erfahrungen finden. «

Der Prinz wischte seine Gedanken beiseite.

»Gehen sie jetzt und informieren sie mich, wenn neue Informationen vorliegen«, teilte er dem Admiral mürrisch mit. »Sehen zu, dass sie Erfolge vorweisen können. «

»Wie ich bereits öfter erwähnte, wir tun das Möglichste«, antwortete der Admiral. »Hier ändert sich auch nichts, wenn sie ungeduldig werden. «

Der Admiral verbeugte sich, drehte sich um und verließ das Büro des Neffen des zierrakischen Groß-Kaisers.

Außerhalb des Gebäudes machte sich der Admiral Luft und stieß Flüche auf den gehassten Prinzen aus. Ihm wurde bewusst, dass dies nur der Anfang eines immer schlechter werdenden Verhältnisses zu dem kaiserlichen Imperium der Zierrakies war.

Er schritt auf den wartenden Gleiter der Fern-Aufklärung zu.

»Zurück zur Leitstelle der Fernaufklärung«, teilte er den Piloten mit.

Dieser nickte, ließ den Admiral einsteigen und verriegelte den Schott. Der Pilot nahm seinen Platz im Cockpit des Gleiters ein und startete die Maschinen. Der Gleiter hob sanft vom Boden ab und flog auf die großen Verwaltungs-Gebäude der Regierung zu.

Der Admiral blickte aus dem Fenster und schaute auf die vielen Wohneinheiten unter ihnen, die sich Zierrakies und Worgass teilten.

»Was heißt teilten«, dachte der Admiral. » Im Gegensatz zu ihnen hausen wir in lausigen Unterkünften. Das zierrakische Imperium wird nur durch ihre Sklaven aufrechterhalten. Wir Worgass sind mengenmäßig eigentlich die wirklichen Bewohner dieser Anomalie. Die wenigen wirklichen Zierrakies, fühlen sich alle zu etwas Höherem berufen zu sein. «

Je mehr er über die Zierrakies nachdachte, umso größer wurde sein Hass auf sie.

Der Admiral blickte zu Horizont und beobachtete die starteten, ausgerüsteten Groß-Raumschiffe der Zierrakies.

»Die von dem gefiederten Prinzen geforderte neue Ausrüstung, liegt im Rahmen der Zeit«, dachte Admiral Dragphan. »Wir sind bereit. Hoffentlich stimmen die Aussagen von den Macoronarus. «

Der Admiral wurde nachdenklich.
»Warum vertraue ich diesen Wesen mehr als den Zierrakies? «, dachte er.

Dann wusste er es.
»Diese Wesen machen einen wesentlich seriöseren Eindruck auf mich, als die Zierrakies es in den vielen Jahrhunderten der Dienerschaft seines Volkes je vermochten. «

Der dunkle leere Raum zwischen den Galaxien, brach unverhofft an zehn Stellen gleichzeitig auf. Für Sekunden hätte ein beteiligter Augenzeuge in die Tiefe der Unendlichkeit schauen können. Aber dieser Moment dauerte nur einen Augenblick. Dann flog eine mächtige

Schiffs-Armada aus den geöffneten Durchgängen. In georteter Reihenfolge ließen die Kampf-Kreuzer der 250-Meter- Klasse ihre Antriebe auslaufen. Sie formierten sich in unterschiedlichen Verbänden, in einer entsprechenden Entfernung, zu dem geöffneten Tunnel. Eine gewaltige Flotte und insgesamt 1.318.000 Schiffen drang nach und nach aus den Wurmlöchern.

Hierunter waren 43.000 Schiffe der bekannten 1.000 Meter-Klasse und zahlreiche Schiffsträger ablondischer Bauart. Es dauerte nur wenige Minuten, bis alle Schiffe den Durchgang verlassen hatten. Respektvoll verharrte die große Flotte in dem Zwischenraum zwischen den Galaxien. Ein Lichtermeer von zahlreichen Signal- und Positionslampen erleuchtete den Sektor. Die eleganten, stromlinienförmigen Angriffs-Schiffe der Ablonder setzten sich an die Spitze der Formation. Dahinter folgten die größeren und gefährlich aussehenden Schiffe der 1.000-Meter-Klasse. Ihnen folgten die Flotten-Träger der im Exil lebenden ablondischen Flotten-Führung.

Der junge Ablonder Ras'ekin und sein älterer Kollege Sil'drock standen vor den Ortungsanzeigen und verglichen die Daten mit dem aktivierten Panorama-Schirm.

»Die erste Etappe ist absolviert«, bemerkte Ras'ekin.

»Wir haben die zweite Dimension verlassen. Der nächste Schritt führt uns in das Sol-System. «

Sie standen in der Kommando-Zentrale ihres Schiffes. Unverhofft hatten sie das Kommando über die große Flotte übernommen. Die im Exil lebende Führung des Flotten-Oberkommandos der Regierung, verfügte über keinerlei Kampferfahrung mehr. Bereits einen Flotten-Träger hatten sie bei einem unverhofften Angriff eines Späh-Schiffes der Zierrakies verloren. Das sollte sich nicht wiederholen.

Mit Stolz betrachteten die beiden Ablonder die mächtige Flotte.

»Über so eine starke Flotte haben wir noch nie verfügt«, bemerkte Sil'drock. »Wären unsere Herren mit dieser Armada in den Kampf gezogen, hätte sie niemand besiegt. «

Ras'ekin blickte ihn an.

»Sei dir da nicht so sicher«, antwortete er. »Wir haben zu wenige Informationen von dem Krieg unserer Herren. Wir wissen nicht, mit auf welche Flottenstärke die Zierrakies auf die Schiffe unserer Herren gestoßen sind.

Unsanft wurden sie aus ihrer Betrachtung der Anzeigen geweckt. «

»Alle Schiffe haben wohlbehalten den Durchgang verlassen«, meldete die Hypertonic-KI des Schiffes.

»Haben wir fremde Resonanz-Kontakte in den Sensoren?«, fragte sie Sil'drock.

»Es sind keine fremden Kontakte zu registrieren«, meldete die KI des Schiffes. »Nur unsere eigenen Schiffs-ID's sind auszumachen. «

»Hier draußen in der interstellaren Leere, scheinen die Zierrakies keine Spür-Schiffe entsandt, oder stationiert zu haben«, lächelte Ras'ekin. » Dieser Sektor scheint für sie ohne Bedeutung zu sein. «

»Das ist nicht verwunderlich«, antwortete Sil'drock. »Wir sind im Niemandsland herausbekommen. Hier ist nichts, was für eine Rasse interessant erscheint. Noch nicht einmal Rohstoff-Planeten hat es hierhin verschlagen. Nichts von Bedeutung ist auf den Ortungs-Geräten ersichtlich. «

Die beiden Ablonder blickten in die gähnende Leere des Bildschirms.

»KI«, sagte Sil'drock. »Leite bitte meinen Befehl an die vordersten Schiffes des Verbandes weiter. Sie sollen im

Alarmzustand bleiben und ihre Umgebung scannen. Wir erwarten eine sofortige Meldung, falls fremde Kontakte registriert werden. Die restliche Flotte kann in den Ruhe-Modus wechseln. «

»Der Befehl wird weitergegeben«, antwortete die KI des Schiffes.

Die Ablonder ließen von der KI die wartende Flotte auf dem Panorama-Schirm anzeigen. Beeindruckend füllte die große Flotte den ganzen Schirm.

»Eingehender Funkspruch«, meldete die Hypertronic-KI. »Marschall War'drock bittet andocken zu dürfen. «

»Genehmigung erteilt«, antwortete Ras'ekin. »Wir erwarten den Marschall in der Zentrale. «

Sil'drock und Ras'ekin hatten den Panorama-Bildschirm umschalten lassen und schauten dem Andock-Manöver des Marschalls des Flotten-Oberkommandos zu.

Er schien sein Schiff im Griff zu haben. Das Flaggschiff des Marschalls verband sich ohne Probleme mit dem Angriffs-Schiff der beiden Ablonder.

Sie nickten zustimmend als die Hypertronic-KI den Anschluss mitteilte.

»Das Schiff des Marschalls hat angedockt«, meldete die KI.

Kurze Zeit später kam er in die Steuer-Zentrale des kleinen 250-Meter-Schiffes getreten.

Er lächelte und begrüße die wartenden Ablonder.

»Das erste Vorhaben ist gut gelungen«, sagte er. »Wie sieht der weitere Plan aus? «

»Wir wollten wir ja direkt ins Sol-System springen und Major Travis um die zugesagte Unterstützung bitten«, antwortete Sil'drock. »Ich frage mich jedoch, ob es nicht hilfreich sein könnte, wenn wir einen Durchgang in die Whirlpool-Galaxie öffnen würden. Dort werden wir das Flotten-Aufkommen des zierrakischen Groß-Kaisers scannen? «

Marschall War'drock blickte den Außenwächter fragend an.

»Wofür soll das gut sein? «, fragte er.

Ras'ekin schüttelte seinen Kopf.

»Das weiß ich ja sogar«, antwortete er. »Glauben sie denn, wenn wir die weiße Anomalie der Zierrakies angreifen, wird der Kaiser keinen Notruf erhalten? Jede Rasse würde dann Verstärkung zur Unterstützung entsenden. «

»Wir wissen nicht, über wie viele Schiffe der Kaiser verfügen kann«, sagte Sil'drock »Unser Gefangener teilte uns mit, dass der Groß-Kaiser an vielen Fronten kämpft und alle seine Schiffs-Verbände gebunden hat. Dies könnte ein Vorteil für uns sein. Vermutlich kann er seine Flotten-Verbände nicht von den Kriegsfronten abziehen, ohne dass die gegnerischen Verbände nachrücken und in das Heimat-System der Zierrakies vordringen. «

»Jetzt rächt sich die Gier nach immer mehr Expansion«, lachte Ras'ekin. »Unter diesen Umständen ist das Heimat-System der Zerstörer ungeschützt. Ein von uns durchgeführter Angriff, würde durch den Überraschungseffekt unterstützt. Wir könnten den Groß-Kaiser und seine Kriegsmaschinerie vollständig in die Knie zwingen, oder sie vernichten. «

Die Ablonder ließen die Worte auf sich wirken.
»Ich weiß nicht, ob das unsere Herren gutheißen würden«, antwortete Sil'drock. »Sie waren stets gegen eine vollständige Vernichtung andersartiger Rassen. Sie in die Schranken weisen und ihnen eine gewisse Ordnung zu diktieren, ist die eine Möglichkeit. Eine

Rasse vollständig zu vernichten, ist wieder eine andere. «»Wir machen nichts anderes als das, was die Zierrakies auch dauernd praktizieren«, entgegnete Ras'ekin. » Hemmungen sind hier fehl am Platz. Sollen wir die Vernichtung eines Großteils unserer Rasse, die Verwüstung unserer Planeten und die Abschlachtung unseres Flotten-Oberkommandos, einfach so hinnehmen und ungesühnt lassen? «

»Es sind 250.000 Jahre vergangen«, hielt Sil'drock dagegen. »Die letzten unserer Herren werden auf ihrem Reservations-Planeten 429, in der weißen Anomalie festgehalten. Wir sollten ihre Meinung hierzu abfragen, bevor wir einen solchen Schritt durchführen. Unsere Herren sind weise und allwissend. «

»Hoffen wir einmal, dass es auch heute noch so ist«, antwortete Ras'ekin.

Der eingesetzte Ober-Befehlshaber des Flotten-Kommandos im Exil nickte beipflichtend.

»Ich gehe mit Sil'drock einig«, antwortete er. » Wir sollten unsere Herren befreien und sie über die weiteren Maßnahmen befragen. Das ist das eigentliche Ziel unserer Mission. «

Ras'ekin Gesicht wurde ernst.

»Die Zierrakies sind Tiere«, antwortete er. »Ihnen ist das Leben andersartiger Rassen gleichgültig. Alle von ihnen angegriffenen Species unterjochen sie, oder schlachten sie ab. Das gleiche sollten wir mit ihnen machen. Es sollte schnell und schmerzlos gehen. Nach meiner Meinung haben die Zierrakies ihre Berechtigung auf ein Leben in diesem Universum verspielt. Erst dann kann sich unsere Rasse wieder ausbreiten und in Frieden überleben. «

»Das sind harte Worte«, entgegnete Sil'drock. »Unsere Rasse hat überlebt. Zwar im Exil und auf vielen Versorgungs-Planeten, aber Dank der Weitsicht unserer Herren hat sie überlebt. Ich bezweifle, dass unsere Herren mit deiner Meinung übereinstimmen werden. «

Wieder dachten die drei Ablonder über die weitere Vorgehensweise nach.

»Wir sollten für Klarheit sorgen und das Heimat-System der Zierrakies ausspähen«, bemerkte Marschall War'drock. » Es dann wissen wir, was auf uns noch zukommen könnte. Fliegen wir selbst, oder schicken wir Drohnen zur Aufklärung? «

»Ich tendiere dafür, uns ein eigenes Bild zu machen«, antwortete Sil'drock. »Im Gegensatz zu den zierrakischen Kriegs-Schiffen, ist unser Kreuzer sehr klein. Er sollte ihnen nicht direkt auffallen. Wir können hinter einem Asteroiden-Feld Stellung beziehen und ihr Heimat-System scannen. Nur so gelangen wir in den Besitz genauer Daten.«

»Ich halte das für sehr riskant«, monierte Ras'ekin. »Keiner fremden Rasse ist der Flug in das Heimats-System der Zierrakies gestattet. Ihre Zierr-Rak-Ortungs-Technologie ist hochentwickelt und für den intensiven Tiefenscan ausgelegt. Wenn wir nicht aufpassen, werden sie uns zwangsweise orten.«

»Nicht wenn wir ein Verzerrungsfeld aktivieren«, entgegnete Sil'drock. »Es wird auf ihren Ordnung-Tastern wie ein Gravitationsfeld dargestellt.«

»Es bleibt ein schwieriges Unterfangen«, bemerkte Marschall War'drock. »Wir müssen sehr vorsichtig sein. Aber die hieraus resultieren den Daten werden uns sehr hilfreich sein.«

»Wir könnten unsere Herren direkt informieren, mit was wir es zu tun haben«, teilte Sil'drock mit. »Dann können sie in Ruhe entscheiden, wie wir vorgehen.«

Die drei Ablonder nickten zustimmend. Der Vorschlag von Sil'drock wurde angenommen.

»Ein weiterer Vorteil ist es, dass wir nicht unsere ganze Flotte gefährden. Sie ist hier in relativer Sicherheit«, ergänzte der Wächter der großen ablondischen Stadt.

»Informiert die Flotte über unser Vorhaben. Ich werde einen entsprechenden Korridor in das zierrakische System mit unserer KI heraussuchen. «

Er drehte sich um und ging an das Eingabe-Terminal und ließ sich die Karten des Heimat-Sektors der Zierrakies anzeigen.

Marschall War'drock griff nach dem Kommunikator und informierte die Flotte über die geplante Späh-Mission. Er wies die Schiffe an, für eine Absicherung des Sektors zu sorgen und auf ihre Rückkehr zu warten.

Sil'drock hatte einen geeigneten Durchgang gefunden und die Koordinaten in sein Amulett eingegeben. Gleichzeitig hatte er den Status des 250-Meter-Schiffes überprüft. Die KI gab technisch grünes Licht für die Mission.

Er trat zurück zu den beiden wartenden Kollegen.

»Ich habe den besten Korridor ermittelt«, teilte er ihnen mit. »Wir kommen 700.000 Kilometer vor dem System der Zierrakies aus dem Tunnel. Vor uns wird ein Asteroiden-Feld liegen, dem wir uns nähern. Es wird uns genügend Schutz vor einer Entdeckung bieten. «

Er blickte die beiden Ablonder an.
»Seid ihr bereit? «, fragte er.

Ras'ekin und Marschall War'drock nickten verhalten.

»KI«, sagte Sil'drock. »Lass die Antriebe anlaufen. Ich öffne einen Durchgangs-Tunnel. Ziel ist das Heimat-System der Zierrakies. Bei dem Austritt bitte sofort alle nicht benötigten Energieverbraucher abschalten. Wir sollten so wenige Energie-Emissionen ausstrahlen wie möglich. Lediglich das Verzerrungsfeld ist zu aktivieren. «»Der Befehl wurde registriert, antwortete die Hypertronic-KI sofort.

Sil'drock blickte Marschall War'drock an.

»Noch können sie auf ihr Schiff zurück, Marschall? «, bemerkte er.

»Das lasse ich mir nicht nehmen«, antwortete der Oberbefehlshaber des Flotten-Führungskommandos. »Ich habe meine Stellvertreter informiert, dass ich mit euch fliege. Sie wissen, was zu tun ist. Öffnen sie endlich den Durchgang. «

Sil'drock warf einen letzten Blick auf Ras'ekin. »Irgendwelche Einwände? «, fragte er.

Der junge Ablonder schüttelte seinen Kopf.

»Du machst doch sowieso, was du willst«, antwortete er. »Meine Meinung ist ja nicht gefragt. «

»Es nützt alles nichts«, bemerkte Sil'drock. »Wir müssen die Lage realistisch sehen. «

Er drückte einige Symbole auf seinem Amulett. Auch dem großen Echtzeit-Schirm wurde die typische Öffnung eines Wurmloches angezeigt.

»KI«, rief Sil'drock. »Ermittele die optimalen Eintauch-Koordinaten und fliege in den Tunnel. Automatische Korrekturen durchführen. «

»Dein Befehl wird ausgeführt«, entgegnete sie KI monoton.

Die Ablonder setzen sich vorsichtshalber in die Sessel. Sie bemerkten, wie das Schiff stark beschleunigte und auf das Wurmloch zuhielt. Es dauerte nur wenige Momente, bis das Schiff in dem schwarzen Schlund verschwand.

Für die Insassen des 250-Meter durchmessenden ablondischen Kampf-Kreuzers, waren nur Sekunden vergangen, als sie an den Zielkoordinaten aus dem geöffneten Wurmloch austraten. Das grelle Licht, einer von drei großen gigantischen Sonnen, überflutete den Panorama-Bildschirm des Schiffes.

»Schirm abdunkeln«, befahl Sil'drock.
Langsam wurde das Licht erträglicher.

»Auf das vor uns liegende Asteroiden-Feld zufliegen und Schutz suchen«, befahl er. »Das Verzerrungsfeld sofort aktivieren. «

Die KI bestätigte seinen Befehl.
»Haben wir Resonanzkontakte? «, fragte Ras'ekin.

»Ich messe zahlreiche fremde Schiffs-Kontakte an«, meldete die KI. »Es sind die IDs der Zerstörer. Ich orte viele kleine Gruppen von Kampf-Schiffen, Angriffs-

Kreuzern und Verteidigung-Schiffen. Die Zählung wird durchgeführt.«

»Sind ihre übergroßen Kriegs-Schiffe auszumachen?«, fragte Marschall War'drock.

»Ich aktualisiere die Anzeigen«, meldete die Hypertronic-KI des Schiffes.

Das Bild auf dem Ortungs-Schiff aktualisierte sich. Die drei Ablonder blickten interessiert auf die Anzeige. Vor ihnen lag das geheimnisvolle Heimat-System der Zierrakies. 15 Planeten kreisten um drei Sonnen, welche das System der Zerstörer mit Energie versorgten.

»Das Bild zoomen«, rief Sil'drock. »Das Heimat-System der Zierrakies näher anzeigen.«

»Ich stelle auf die größte Beobachtungs-Stufe ein«, meldete die KI.

Die Ablonder sahen, wie sich die Anzeige vergrößerte. Das System der Zierrakies rückte in den Blickwinkel.

»Der achte Planet scheint ihr wichtigster Anlaufpunkt zu sein«, sagte Sil'drock. »Zahlreiche Transport-Schiffe starten, oder befinden sich auf dem Anflug zu diesem Planeten.«

Die Hypertronic-KI des Schiffes meldete weitere Schiffs-IDs. Sie aktualisierte die Ortungs-Anzeige.

»Ich habe mehrere Kriegs-Schiffe der 2.500 Meter-Klasse ausgemacht«, meldete sie. »Sie bewachen den achten Planeten des Systems. «

Die KI kennzeichnete die neuen Ortungspunkte mit einer blinkenden Markierung.

»Der achte Planet wird von einer Flotte von 300 Groß-Kriegs-Schiffen der Zierrakies gesichert«, ergänzte sie.

»Das scheint ihre Heimat-Verteidigung zu sein«, bemerkte Marschall War'drock.

»Die scheinen sich sehr sicher zu sein, sonst hätten sie mehr Flotten-Verbände abkommandiert, um ihre Welt zu sichern«, flüsterte Ras'ekin.

»Sie sind überheblich und selbstsicher, entgegnete Sil'drock. »Bisher hat es noch niemand gewagt, in ihr System einzufliegen, geschweige einen Angriff auf sie zu starten. «

»Das wird sich hoffentlich jetzt ändern«, lachte Ras'ekin. »Wir bringen das Schlachtfeld zu ihnen nach Hause. «

»Wie schnell können wir den Durchgang öffnen und von hier verschwinden, wenn es brenzlig wird? «, fragte Marschall War'drock.

»Das ist eine Angelegenheit von Sekunden«, antwortete Sil'drock. »Worauf wollen sie hinaus? «

»Ich empfehle eine Aufklärungs-Sonde zu starten, die näher an den Heimat-Planeten der Zierrakies heran fliegt und uns weitere nützlich Daten sendet«, erwiderte der Marschall. »Sie kann auch auf dem Planeten niedergehen und zerschellen. Hauptsache ist, dass sie uns Bildmaterial per Hyperfunk übermittelt. «

Sil'drock und Ras'ekin schauten sich an.

»Damit scheuchen wir sie auf«, bemerkte Ras'ekin. »Die Drohne wird sicherlich von ihrer zentralen Aufklärung erfasst werden. «

»Die Frage ist nur, wie schnell sie erfasst wird«, antwortete Sil'drock. »Wenn es ihr gelingt, ausreichende Informationen zu senden, hat sie ihren Zweck erfüllt. «

Sil'drock dachte nach.

»Wir nehmen unsere kleinste Drohne«, antwortete er. »Sie ist schwer auszumachen. Vermutlich sind die Zierrakies hierauf nicht vorbereitet. Noch nie hatten sie es mit einem Einflug fremder Rassen in ihr System zu tun. Wir schleusen die Drohne aus, mit der Programmierung, auf den achten Planeten des Systems zuzufliegen und sämtliche Daten zu senden die sie erfasst. Wenn möglich soll sie in die Atmosphäre des Planeten einzutauchen und so viele Bodenaufnahmen übersenden, wie möglich. Die Drohne fliegt per Hyper-Raumflug und materialisiert er kurz vor dem achten Planeten. Ich hoffe, dass den Zierrakies keine Zeit mehr bleibt, um zu reagieren und um sie abzufangen. Eine Rückkehr der Drohne ist nicht erforderlich. «

Ras'ekin und Marschall War'drock stimmten zu.

»KI«, rief Sil'drock. »Hast du unseren Dialog verfolgt. «

»Das habe ich«, meldete die Hypertronic-KI pflichtbewusst.

»Aktiviere eine Mini-Drohne und speise die Subroutine entsprechend ein«, befahl Sil'drock. »Wir brauchen alle erhältlichen Ortungs-Daten sofort per Hyperraum-

Meldung. Bitte eine Selbstzerstörung beim Aufprall auf den Planeten programmieren. «

»Ich bereite die Drohne vor und übergebe sie dem Ausschleuse-Schacht«, antwortete die KI. »Ich weise daraufhin, dass die Gefahr einer Entdeckung durch die Zierrakies sich entsprechend erhöht. «

»Das ist uns bewusst und entsprechend berücksichtigt«, antwortete Sil'drock. »Sämtliche Energien unseres Schiffes sind nach der Ausschleusung abzuschalten. Nur Orter, Hyperfunk und Lebenserhaltung bleiben aktiviert. So verursachen wir kaum noch messbare Energie-Emissionen. Der Schutz durch das Asteroiden-Feld ist ausreichend. «

»Wir fliegen in ein Wespennest«, sagte Marschall War'drock.

Er zeigte auf den großen Panorama-Schirm. Wieder waren kleine Flotten von etwa 30 Schiffen in dem System der Zierrakies materialisiert und flogen auf den Heimat-Planeten zu. Andere Schiffs-Verbände beschleunigten und entmaterialisierten mit unbekanntem Ziel.

»Die Drohne ist zur Ausschleusung bereit«, meldete die KI.

»Abschlussfreigabe wird erteilt«, antwortete Sil'drock.

Die Schiffs-KI bestätigte und schleuste die Drohne aus. Nach einem kurzen Flug entmaterialisierte sie und verschwand im Hyperraum. Die Mini-Drohne überbrückte die immer noch große Distanz zu dem zierrakischen Heimat-System im Hyper-Raumsprung. Sie verschwand von den Ordnungs-Anzeigen des ablondischen Schiffes.

Sil'drock, Ras'ekin und Marschall War'drock warteten gespannt ab.

»Lange sollte der Flug nicht dauern«, murmelte Sil'drock. Die Zeit verlief sehr langsam. Man hätte eine Stecknadel auf der Brücke des Schiffes fallen hören können. Die eisige Ruhe war nervenaufreibend.

»Die Drohne ist vor dem achten Planeten wieder materialisiert«, meldete die Hypertronic-KI des Schiffes.

Die drei Ablonder atmeten heftig aus.
Gespannt starrten sie auf die Ortungsanzeige. Die Mini-Drohne war vor dem achten Planeten, mitten im System der Zierrakies materialisiert.

Die bordeigenen Sensoren und Kameras der Drohne, fingen an zu arbeiten. In Lichtgeschwindigkeit übermittelte sie per Hyperfunk stabile Daten und Bilder. Hochleistungs-Chips und Rechner führten Suchprogramme aus, nahmen jede Art von Signaturen und Spuren auf, erstellten Echtzeitbilder und übermittelten diese in den nächsten Sekunden an das wartende Ablonder-Mutterschiff.

»Ich empfange erste Daten der Drohne«, meldete die Hypertronic-KI des Schiffes. »Die Dekodierung erfolgt automatisch. Ich lege sie auf den Ferntaster-Monitor. «

Die drei Ablonder hielten den Atem an.
Die Drohne näherte sich mit rasanter Geschwindigkeit dem achten Planeten. Unzählige kleinere Schiffe der Zierrakies kreisten um den Planeten.

»Das sind kleine Kampf-Jets«, sagte Marschall War'drock. »Sie schnell und wendig. Vermutlich mit nur mit einer zentralen Kanone ausgestattet. Als letzte Abfang-Linie sehr effizient. Sie sind aufgrund ihrer Wenigkeit von größeren Schiffen kaum zu treffen. «

Er schaute wieder auf die Anzeige und die Liste der gescannten Daten.

»Die Planeten der Zierrakies scheinen Methan-Planeten zu sein«, bemerkte Sil'drock. » In diesem System befindet sich eine Häufig dieser Planeten. Sie sind Methan-Atmer. Deswegen tragen sie die von Commander Sirgphan skizzierten Anzüge. «

»Methan ist sehr leicht entzündbar«, lächelte Ras'ekin. »Die Zierrakies scheinen sehr unvernünftig zu sein. Wenn es sich überwiegend um Methan-Planeten handelt, können wir einen Flächenbrand legen und ihr verdammtes System aus dem Universum sprengen. «

Sil'drock blickte ihn an.
»Es werden über 60 Millionen Lebenszeichen angezeigt«, antwortete er. »Der achte Planet ist voll von Zierrakies. «

»60 Millionen Lebensformen ist es eine ganze Menge«, bemerkte Marschall War'drock. »Hoffen wir einmal, dass nicht jeder von ihnen über ein Raumschiff verfügt. «

»Ist das ihre einzige Sorge? «, fragte Sil'drock.
Er schaute ihn an.

»Wo sollen die Schiffe sein? «, fragte Ras'ekin.

»Halten sie es für ausgeschlossen, dass sie nicht auch unterirdische Hangars angelegt haben? «, ergänzte Marschall War'drock.

»Die Flotte des Kaisers befindet sich im Kampf gegen fremde Rassen«, erklärte Sil'drock. »Vermutlich kämpfen sie diese nieder und schlachten sie ab. Diese Rassen werden ihre Planeten mit allen Kräften verteidigen. Vermutlich erleiden die Zierrakies ebenfalls Verluste an Schiffen. Ich bin der Meinung, dass ihre Schiffs-Neubauten direkt wieder an die Front geschickt werden. «

»Sie könnten Recht haben«, entgegnete Marschall War'drock.

Die drei Ablonder blickten wieder auf die übermittelten Daten der Drohne.

»Dort ist das Unheil zu Hause«, murmelte Ras'ekin. »Sie nennen sich Zerstörer. «

Die Mini-Drohne sandte immer weitere Daten. Noch war sie nicht entdeckt worden. Scheinbar war sie zu klein für die sie zierrakischen Ortungsdienste, Sensoren und Taster.

Die übersandten Bilder zeigten eine starke Bewachung des achten Planeten. Doch es waren überwiegend kleine Kampf-Jets, die in einer Umlaufbahn patrouillierten. Die 300 Groß-Kampf-Schiffe der Zierrakies bewegten sich nicht. Vermutlich waren sie in den Ruhemodus gegangen.

»Das gegnerische Verteidigungs-Schild können wir mit unserer Flotte durchbrechen«, sagte Sil'drock. »Derzeit sind unsere Flotten-Verbände in der Überzahl. Nur 100 unserer kleinen Schlacht-Kreuzer reichen aus, um ein Groß-Kampfschiff der Zierrakies zu beschäftigen, oder zu vernichten. Falls sie nicht auf unsere Warnung eingehen, sich nicht zurückziehen, oder auch kapitulieren, werden wir sie vernichten. «

Die Mini-Drohne tauchte in die Umlaufbahn des achten Planeten ein. Sie durchstieß die Wolkenschichten und konnte endlich Bild Aufnahmen von dem Boden der zierrakischen Heimat senden. Das rötliche Licht des Methan-Planeten, verursachte eine schlechte Bildqualität. Doch sie reichte aus, um Details zu erkennen.

»Der ganze achte Planet ist ein reiner Industrie-Planet«, rief Sil'drock entsetzt. »Es sind keine Grünflächen mehr ersichtlich, alles ist zugebaut mit diesen gewaltigen

Industrie-Anlagen. Ich würde gerne wissen, was die Zerstörer da alles produzieren? «

Die Drohne fotografierte im Sekunden-Rhythmus und zeichnete ein vollständiges Bild der Industrieanlagen auf.

Gebäude an Gebäude, Turm an Turm, reihte sich über den ganzen Planeten. Unzählige Schornsteine stießen schmutzigen Dampf in die Atmosphäre ab. Zahlreiche Transport-Schiffe zogen in Kolonnen durch die Lüfte und senkten sich in den Landezonen dem Boden entgegen. Entlade-Roboter eilten herbei und griffen nach der Fracht.

»Die Drohne hat eine Mitteilung gesendet, dass sie von Kampf-Jets verfolgt wird«, teilte Sil'drock mit. »Scheinbar hat die zierrakische Aufklärung sie entdeckt. «

»Das ist zu spät«, lachte Ras'ekin. »Die Daten und Bilder sind bereits übermittelt. Ich sende der Drohne eine Zusatz-Programmierung, dass sie rhythmisch ihren Kurs wechselt. Vielleicht gewinnen wir so etwas Zeit. «

Sil'drock zeigte sich einverstanden.
In der Ferne wurden die gewaltigen Palast-Anlagen des Groß-Kaisers sichtbar. Es war ein eigener Stadtteil für

sich. Der Kaiser und sein adeliges Gefolge lebten unter einer Energie-Glocke, die den Smog der äußeren Industrie-Werke von ihrem Lebensraum abhielt. Hier wurden die Weichen des zierrakischen Imperiums gestellt.

Die Mini-Drohne überflog den Bereich und fotografierte Grünanlagen, kleine Seen, weitläufige Erholungsbereiche, Sportanlagen, die vermutlich nur dem hoheitlichen Volke zugutekamen.

Prächtige Palastbauten, unterbrochen von Türmen und hohen Gebäuden, wechselten sich ab. Alles war von großen Mauern umgeben, auf denen gewaltige Abwehr-Anlagen installiert waren.

Die Drohne war in ein massives Abwehr-Feuer geraten. Zahlreiche Laserstrahlen lösten sich vom Boden des Plastes. Noch gelang es ihr gezielt auszuweichen. Doch der Laser-Angriff verstärkte sich mit jeder Sekunden. Ein wütendes Fächer-Feuer löste sich vom Boden der zierrakischen Residenz. Plötzlich und ohne Vorwarnung raste ein heller Laser-Strahl auf die Mini-Drohne zu. Ihr gelang es nicht mehr auszuweichen. Das letzte Bild, das die Drohne sandte, zeigte einen grellen Blitz, der sie vollständig zerstörte. Die Datenübertragung hörte schlagartig auf.

»Vorbei«, lächelte Sil'drock. »Sie haben unsere Drohne erkannt und vernichtet. Doch es ist zu spät. Wir haben jede Menge wertvoller Informationen, die noch nie eine Rasse zu Gesicht bekommen hat. «

»Machen wir uns aus dem Staub, bevor sie uns einen starken Kampf-Verband auf den Hals schicken«, rief Marschall War'drock.

Sil'drock nickte.

»KI«, befahl der Wächter der ablondischen Außenstadt. »Rückflug zu den Rendezvous-Koordinaten unserer Flotte. Ich öffne den Wurmloch-Tunnel. Beschleunige das Schiff und nehme automatische Flug-Korrekturen vor, die nötig sind, um mit maximaler Geschwindigkeit in das Wurmloch einzutauchen. «

Die drei Ablonder setzten sich wieder in ihre Kommando-Sessel.

Die Hypertronic-KI des Schiffes bestätigte sofort. Sie aktivierte die Antriebe und beschleunigte das Schiff. Sil'drock hatte den Wurmloch-Tunnel bereits geöffnet. Auf dem großen Panorama-Schirm sahen die drei Insassen des Schiffes, wie ihr Kreuzer mit halsbrecherischer Geschwindigkeit auf das Loch zuhielt in ihn ihm eintauchte. Nur Sekunden nach dem

Eintauchen des Schiffes, verschloss sich der Durchgang wieder, als wäre nichts geschehen. Die heran eilende Abfang-Flotte der Zierrakies materialisierte an der Position, wo soeben nach das ablondische Schiff stand. Doch es war verschwunden. Die Kampf-Jets der Zerstörer gingen leer aus. Keine verwertbaren Spuren deuteten mehr auf die Anwesenheit fremder Spione hin. Nach einer gewissen Zeit, brach das Abfang-Kommando seine Suche ergebnislos ab.

In der zentralen Aufklärung der imperialen Verwaltung des zierrakischen Imperiums, schlug ein Fernaufklärungs-Gerät schrillen Alarm. Der vogelartige Kopf eines Zierrakies drehte sich erstaunt in die Richtung des Monitors.

Kyritsith war der diensthabende Ortungs-Offizier, dem diese Instrumente zur Aufklärung unterstanden. Skeptisch betrachtete er die Anzeigen.

Auf dem Monitor wurde eine strukturelle Verzerrung gemeldet, ähnlich wie bei dem Austritt eines Raumschiffes aus dem Hyperraum, oder einem Wurmloch. Seit Hunderten von Jahren war es allen fremden Schiffen verboten, sich dem Heimat-System der Zierrakies auf diese Art und Weise zu nähern. Bereits lange vor dem Einflug in den Sektor der Zierrakies, musste von allen Schiffen per Hyperfunk eine Genehmigung der kaiserlichen Flugüberwachung eingeholt werden. Erst nach einer Zustimmung durch diese Behörde, konnte der Flug fortgesetzt werden. Wer hiergegen verstieß, landete in den meisten Fällen nach einem kurzen Prozess in den kaiserlichen Minen von Gonzarith. Der Captain eines Schiffes, der diese Vorschriften nicht beachtete, verrichtete den Rest seines natürlichen Lebens für die Zierrakies Strafarbeit.

Kyritsith blickte wieder auf den Monitor. Die Messung war eindeutig. Die Irritation betrug zwar nicht das innere System der Zierrakies, doch 700.000 Kilometer vor der Heimat des Groß-Kaiser, waren auch keine große Entfernung mehr.

Vorsichtshalber nahm der Ortungs-Offizier eine neue Messung durch. Diese konnte keine weiteren Verzerrungen mehr registrieren.

Unsicher drehte er sich um und suchte seinen Vorgesetzten.
Dieser stand bei den Kollegen der Flugkontrolle.

»Commander Myritsith«, rief er. »Würden sie einmal zu mir kommen. Ich habe seltsame Anzeigen. «

Widerwillig stapfte der angesprochene Offizier zu seiner Kontrollstelle.

»Was gibt es? «, fragte er. » Können sie nicht einmal ohne mich auskommen. «

Ein schrilles Gelächter entwich seinem langen Schnabel.

Dem untergebenen Offizier war nicht zum Lachen zu Mute.

»Ich bemühe mich nur wachsam zu sein«, erwiderte er. »So wird es ja von uns verlangt. «

»Nicht verlangt«, antwortete Commander Myritsith. »Es ist ehrenvoll für sie, eine wichtige Aufgabe für unseren Kaiser erfüllen zu können. Was gibt es? «

»Ich habe eine Raumverzerrung registriert«, antwortete Offizier Kyritsith. »Diese Verzerrung des Raum-Zeitgefüges liegt etwa 700.000 Kilometer vor unserem System. «

Er zeigte mit einer Klaue auf den Schirm.
»Hier etwa«, bemerkte er. » Vor diesem kleinen vorgelagerten Asteroiden-Feld. «

»Eine Verzerrung im Hyperraum? «, fragte der leitende Offizier der Aufklärung. » Was kann das sein? Haben sie weitere Messungen durchgeführt? «

Der Ortungs-Offizier nickte mit seinen Kopf.
»Ja«, antwortete er. »Jetzt ist alles wieder ruhig. Es wurde keine neue Verzerrung mehr angezeigt. Gerade kommen neue Daten herein. Jetzt werden unsinnigerweise Gravitationswellen angezeigt. «

»Gravitationswellen«, wiederholte Commander Myritsith.

»Wo kommen die plötzlich her? Haben wir einen alten explodierenden Stern in der Nähe katalogisiert? «

Der Ortungs-Offizier schüttelte seinen Kopf.
»Ist mir nicht bekannt«, erwiderte er. »Normalerweise werden wir auf solche Naturphänomene hingewiesen. «

Er blickte auf seinen Monitor.
»Die Gravitationswellen schwächen sich wieder ab«, teilte er mit. »Ich habe keine weiteren Daten vorliegen. Sie wollten über jede ungewöhnliche Aktivität informiert werden. «

»Das ist richtig«, antwortete der leitende Offizier. »Mir erscheinen diese Gravitationswellen nicht als ungewöhnliches Ereignis. Das kann schon einmal vorkommen. Vermutlich ist ein von uns nicht registrierter Stern explodiert. Wir haben die Ausläufer der Druckwelle auf unseren empfindlichen Sensoren registriert. Halten sie weiter die Augen auf und melden sich, wenn es neue Daten geben sollte. «

»Soll ich ein Kontroll-Schiff zu der Position entsenden? «, fragte der Ortungs-Offizier.

Sein Vorgesetzter schüttelte den Kopf.
»Ich halte das nicht für notwendig«, erklärte er seinen Untergebenen. »So etwas ist bereits öfter vorgekommen. «Die vogelartige Gestalt von Commander Myritsith drehte sich um und schritt behäbig behebe zu seinem Kontroll-Point zurück. Von hier aus hatte er alle einzelnen Aufklärungsbereiche im Blick.

Ortungs-Offizier Kyritsith blickte ihm hinterher.
»Ich habe meine Meldung gemacht«, dachte er. »Mehr kann ich nicht tun. «

Sein Kopf drehte sich wieder den zahlreichen Bildschirmen seines Überwachungssektors zu. Zahlreiche

Schiffs-Verbände und einzelne Raumschiffe wurden auf den Monitoren angezeigt.

Wieder kamen Anfragen von anfliegenden Transport-Flotten herein, die sich im Landeanflug auf das zierrakische System befanden. Andere Flotten-Verbände baten nach einem Startfenster, um von dem achten Planeten der Zierrakies abheben zu dürfen.

Er schaute auf seine Monitore und gab seinen Kollegen von der Startfreigabe einen freien Korridor durch.

»Die um Startfreigabe bittende Transport-Flotte kann durch Korridor 7.5:30,2 starten«, meldete er.

Der Offizier der Startfreigabe bedankte sich und informierte die Transport-Schiffe.

Ortungs-Offizier Kyritsith erkannte, wie sich die 30 Schiffe schwerfällig vom Boden lösten und der Atmosphäre entgegen drangen. Dann schwenkten sie in der Umlaufbahn des achten Planeten auf die vorgegebenen Koordinaten ein.

Sämtliche Flugbahnen wurden hier in der zentralen Flugüberwachung des zierrakischen Imperiums überwacht und kontrolliert.

Ein kurzes Piepsen ließ seinen Blick wieder auf den vordersten Monitor schwenken.

»Ein neuer Impuls«, dachte Ortungs-Offizier Kyritsith. »Ist es wieder eine Fehlanzeige? Heute scheint der Wurm im System zu stecken. «

Der blinkende Lichthinweis eines Fremdkörpers im inneren System, war wieder verschwunden. Nichts deutete auf eine Irritationen.

Er lehnte sich zurück und beobachtete wohlwollend die geordneten An- und Abflüge von unterschiedlichen Schiffs-Verbänden.

»Für den Landeanflug von Raumschiffen sind meine Kollegen zuständig«, dachte er. »Der Raum um den achten Planeten wird besonders kontrolliert. Er ist gleichzeitig imperialer Regierungs-Sitz und Heimat unseres glorreichen Groß-Kaisers. «

Er blickte auf die zahlreichen Monitor.
»Der achte Planet ist das Ziel zahlreicher Versorgungs-Transporte und Militär-Schiffe«, erkannte er. »Aus diesem Grunde ist der Raum um unseren Planeten, mit zahlreichen Flotten-Verbänden förmlich überfüllt. Sie

alle geben vor, im Auftrag des Imperiums wichtige Flüge durchzuführen. Es ist verwunderlich, dass noch nichts Schlimmeres passiert ist. «

Er drehte seinen gefiederten Kopf wieder dem Bildschirm zu, auf dem er die Verzerrung des Hyperraumes registriert hatte. Seine Augen suchten jeden Winkel des Schirmes ab.

»Alles ist ruhig«, erkannte er. »Nichts deutet auf weitere Unregelmäßigkeiten hin. Vermutlich hat Commander Myritsith Recht. Es werden Gravitationswellen gewesen sein, die sich über unsere Sektoren ausgebreitet haben. Er hat wesentlich mehr Erfahrung als ich kleiner Ortungs-Offizier. «

Doch die innere Unruhe ließ nicht von ihm ab. Offizier Kyritsith drehte sich zu seinen Kollegen um.

»Hat jemand Informationen über einen exponierten Stern aufgefangen«, rief er laut in den Raum. »Er muss in der Nähe unseres Systems explodiert sein. Ich habe Gravitationswellen angemessen. «

Fünf seiner Kollegen schauten erstaunt in seine Richtung.

»Wir keine Messwerte vorliegen«, rief einer von ihnen. »Über eine Supernova ist uns nichts bekannt. «

»Irgendetwas muss aber die Gravitationswellen ausgelöst haben? «, rief er zurück. » Sie können nicht aus dem Nichts entstehen. «

»Wie stark waren die Wellen auf der Skala? «, fragte einer seiner Kollegen.

»Im unteren Drittel«, antwortete der Ortungs-Offizier. » Ich habe gerade noch die Ausläufer anmessen können. « »Das kann weit entfernt gewesen sein«, antwortete der Kollege. » Unsere Sensoren messen nicht die ganze Galaxie an. Falls keine Schiffe in der Nähe gewesen waren, werden wir nichts mehr über diesen explodierten Stern erfahren. «

Offizier Kyritsith lehnte sich in seinem Sessel zurück. Diese Aussage genügte ihm. Die Wellen wurden für ihn bedeutungslos. Er widmete sich wieder seinen zahlreichen Bildschirmen. Die geordneten Schiffs-Verbände flogen vorschriftsmäßig auf den ihnen Flugrouten.

»Das ist es wieder, diese unsichere Gefühl«, dachte er. »Es lässt mich ihn nicht los. «

Wieder drehte er seinen Kopf argwöhnisch zur Seite. Sein Blick fiel auf den Monitor, der vor kurzer Zeit die Verzerrung des Raum-Zeitgefüges angemessen hatte. Der Ortungs-Offizier schaute auf den rechten seiner Bildschirme. Ein kleiner Lichtimpuls blinkte und erweckte seine Aufmerksamkeit. Er schaute näher hin. Der Punkt ist winzig, doch er war da.

Offizier Kyritsith wusste, was dies bedeutete.
»Das Objekt ist nicht größer als 2 Meter«, erkannte er.

Er klopfte mit seiner Klaue auf dem Bildschirm. Doch das blinkende Signal erlosch nicht.

»Das ist ein Spionage-Objekt«, dachte er. »Es nähert sich auf einer geraden Flugbahn dem achten Planeten. Dem Regierungs-Sitz unseres Systems. «

Jetzt fiel es ihm wie Schuppen von den Augen.
»Es muss sich um eine Drohne, oder eine Spionage-Sonde handeln«, registrierte er. »Irgendein genehmigtes Schiff hat sie ausgesetzt. Nur so konnte sie unseren Aufklärungs-Sensoren entgehen. Das ist ein Angriff auf unser System. Irgendetwas hält unverändert auf den achten Planeten unseres Systems zu. «

Der Ortungs-Offizier wurde unruhig.

»Was ist das? «, fragte er sich. » So etwas habe ich in der langen Zeit meiner Laufbahn als Ortungs-Offizier noch nicht gesehen. «

Er entschloss sich seinen Vorgesetzten zu Rate zu ziehen. Ortungs-Offizier Kyritsith griff nach seinem Communicator und wählte die Nummer des leitenden Offiziers.

»Hier ist Ortungs-Offizier Kyritsith«, sprach er in das Gerät. »Ich habe wieder eine Unregelmäßigkeit auf meinem Bildschirm. «

» Wird das jetzt zur Gewohnheit, dass diese Irritationen nur auf ihrem Bildschirm auftreten«, antwortete der Vorgesetzte des Offiziers. »Können sie einen Bedienungsfehler folgerichtig ausschließen? «

»Das kann ich«, entgegnete der Ortungs-Offizier. »Der Impuls ist von allein aufgetaucht. Das automatische Erkennungsprogramm identifiziert ihn eindeutig als Fremd-Kontakt. Ein zierrakisches Objekt kann ich ausschließen. «

»Das gibt es nicht«, schrie der Vorgesetzte. »Wie soll es in unser inneres System gelangt sein? «

»Kommen sie herüber und schauen sie es sich an«, antwortete der Kyritsith selbstsicher.

Verärgert legte er den Communicator auf.

Es dauerte nur Sekunden, bis sein Vorgesetzter verstimmt an sein Terminal schritt.

»Ich verbiete ihnen das Gespräch so zu beenden«, schrie er seinen Untergebenen an. »Wenn sie noch länger in der zentralen imperialen Ortung arbeiten wollen, dann halten sich an die Regeln. «

»Das habe ich«, antwortete Offizier Kyritsith. » Sehen sie selbst. «

Commander Myritsith blickte auf den Bildschirm mit dem kleinen flackernden Fremd-Impuls. Das Zeichen war nicht größer als ein Stecknadelkopf. Es blinkte kontinuierlich in der Farbe Rot. Diese Farbe war das zierrakische Zeichen für höchste Gefahr.

Der Vorgesetzte Offizier wischte mit seiner Klaue über den Bildschirm.

»Es ist kaum zu erkennen«, bemerkte er. »Was kann das sein? Handelt es sich vielleicht um eine Fehl-Funktion einer unserer Sensoren? «

»Ich bin kein Techniker«, antwortete der Ortungs-Offizier. »Bei einem Ausfall der Sensoren sollte ich gar kein Bild erhalten. Doch hier wird eindeutig etwas signalisiert. Es sendet Daten ins Universum. Es muss eine fremde Sonde oder eine Drohne sein. «

Der Vorgesetzte des Ortungs-Offiziers erkannte die Sendedaten. Er war hin und hergerissen. Ein solches Szenario überforderte seinen Handlungsspielraum. »Geben sie sofort System-Alarm«, rief er. »Unbekanntes einfliegendes Objekt ausgemacht. Die Abfang-Jets sollen sofort starten. Schicken sie eine Flotte Aufklärer los. Sie sollen erkunden, um was es sich handelt. Ich informiere die Regierung. Das hat es noch nie gegeben. «

Der Ortung-Offizier schlug mit seiner Klaue auf einen Schalter. Ein schriller Ton schwellte in der Überwachungs-Zentrale an. Die Kollegen blickten ihn entsetzt an.

»Wir haben ein einfliegendes unbekanntes Objekt«, rief Kyritsith. »Den Abfang-Jets sind vorrangig freie Flugrouten zu gewähren. «

Die Ruhe in der zentralen Aufklärung war verschwunden. Jeder der Offiziere konzentrierte sich auf das fremde Objekt, das sich aufmachte, in die Atmosphäre des achten Planeten einzutauchen.

Der Leiter der imperialen Überwachung hatte die Eingreif-Geschwader informiert. Gehetzt und ungeordnet hoben sie von ihren Landeplätzen ab und jagten auf die übermittelten Koordinaten zu.

»Fangen sie das Objekt ab«, befahl der Leiter der Aufklärung. »Wir müssen wissen, um was es sich handelt. Gegebenenfalls fangen sie es ein und übergeben sie es unserer technischen Abteilung zur Überprüfung. «

Die Staffelführer der Geschwader bestätigten die Befehle und suchten nach dem fremden Objekt.

Zahlreiche Jets der Zierrakies durchflogen die Methan-Atmosphäre, auf der Suche nach dem kleinen Objekt. Diese war in den Wolkenschichten eingetaucht und veränderte mit hoher Geschwindigkeit seine Position.

Die Jets holten schnell auf, konnten jedoch nur nach ihren Instrumenten fliegen. Die dicken Wolkenschichten verhinderten eine direkte Sicht auf die Drohne.

»Das Objekt muss sehr klein sein«, gab ein Staffelführer durch. »Noch ist es per Blickkontakt nicht auszumachen. «

Die Verfolgungsjagd hatte begonnen.

Die ablondische Drohne registrierte die Annäherung der zierrakischen Kampf-Jets. Sie wurden für solche Aktionen konstruiert. Wieder beschleunigte sie ihren Flug und wechselte mehrmals ihre Flugbahn. Von allen unter ihnen liegenden Objekten, erstellte sie Aufnahmen, Fotos und Messdaten, die sie sofort per über Funk an das wartende Mutterschiff übermittelte.

Sie hielt auf das vor ihr liegende große Zentrum des kaiserlichen Palast-Areals zu. Nichts in hielt sie von ihrer Aufgabe ab. Mit immenser Geschwindigkeit durcheilte sie die Wolkenansammlungen und hielt den Abstand zu ihren Verfolgern konstant. Die Mini-Hypertronic-Prozessoren in ihrem Innern, passen ihre Geschwindigkeit automatisch. Die unter ihr liegenden Palastaufnahmen waren klar und deutlich zu erkennen.

Die Drohne arbeitete exakt, gemäß der Vorgabe ihrer Programmierung. Sie registrierte, dass die unter ihnen liegenden Anlagen erfasst waren und drückte ab. In Sekundenbruchteilen wurden Hunderte von Aufnahmen über das Palastsystem des zierrakischen Groß-Kaisers erstellt und dem Mutterschiff übermittelt.

Doch jetzt waren die Abwehr-Anlagen des zierrakischen Kaiser-Palastes auf die Drohne aufmerksam geworden. Den ersten Laser-Schüssen konnte sie noch ausweichen. Sie registrierte, wie sich die Anzahl der Laser-Salven erhöhte. Zahlreiche Strahlen schlugen an ihr vorbei und verpufften in der Atmosphäre. Die Drohne schlug einen Zickzackkurs ein, um ihre Mission fortzuführen. Dann wurde sie unter einen Flächen-Beschuss genommen. Sie registriert, dass sie keine Möglichkeit mehr zum Ausweichen hatte. Ein gezielter Treffer vernichtete die Drohne und zerfetzte sie in einer grellen Explosion in viele kleine Stücke.

Ein Freudenschrei durchlief die zierrakische Aufklärung. Die fremde Drohne war vernichtet worden.

»Wir haben erfasst, wohin die Drohne ihre Hyperfunk-Sprüche gesendet hat«, rief Ortungs-Offizier Kyritsith. »Es muss sich um ein fremdes Objekt handeln, dass sich in dem Asteroiden-Feld versteckt. Die Hyperfunk-Meldung gehen exakt an diese Position. «

Der Leiter der zierrakischen Aufklärung reagierte sofort. Er informierte die Abfang-Verbände und übergab ihnen die Koordinaten des fremden Objektes.

Mit Höchstgeschwindigkeit rasten 300 zierrakische Großraum-Schiffe auf das Asteroiden-Feld zu und nahmen es unter Dauerfeuer. Kein Stein wurde auf seinem ursprünglichen Platz belassen. Doch sie kamen zu spät. Das fremde Objekt hatte sich bereits durch ein Wurmloch in eine andere Galaxis entfernt. Weitere Spuren konnten nicht mehr ermittelt werden.

Dem zierrakischen Kaiser wurde später das Vorgehen der Abwehr als Sieg gemeldet. Sämtliche in das zierrakische System eingedrungenen Fremdobjekte wurden als zerstört deklariert.

Aufstand des Hilfsvolkes

Admiral Dragphan hatte mit dem engsten Kreis seiner Untergebenen, eine geheime Sitzung der Worgass-Führungs-Offiziere einberufen. Hierzu wurde eine große Werfthalle benutzt, die entsprechend abgesichert werden konnte. Keine Unbeteiligter hatte eine Zugangs-Berechtigung. Bereits umprogrammierte Kampf-Roboter und Elite-Soldaten der Fernaufklärung sicherten den Außenbereich.

Der Admiral stand mit sechs seiner engsten Freunde, die ebenfalls Positionen in der Fernaufklärung ausübten, auf einem Podest. Er blickte über die große Schar der ausgesuchten Besucher.

Sein Kopf drehte sich zu Commander Breckphan.
»Es sind eine ganze Menge Offiziere gekommen«, bemerkte er leise. »Können wir ihnen allen vertrauen? »Ich hoffe, es ist kein eingeschworener Informant der Zierrakies hierunter. Das kann uns Kopf und Kragen kosten. «

Commander Breckphan schüttelte seinen Kopf
»Sie sind alle im Vorfeld durch unseren Sicherheitsdienst intensiv überprüft worden. Die hier versammelten Offiziere haben keinerlei Ambitionen, den Zierrakies irgendwelche Informationen zu übermitteln. Es ist eine verschworene Gemeinschaft. Sie alle haben bereits öfter

Probleme mit den Befehlen der Herrenrasse gehabt. In ihnen wächst der gleiche Gedanke, wie in uns. Es gelingt ihnen nur noch schwer, ihren Hass zu unterdrücken. Langsam sollte endlich etwas passieren, lässt der größte Teil von ihnen mitteilen. Die Unterjochung unserer Rasse durch die Zierrakies muss beendet werden. «

»Das ist mehr als wir erwarten konnten«, erwiderte der Admiral. »Ich wusste nicht, dass der Hass bereits in vielen unserer Offiziere schwillt. «

Der Admiral schaute auf die Menge. Viele der Besucher waren der Einladung gefolgt und unterhielten sich mit ihren Kollegen

.

»Haben wir Sicherheitskräfte an den Ein- und Ausgängen positioniert? «, fragte der Admiral.

Commander Trangohas bestätigte die Frage.
»Es stehen nur ausgesuchte Sondereinheiten an den Zugängen. Sie wurden informiert und wissen, worum es geht. Es kommt keiner in die Halle der Versammlung herein oder heraus. Ich stehe im ständigen Kontakt mit den Trupp-Führern. «

Admiral Dragphan schlug ihm mit einer Hand auf die Schulter.

»Gut gemacht, Commander«, bemerkte er. »Ich stelle fest, dass sie bei uns wesentlich besser aufgehoben sind als in der zierrakischen Arrestzelle. Sie bleiben weiterhin der Fern-Aufklärung unterstellt. «

»Ich hoffe nur, dass die Zierrakies keinen Verdacht schöpfen«, antwortete Commander Trangohas. »Für die Vogelköpfe bin ich bereits abgeschrieben. «

»Das ist mir bewusst«, antwortete der Admiral. »Gehen sie davon aus, dass die Situation nicht mehr lange so entspannt bleibt. Ich vermute sehr stark, dass wir kurz vor einem Angriff der Ablonder stehen. Wir erleben heute noch die Ruhe vor dem Sturm. Wenn es passiert, müssen wir vorbereitet sein und die Gelegenheit nutzen. Es geht heute darum, unsere Offiziere auf unseren Plan einzuschwören. Nur sie können ihre Mannschaften vor Ort und in den Groß-Kampfschiffe überzeugen, dass wir den richtigen Weg für sie und unser Volk einschlagen. Ein einziger Informant kann unsere Sache zunichtemachen. Alle eingeweihten Personen müssen die Augen aufhalten und nur ausgesuchtes, vertrauenswürdiges Personal einweihen. Hiervon hängt alles Weitere ab. «

»Das berücksichtigen wir«, antwortete Commander Trangohas. »Wir alle wissen, worum es geht. «

»Commander Rirgphanas, Leiter der schnellen Einsatz-Verbände, ist ihre Kontaktperson zu mir«, teilte der Admiral mit. »Falls es Probleme geben sollte, informieren sie ihn bitte. Er kann mich jederzeit erreichen. «

Admiral Dragphan drehte sich wieder um und blickte in die Menge.

»Es wird Zeit«, sagte er zu Commander Breckphan.
Dieser nickte und schritt an das Mikrofon. Vorsichtig klopfte er leicht gegen das Gerät. Dumpfe Schläge hallten durch den Saal. Die Geräuschkulisse ebbte ab. Die Besucher blickten gespannt zu dem Podest, auf dem die Führung der Fernaufklärung stand.

Admiral Dragphan trat an das Mikrofon.
»Sie alle kennen mich«, eröffnete er seine Mitteilung.
»Mein Name ist Admiral Dragphan. Ich bin Leiter der Fern-Aufklärung des zierrakischen Imperiums in der zweiten Dimension. Vielen Dank, dass so viele von ihnen unserem Wunsch zu dieser Versammlung gefolgt sind. «

Er ließ eine kleine Pause vergehen.
»Ich habe meine Kollegen vom Verwaltungs-Kuratorium im Zuschauersaal entdeckt«, fuhr er fort. » Ich fordere sie auf, zu mir zu kommen. «

Er wartete, bis seine Kollegen das Podium erreicht hatten und sich hinter ihm versammelt haben.

»Geehrte Offiziere, Kommandeure und Soldaten und Verwaltungsangestellte«, sagte er. » Wir haben uns heute hier versammelt, um die zukünftigen Weichen für unser Volk zu stellen. «

Er zeigte auf die Kuratoren und auf sich.
»Zwölf Kuratoren befehligen im Auftrag des Zierr-Rates, die zahlreichen Reservations-Planeten, die Provinzen und die Stützpunkte in unserer weißen Anomalie. Bisher hat das reibungslos funktioniert. Der Zierrat war stets auf unserer Seite und zeigte sich für unsere Vorschläge offen. Doch es hat sich einiges geändert. Seit kurzer Zeit hat Prinz Sirthrith, der Neffe des zierrakischen Groß-Kaisers, die Macht im Rat an sich gerissen. Der ehemals so stolze Verwaltungsrat, der früher die Interessen unserer unterschiedlichen Rassen optimal unterstützt und uns als ebenbürtig angesehen hat, ist durch die schnelle Machtübernahme des adeligen Neffen des Groß-Kaisers, förmlich entmachtet worden.

War unsere Dienerschaft unter den Zierrakies und dem Zierrat bisher noch erträglich, hat sich diese Eigenschaft leider jetzt ins Gegenteil gewandert. Prinz Sirthrith, von dem Groß-Kaiser von seinem Hof entfernt und in unsere weiße Anomalie versetzt, versucht seinen Einfluss mit allen Mitteln wieder aufpolieren. Er möchte dem zierrakischen Kaiser imponieren und mit aller Macht seinen Einflussbereich vergrößern. «

Der Admiral schaute in die Menge der Zuhörer.

»Sie alle haben es vermutlich bereits bemerkt. Viele Offiziere unserer Rasse, Freunde von mir und von ihnen, die nicht erfolgreich die ihnen anvertrauten Aufgaben lösen konnten, wurden bereits von ihm abgeurteilt und hingerichtet. Ein Versagen wird von dem Prinzen nicht toleriert. Ihm fehlt die weise Voraussicht, dass es immer noch Aufgaben gibt, die auch an unsere technischen Grenzen stoßen. Hinzu kommt, dass dem Prinzen das Leben eines Worgass nichts wert ist. Ganz zu schweigen, von andersartigen Rassen, die eingepfercht auf ihren Reservations-Planeten leben müssen. «

Wieder ließ der Admiral eine kleine Pause vergehen.
»Ihnen fehlen sicherlich die umfangreichen Informationen hierüber, doch als Leiter der Fern-Aufklärung, sowie auch mein engerer Stab, sehen täglich die Berichte von den Massen-Abschlachtungen unserer Offiziere. Der Punkt ist gekommen, an dem wir dies nicht mehr hinnehmen können. «

Ein aufgeregtes Raunen ging durch den Saal.

»Das darf der Prinz nicht«, rief einer der Zuhörer. »Das ist gegen den Unterstützungspakt. «

Admiral Dragphan lachte.
»Seien sie nicht naiv«, antwortete er. »Dieser Vertrag existiert nur auf dem Papier. Wenn wir ehrlich zu uns selbst sind, wissen wir exakt, dass die Zierrakies sich noch nie hieran gehalten haben. «

»Wir sind unseren Herren immer treu ergeben gewesen«, rief an weiterer Offizier. »Alle ihre Befehle haben wir ohne Widerspruch ausgeführt. «

»Vielleicht ist das gerade das Problem«, entgegnete der Admiral. »Die Zierrakies wissen, dass wir für sie an der vordersten Front kämpfen. «

»So wird es uns gedankt«, rief ein anderer. » Ich habe es immer gewusst. Einem Methan-Atmer kann man nicht trauen. «

Admiral Dragphans Gesicht wurde ernst.
»Seit wir zurückdenken können, haben wir den Zierrakies als Hilfsvolk gedient«, fuhr er fort. »Dies war nur möglich, durch die massive Genmanipulation an

unserer Rasse. In den letzten Jahrtausenden konnten wir nicht anders, als ihren Befehlen zu folgen. Doch scheinbar schwächt sich dieser Drang von Generation zu Generation ab. Heute hinterfragen viele unserer Offiziere ihre Befehle, die keinen Sinn ergeben. Leider nur mit mäßigem Erfolg. Tatbestand ist, dass wir an vorderster Front von den Zierrakies als Kanonenfutter verheizt werden. Wir sind nichts anderes für sie als Tiere, die auf eine Schlachtbank befohlen werden. «

Ein lautes Gemurmel wurde im Saal hörbar. Der Admiral hob seine Hände in die Luft.

»Bitte hören sie weiter zu«, rief er in die Menge.

Die Geräuschkulisse klang ab.

»Haben sie sich bereits einmal gefragt, wo viele ihrer bekannten Offiziere hin sind, die nicht mehr ihren Dienst in der zierrakischen Flotte leisten?

Sie sind nicht mit anderen Aufgaben betraut worden. Ungnade ist über sie hereingebrochen. Eine der ihnen übergebenen Aufgaben konnte nicht zufriedenstellend für die Zierrakies abgeschlossen werden. Das reichte aus, um die von ihrem Dienst zu suspendieren. Sie fielen in Ungnade bei unserer Herrenrasse. Ihnen allen ist das

Wort Ungnade bekannt. Letztendlich bedeutet es nichts anderes als eine Schnellverurteilung, im leichtesten Fall Kerker, Strafarbeit in die kaiserlichen Minen von Gonzarith oder vielfach eine Hinrichtung. «

Admiral Dragon zeigte auf, Commander Trangohas.
»Auch dieser Commander, einer unserer besten Flotten-Kommandeure, eilte mit einem Verband von 200 Schiffen einem in Schwierigkeiten geratenen Such-Verband zu Hilfe. Leider konnte auch dieser Befehl nicht nach den Wünschen der Zierrakies abgeschlossen werden. Commander Trangohas setzte das Wohl und das Leben seiner Schiffs-Besatzungen gegen den Befehl der Zierrakies. Er vermied es in einen aussichtslosen Kampf zu gehen. Nach seiner Rückkehr wurde dem Commander unserer Einsatz-Flotte der Prozess gemacht. Er wurde ohne große Verurteilung in eine Zelle geworfen. Jetzt wartet er auf seine Hinrichtung. «

Ein Aufschrei ging durch den Saal.
»Elender Prinz«, rief jemand. »Er muss beseitigt werden. « Der Admiral legte einen Finger auf seinen Mund.

»Diese Äußerungen hören unsere Herren gar nicht gerne«, bemerkte er. »Halten sie sich etwas zurück. Die Zierrakies dürfen nichts von unserem Gespräch erfahren. «

Der angesprochene Offizier nickte.

»Commander Trangohas hat immer treu und loyal alle unsere Befehle und auch die Anweisungen der Zierrakies befolgt«, erklärte der Admiral. »Er hat viele Erfolge in den zahlreichen Schlachten für sie erzielt. Doch diese zählen nicht mehr. Bei seinem letzten Unterstützungs-Versuch ist er einem Notruf eines kleinen Schiffs-Verbandes gefolgt. Mit nicht weniger als 200 Groß-Raumschiffen, ist Commander Trangohas dem in Not geratenen Kollegen zu Hilfe geeilt. Leider waren die drei Such-Schiffe bereits vernichtet. Als er an den Koordinaten ankam, traf er auf eine fremde Flotte. Die Fremden wichen nicht zurück. Die Flotte von

Commander Trangohas geriet unter einen schweren Beschuss der Fremd-Schiffe. Nach einem kurzen und intensiven Gefecht, gingen 80 Groß-Raum-Schiffe verloren. Diese wurden von den Zierrakies bisher immer als unzerstörbar deklariert. Leider war auch dieser Tatbestand gelogen. Es zeigte sich, dass die fremde Flotte unseren Groß-Raumschiffen überlegen war. Commander Trangohas hatte für seine Flotte den Sachverhalt analysiert und entschieden, den Kampf abzubrechen. Er wollte nicht weitere Familien zu Weisen machen.

Das Leben unserer Offiziere war ihm wichtiger, als eine nicht zu gewinnende Schlacht zu führen. Er hat sich für die Rettung seines Personals entschieden. Wir von der Fern-Ausklärung des zierrakischen Imperiums schätzen seine Entscheidung sehr hoch ein und danken ihm für diesen Entschluss. «

Beifall hallte durch den Saal.

»Der Prinz und sein Gefolge sieht das anders«, teilte der Admiral mit. »Für sie war es ein nicht mehr gutzumachender Fehler. Commander Trangohas hatte Schmach über ihr Reich gebracht. Ihm wurde kurzerhand Fehlverhalten vorgeworfen. Seine Exekution konnten wir noch verhindern, ansonsten wäre der Commander nicht mehr unter uns. Sie erkennen, liebe Zuhörer, wie viel eines unserer Leben den Zierrakies Wert ist. «

Lautes Gemurmel wurde wieder im Saal hörbar. Die Offiziere diskutierten lautstark untereinander. Diesen grotesken Umfang der zierrakischen Gerichtsbarkeit, hatte noch keiner von ihnen richtig erkannt. Die Geräuschkulisse stieg an. Empörte Rufe, schallten durch den Saal. Die Emotionen hatten sie aufgeheizt.

»Dieser Befehlsgebung muss ein Ende bereitet werden«, rief ein empörter Zuhörer. »Die Zierrakies nutzen uns aus. «

»Wir sollten die Arbeit verweigern«, schrie ein abseitsstehender Offizier. »Sie werden sich nicht ändern. Wir werden ihre Gewalt zu spüren bekommen. «

»Was können wir tun? «, fragten mehrere Offiziere gleichzeitig.

Der Stellvertreter von Admiral Dragon hob seine Hände.

»Ruhe bitte«, rief Commander Breckphan. »Lassen sie den Admiral weitersprechen. Er kommt jetzt auf den wichtigen Punkt. Hören sie genau zu, wenn ihnen der Fortbestand unserer Rasse wichtig ist. «

Die Geräuschkulisse brach sofort ab. Alle Offiziere schauten gespannt auf den Admiral.

»Sie haben sicherlich die Aktivitäten bemerkt, die in den zierrakischen Raum-Schiffswerften vor sich gehen. Alle verfügbaren zierrakischen Groß-Raumschiffe werden von dem Prinzen Sirthrith für eine Vergeltungs-Flotte beansprucht. Alle Groß-Raumschiffe wurden von uns auf den Werften gewartet, neu ausgerüstet und warten im Raum auf ihren Einsatzbefehl. Uns steht eine Schlacht, bisher nicht gekannten Ausmaßes bevor. Die Zierrakies haben ihre Dämonen der Vergangenheit erweckt. Eine von ihnen bereits vernichte Rasse, sie nennt sich

Ablonder, hat sich nach 250.000 Jahren wieder erholt und sammelt sich zu einem End-Schlag gegen das Imperium unserer Herren. Wie ich bereits mitteilte, ist ein erstes Zusammentreffen mit ihnen, für unsere Flotte negativ verlaufen. Insgesamt haben wir nach dem heutigen Stand 90 Groß-Kampfschiffe verloren, inklusive des entsprechenden Personals. Viele unserer Offiziere, Soldaten, Freunde, und Angehörige, wurden für die Zierrakies wieder in den Tod geschickt. Nach intensiven Analysen der Fern-Aufklärung, haben wir im Stab der Führung erkannt, dass wir dieser fremden Rasse unterlegen sein werden.

Diese Leichtigkeit, mit der ihre Waffen-Systeme unserer Groß-Raumschiffe zerschmettern konnten, gab es noch nicht. Erstmalig nach vielen Jahrtausenden, trifft die zierrakische Herrenrasse auf eine Zivilisation, die sie vermutlich nicht besiegen können. Wir alle wissen, was dies bedeutet. Die Zierrakies verlangen von uns einen Vernichtungs-Kampf, bis zu dem letzten Schiff. Alle wie sie dort stehen, befehligen Kampf-Schiffe der Zierrakies. Sie werden mit ihren Befehlen und ihren Schiffen untergehen. Niemand von ihnen wird aus diesem Kampf zurückkehren. Unsere Vermutung ist es, dass die Ablonder Rache nehmen werden, für die Vernichtung ihrer Rasse, der Verwüstung ihrer Planeten und der Zerstörung ihres Flotten-Oberkommandos. Ihr Hass wird immens sein. Ganze 250.000 Jahre haben sie Zeit gehabt, sich auf diesem Moment vorzubereiten. «

Zwischenrufe erfüllten den Saal.

»Wir haben den Zierrakies geholfen«, rief jemand. »Vermutlich werden wir ebenfalls der Vernichtung nicht entgehen können. «

»Kann der Groß-Kaiser nicht mehr Schiffe senden? «, fragte ein Offizier.

Admiral Dragphan blickte den Zwischenrufer an.
»Der zierrakische Groß-Kaiser schätzt die Situation völlig falsch ein«, teilte der Admiral mit. »Er ist geblendet von den Erfolgen, die seine Flotte gegen unterentwickelte Rassen erzielt. Bekanntlich kämpft er an vielen Fronten. Laut der Information von Prinz Sirthrith besitzt er keine Kapazitäten mehr, uns in der zweiten Dimension effektiv zu unterstützen. Diese Entscheidung leitet für den Planungsstab der Fern-Aufklärung den Untergang des zierrakischen Brückenkopfes ein. Unser bisheriges Leben, wie wir es bisher kennen, wird aufhören zu existieren. Alles bekannte Leben in der weißen Anomalie wird untergehen. «

In dem Saal war still geworden. Die Offiziere waren nach dem Vortrag von Admiral Dragphan sichtlich geschockt.

»Woher haben sie diese Erkenntnis? «, fragte einer der Offiziere. » Vielleicht besitzt diese fremde Rasse gar nicht so viele Schiffe, um uns gefährlich werden zu können? Noch nie haben wir für die Zierrakies größere Schlachten verloren. «

»Wir haben Berichte vorliegen«, erklärte Commander Breckphan. »Fragen sie Commander Trangohas nach seinen Erlebnissen. Nur wenige Schiffe der fremden Rasse, konnten bereits 90 unserer zierrakischen Groß-Raumschiffe vernichten. Stellen sie sich einmal vor, wenn sie mit einer großen Armada ankommen, um ihre Vergeltung von den Zierrakies einzufordern. Was würde nach ihrer Meinung passieren? «

»Alle unsere Schiffe würden vernichtet werden«, rief einer der Zuhörer. »Wir alle würden untergehen, mit unseren Angehörigen und Familien. «

»Was können wir tun? «, rief ein weiterer Offizier aufgebracht. » Wir wollen nicht an vorderster Front für sie vernichtet werden. Den wenigen Zierrakies bleibt genügend Zeit zur Flucht. Für sie ist kein Problem wieder in das Imperium ihres Groß-Kaisers zurückzukehren. «

»Das ist es, was ich meine«, bemerkte der Admiral. »Lassen wir es nicht so weit kommen. Was mit uns passiert, ist unseren Herren egal. Retten wir unseren Lebensbereich, unsere Zivilisation und unsere Angehörigen. Verweigern wir den letzten Befehl der Zierrakies. Lassen sie uns kapitulieren, wenn die Schlacht für uns schlecht verläuft. Auch wir haben das Recht auf unseren eigenen Planeten und einer eigenen Verwaltung. Hier können wir endlich ein Leben nach unseren Zielen führen. «

»Ist das nicht der Wunsch eines Jeden von uns in diesem Raum«, rief einer der Zuhörer. »Keiner hat es bisher so deutlich ausgesprochen. Viele unseres Volkes sind im Kampf lieber für die Zierrakies gestorben, als solche Gedanken mitzuteilen. «

Admiral Dragon nickte.
»Die Zeit hat sich geändert«, rief er. »Das ewige Abschlachten von anderen Rassen und Völkern im Auftrag der Zierrakies muss endlich aufhören. Sollen sie ihre Schmutzarbeit selbst erledigen, solange sie noch können. Ab sofort gehört dieses Thema für unser Volk der Vergangenheit an. «

Der Admiral ließ eine Pause vergehen.

»Wir haben mit den Aller-Ersten gesprochen«, teilte er mit.

Wieder ging ein lautes Raunen durch den Saal.
»Viele von ihnen wissen, dass die Aller-Ersten unserer eigentliches Herren-Volk ist. Sie haben uns als erste Rasse genmanipuliert, aber nur um uns die Möglichkeit zu eröffnen, aus dem Wasser zu kommen und das Land zu betreten. Sie haben unserem Volk die Intelligenz angehaucht. Die Frage nach einer Unterstützung, im Rahmen eines Hilfsvolkes, wurde erst später von ihnen gestellt. Sie haben uns nie irgendwelche Auflagen gemacht, sondern uns als gleichberechtigte Partner angesehen. Nur durch ihren zeitweiligen Rückzug aus dem Universum, wurden andere Rassen auf uns aufmerksam. Erst sie haben uns für ihre Zwecke missbraucht. «

Der Admiral schaute in die Runde der Zuhörer.
»Wir konnten ermitteln, dass es sich bei den Ablondern ebenfalls um eine Hilfsrasse der Aller-Ersten handelt. Nachdem wir für sie nicht mehr zur Verfügung standen, haben sie nach anderen Möglichkeiten gesucht. Jedenfalls sind Angehörige dieses Volkes, auf dem

Reservations-Planeten 429, von den Zierrakies inhaftiert worden. Unsere angeblichen Herren wissen nicht, wen sie dort gefangen halten. Ich und Commander Breckphan haben sich mit ihnen getroffen. Sie sind eine seriöse Rasse und geben nicht alle ihre Möglichkeiten preis. Sie haben uns informiert, dass in Kürze ein neues Zeitalter beginnt. Die weiße Anomalie der Zierrakies wird aufgelöst und alle Planeten der Anomalie werden in die Freiheit entlassen. «

Wieder wurde laut im Saal diskutiert.

»Woher wissen sie das? «, fragte ein Zuhörer. » Sie sind doch Gefangene der Zierrakies. «

»Das kann ich ihnen nicht sagen«, antwortete Admiral Dragphan. »Sie gehören zu einem der ersten Völker in unserer Galaxie und sind allwissend. Nur sie haben Einfluss auf die Ablonder und können sie von einer vollständigen Vernichtung unserer Anomalie abhalten. Ihr Wort hat bei den Ablondern großes Gewicht. Sie werden einlenken, vermutlich aber erst nachdem sie Rache an den Zierrakies genommen haben. Ich habe ihre Zusage, dass wir unbehelligt bleiben, wenn es uns gelingt, die Zierrakies nicht weiter zu unterstützen und sie zu einer Kapitulation zu bewegen. «

»Wie soll das gehen? «, rief einer entsetzt. » Die

Zierrakies haben noch nie kapituliert. Sie wissen gar nicht wie das geht. «

»Können wir diesen Aller-Ersten überhaupt trauen? «, fragte ein weiterer Offizier. » Wir kennen sie doch überhaupt nicht. «

»Wenn wir den Zierr-Rates hintergehen und die Aller-Ersten täuschen sich, wird die Angelegenheit grauenvoll für uns enden«, rief ein Soldat. »Wenn wir nicht exekutiert werden, dürfen wir zur Strafe unser Lebensende in den kaiserlichen Minen von Gonzarith verbringen. «

»Es wird niemand mehr geben, der diese Frage beantworten kann«, erwiderte Admiral Dragphan. »Tatbestand ist, dass wir den Zierrakies zahlenmäßig hoch überlegen sind. Die wenigen Vogelköpfe, die noch nicht aus dieser Entlarve geflüchtet sind, werden von uns arretiert. Sie besitzen keine Befehlsgewalt mehr. Die Zeit des Abschlachtens fremder Rassen ist endgültig vorbei. «»Was heißt Vogelköpfe? «, fragte ein Zuhörer.

Der Admiral blickte in die Menge.
»Scheinbar wissen es noch nicht alle«, antwortete er. »Ich habe kürzlich den Prinzen ohne seinen Schutzanzug

gesehen. Die Zierrakies sind eine Rasse von Großvögeln. Wir dienen seit Jahrtausenden großen Vögeln. «

Schlagartig war es still im Saal geworden. Niemand konnte ein Wort sagen. Admiral Dragphan hob seine Hände.

»Unsere Aussagen stimmen«, teilte er mit. »Wir sind von den Zierrakies missbraucht worden, damit sie ihren Expansionsgedanken ausleben konnten. Das ist ab jetzt vorbei. Wir wollten nicht mehr als Kanonenfutter verheizt werden. Unser Ziel ist es, einen Planeten nur für unser Volk zu finden, auf dem wir leben und uns weiter entwickeln können. Der Zeitpunkt des Handelns ist gekommen. Diese Chance werden wir kein zweites Mal bekommen. Heute ist der Zeitpunkt gekommen, an dem wir entweder alles verlieren, oder alles gewinnen werden. Haltet eure Augen für unser Volk offen. Die letzte Schlacht der Zierrakies ist nicht zu gewinnen. «

Die Diskussionen wurden wieder lauter. Die Offiziere unterhielten sich lautstark. Viele von ihnen waren unentschlossen, andere versuchten sie zu überzeugen. Wieder andere konnten der Vernichtung der zierrakischen Groß-Flotte keinen Glauben schenken.

Die neuen Mitglieder des Verwaltungs-Konzils stellten sich neben Admiral Dragphan.

»Ruhe bitte«, schrie Commander Breckphan.

»Sie sehen hier das Konzil unserer weißen Anomalie stehen«, rief Admiral Dragphan in die Menge. »Es ist über jeden Zweifel erhaben. Es besteht aus zehn weisen Worgass, die für die Verwaltung aller Planeten, Stützpunkte und der Provinzen zuständig sind. Ich gebe dem Vorsitzenden das Wort. «

Admiral Dragphan trat einen Schritt zurück.

»Ich bin Resa Wanphan«, stellte sich ein älterer Worgass vor. »Sie alle kennen mich. Ich bin der Vorsitzende des Konzils. Ich habe mich nicht um den Beitritt zu dem Konzil gerissen. Diese Ehre ist mir verliehen worden. In den vielen Jahren unserer Dienerschaft für den Zierr-Rat der Zierrakies, haben wir es immer als Ehre empfunden als Konzil den Rat unterstützen zu können. Diese Zeit ist leider vorbei. Wir müssen immer mehr Handlungen befehlen, die sich gegen unser eigenes Volk richten. Strafmaßnahmen, Verhaftungen und Exekutionen gehören hauptsächlich dazu. Das alles nur, weil es den Zierrakies gefällt. Seit Prinz Sirthrith die Macht übernommen hat, hat sich unserer Aufgabe um ein weiteres verschlechtert. Wir sind nicht mehr frei in unseren Entscheidungen. Der Prinz befiehlt die konsequente Durchführung seiner Befehle. Es tut uns im Herzen weh, wenn wir Endscheidungen gegen das eigene Volk fällen müssen.

Wir vom Konzil stimmen Admiral Dragphan zu, dass für die Zierrakies ein Worgass-Leben nichts bedeutet. Diese Einstellung wird sich in der Zukunft noch verschlechtern. Unter der Führung des Neffen des Groß-Kaisers, wird unser Volk in der weißen Anomalie untergehen. Wir haben jetzt die einmalige Chance dies zu ändern und unseren eigenen Weg zu beschreiten. Verspielen wir diese Chance nicht. Vertreiben wir die Zierrakies, ein für alle Mal, aus dieser Anomalie. Nutzen wir ihre Raumschiffe, um diesen Bereich des Universums zu verlassen, um uns weit ab von ihnen eine neue eigene Zukunft aufzubauen. Ohne Zierrakies, ohne andere Herrenrassen, die bisher das Leben unseres Volkes manipuliert haben.

Leider kann ich nur für die Worgass in unserer in Anomalie reden. Was mit unseren Stämmen in der Whirlpool-Galaxie ist, können wir nicht zu erkennen. Dennoch werden sie das gleiche Problem haben wie wir. Sie dienen als wertvolles Hilfsvolk, werden denunziert und bei einer Erfolglosigkeit hingerichtet. Es ist wie überall im Universum, wo Worgass ihren Herren dienen müssen. Die Zeit des Aufbegehrens ist gekommen. Ändern wir dieses und geben ein Zeichen für alle Worgass-Stämme in der Galaxis. «

Mut machte sich im Saal breit. Viele der Offiziere stimmten zu und schrien ihren Unmut aus sich heraus.

»Nieder mit den Zierrakies«, tobte jemand.
»Die Unterjochung muss ein Ende haben«, rief ein Offizier.

»Ein freies Leben für freie Worgass«, bemerkte ein Soldat. Admiral Dragphan bedankte sich bei dem Vorsitzenden des Konzils.

Er war wieder an das Mikrofon getreten.
»Die Führung der Fern-Aufklärung zählt auf sie alle. Sind sie bereit ein neues Leben zu beginnen, ihre Freunde und Angehörigkeit nicht mehr in einer aussichtslosen Schlacht zu verlieren, sondern sie in Sicherheit zu wissen und dem Grauen der Zierrakies ein Ende zu bereiten? «

»Ja«, riefen fast alle Versammelten und stampften mit den Füßen auf. »Die Unterjochung durch die Zierrakies muss ein Ende. Wir haben die Bevormundung satt und wir möchten unser eigenes Leben beginnen. «

Admiral Dragphan lächelte.

»So beginnt es«, rief er laut in den Saal. »Ein neuer Zeitabschnitt für unser Volk beginnt mit dem heutigen Abend. Ich will unser Personal auf den Kampf-Schiffen sehen. Unterrichtet weitere loyale Soldaten, Offiziere und Bedienstete von diesem Gespräch. Sorgt dafür, dass nichts nach außen dringt. Kein Hinweis darf an die Zierrakies gelangen. Sucht nur sichere Untergebene aus. Alles hängt hiervon ab. Nur so ist die Zukunft für unsere Rasse realisierbar. Meine Offiziere werden alle noch offenstehenden Fragen beantworten. Ich danke für ihr Erscheinen. Macht euch bereit. «

Admiral Dragphan riss seinen Arm nach oben.
»Gewürdigt sind die Worgass«, schrie er lautstark in den Saal.

Die Offiziere blickten ihn an.
»Gewürdigt sind die Worgass«, schrie er ein zweites Mal. Die Menge der Zuhörer wiederholte den Satz.

»Gewürdigt sind die Worgass«, riefen sie. »Gewürdigt sind die Worgass«, ereiferten sie sich. Die Rufe wurden immer lauter.

Der Admiral und sein Team erkannten, dass die Offiziere und Soldaten auf das Vorhaben eingeschworen waren.

Zuversichtlich drehte sich der Leiter der Fern-Aufklärung und sein Stellvertreter ab und verließen den Saal.

Sil'drock, Ras'ekin und Marschall War'drock waren wohlbehalten am Sammelpunkt der ablondischen Flotte wieder aus dem Wurmloch ausgetreten. Der 250-Meter Kreuzer hatte an dem Träger-Flaggschiff des Marschalls angelegt. Es wirkte wie ein Fremdkörper an den Trägerschiff.

In der Zentrale des großen Schiffes sollten die Auswertungen des Daten und Bildmaterials erfolgen. Der Stellvertreter des Marschalls begrüßte die Gäste.

»Schön sie auf unserem Schiff zu sehen«, sagte er. »Mein Name ist Captain Orn'drin. Ich befehlige die Flotte in der Abwesenheit des Marschalls. «

»Uns freut es ebenfalls, sie kennenzulernen«, antwortete Sil'drock. »Viel zu lange sind wir keinen Angehörigen unseres Volkes mehr begegnet. «

Der Marschall hatte seinen Gästen Sitzmöglichkeiten angeboten. Sil'drock und Ras'ekin ließen sich in die Sessel fallen und schauten sich um. Alle technischen Anlagen schienen moderner, als auf ihrem Schiff zu sein.

Zahlreiche Kontroll-Leuchten blinkten im Rhythmus der Datenaufzeichnungen.

»Sie haben viel getan«, bemerkte Sil'drock. »Ihre technischen Anlagen sehen sehr modern aus. «

»Wir haben sie immer weiterentwickelt«, lächelte der Marschall stolz.

Ein Teil der Führungsstabes von Marschall War'drock hatte sich zu den Gästen gesellt. Sie waren gespannt auf das weitere Vorgehen.

»Wie gut sind die Ortung-Geräte in ihrer Drohne? «, fragte Marschall unverhofft.

Ras'ekin schaute ihn irritiert an.

»Sie sollten auf dem neusten technischen Stand unserer Flotte gewesen sein«, erwiderte er. »Das ist jetzt nur 250.000 Jahre her, wie sie wissen. Doch sie hat kaum Betriebsstunden auf dem Buckel. «

Er reichte den Daten-Kristall dem Marstall.
»Hier ist alles drauf«, bemerkte er. »Lesen sie die Daten in ihre Schiffs- Hypertronic-KI ein und lassen sie diese auswerten. «

Der Marschall griff nach dem Speicher-Kristall und gab ihn an einen seiner Offiziere weiter. Der lief zu einem zentralen Eingabemodul und steckte den Kristall in die Aufnahme.

»Die Auswertung dauert einen Augenblick, entgegnete der Marschall. »Unsere KI erledigt das. Sie haben doch nichts dagegen, wenn meine Führungs-Offiziere mit an der Auswertung teilnehmen.

»Nicht im Geringsten«, bemerkte Ras'ekin. »Je mehr Offiziere eingeweiht sind, umso weniger Fehler passieren hinterher. «

Sil'drock blickte auf dem großen Monitor, an der Decke der Zentrale. Zahlreiche Schiffs-Verbände kontrollierten in dem leeren Raum. In einem 10 Sekunden-Takt materialisierten Geschwader und patrouillierten an der Seite der wartenden Flotte. Alles schien auf Sicherheit ausgelegt zu sein. Nichts schien den Patrouillen zu entgehen.

»Ist etwas in unserer Abwesenheit passiert? «, fragte Sil'drock den Stellvertreter des Marschalls.

Sein Kopf drehte sich ihm zu.

»Nichts«, antwortete er. »Alles war ruhig. Wir haben nicht einmal einen vorbeifliegenden Asteroiden registriert. Hier ist wirkliches reines Niemandsland. Wir können froh sein, dass die Zierrakies es nicht für nötig halten, den leeren Raum zu kontrollieren. «

Sie werden ihre Kapazitäten anderweitig benötigen«, bemerkte Ras'ekin. » Der Groß-Kaiser führt Krieg an unterschiedlichen Fronten. «

Die Hypertonic-KI des Flagg-Schiffes meldete sich.
»Alle Daten des Speicherkristalls wurden heruntergeladen«, teilte sie mit. »Die Auswertung war erfolgreich. «

»Daten auf den Haupt-Monitor legen«, befahl Marschall War'drock.

Zahlreiche Zahlenkolonnen fluteten den Bildschirm.

»Das zierrakische Heimat-System, gelegen in der Whirlpool-Galaxie, erklärte die Hypertronic-KI des Schiffes monoton.

Sie ergänzte das Zahlenmaterial mit Bildaufzeichnungen.

»Das Heimat-System besteht aus 15 Planeten, die von drei übergroßen Sonnen gespeist werden«, erklärte sie »Die Ortungsdaten weisen den 8. Planeten des Systems als Haupt-Planeten aus. Er ist gleichzeitig Industrie-Werft und Regierungs-Sitz. Ferner befinden sie die Palast-Anlagen des zierrakischen Groß-Kaisers auf dieser Welt. In dem System wurde eine seltsame Anhäufung von Methan-Planeten registriert. Die von den Zierrakies besiedelten Planeten, weisen einheitlich eine Methan-Atmosphäre auf.

Entsprechend dieser Tatsache ist davon auszugehen, dass es sich bei der Rasse der Zierrakies um Methan-Atmer handelt. Neben den planetenumfassenden Industrie-Anlagen, wurden zahlreiche Militär-Stützpunkte identifiziert. Die eingefügte Bilddatei zeigt 700 große Truppen-Paradeplätze, die vermutlich dem Militär dienen. «

Die KI des Schiffes zoomte ein Bild heran.

Ein Stöhnen ging durch die Crew der Brücke des Flagg-Schiffes.

Dieses Bild zeigt 30.000 Soldaten der Rasse, die Aufstellung vor ihrer Kaserne Aufstellung genommen haben«, teilte die KI mit.

»Die Zierrakies bevorzugen den Einsatz von Bodentruppen«, sagte Sil'drock. »Warum stellen sie so viele ihres Volkes unter Waffen? Bei 300 Kasernen ist das eine Anzahl von 21.000.000 Soldaten. «

»Vermutlich hat der Groß-Kaiser einen regen Verschleiß, oder er braucht die Truppen, um auf den annektierten Planeten die Bewohner unter seinem Joch zu halten«, bemerkte Ras'ekin. »Das soll uns nicht weiter stören. Wir haben nicht vor, eine Bodenoffensive auf dem zierrakischen Planeten zu starten. «

»Der achte Planet wird durch eine Flotte von 300 zierrakischen Groß-Kampfschiffen der bekannten 2.500-Meter-Klasse gesichert«, teilte die Hypertronic-KI des Schiffes mit. »Nach dem vorliegenden Bildmaterial, verharrt die Flotte rechts neben dem Planeten in einer Wartezone.

Innerhalb des Systems, wurde eine Anzahl von 12.000 kleineren Kampf-Jets registriert, die vermutlich Polizeiaufgaben erledigen. Ferner ist ein reger Verkehr von Transport-Schiffen unterschiedlicher Größe, erkannt worden. 17.000 Transportschiffe, mit geringfügiger Bewaffnung, durchfliegen das System. Die Planeten 5,6 und 7, sowie 9 und 10 dienen als Rohstoff-Planeten. Hier wurde nur eine kleine Anzahl von Lebenszeichen registriert, Es ist von einer weitgehend automatischen Rohstoff-Förderung auszugehen. Diese Planeten besitzen bodengebundene Abwehr-Systeme. «

»Der achte Planet des Systems ist der wichtigste und am häufigsten frequentierte Planet des Systems. Hier ziehen sich alle Fäden zusammen. Ich spiele die Videodaten der Drohne ein. Sie sind selbst kommentierend. «

Das Bildmaterial füllte den ganzen Schirm aus. Gespannt sahen die Offiziere des ablondischen Flaggschiffs zum ersten Mal das Heimat-System der gehassten Zerstörer.

Marschall War'drock und seine Offiziere blickten auf dem Schirm. Der Anblick war erschütternd und informativ zugleich. Erstmals wagte sich eine fremde Rasse in das System der unerbittlichen Zierrakies und konnte dieses vermessen und untersuchen.

Die Drohne flog unvermittelt auf das System der Zierrakies zu. Die15 Planeten kreisten in elliptischer Bahn um 3 Sonnen-Giganten. Langsam wurde die Ansicht größer. Die Drohne raste mit höchstmöglicher Geschwindigkeit auf das System zu. Dann wurde das Bild dunkel. Die Drohne war in den Hyperraum gesprungen. Noch gab es keine Anzeichen dafür, dass sie entdeckt worden war. Vermutlich war sie zu klein, für die

Aufklärungsgeräte des zierrakischen Erfassungssystems. Dann drang die Drohne wieder aus Hyperraum in den Normalraum ein.

Die Bildaufnahme setzte ein und gab eine klare, vergrößerte Ansicht des Systems wieder. Die Drohne raste mit Höchstgeschwindigkeit auf den achten Planeten des Systems zu. Die drei Sonnen bestrahlten den Heimat-Planeten des Groß-Kaisers mit einem diffusen Licht. Schwach und kraftlos schienen ihre Strahlen zu sein. Das Licht ihrer Strahlen, färbte die Atmosphäre des achten Planeten in einen rötlichen Glimmer. Die Sicht auf den Boden des Planeten wurde hierdurch stark beeinträchtigt. Doch bereits jetzt könnte man Teile des Planetenbodens erkennen. Die Form von unterschiedlichen Kontinenten wurde sichtbar, weite Ebenen, bergige Regionen, unterbrochen von Seen und Flüssen, wurden registriert. Ozean trennten die Kontinente voneinander. Riesige Landmassen tauchten im Osten des Planeten auf. Es schienen ausgeprägte Trockenzonen zu sein.

Endlich tauchte die Drohne unbehelligt in die Atmosphäre des Planeten ein. Die Aufnahmen wurden klarer. Sie durchstieß die Wolkenschichten und konnte erste eindeutige Aufnahmen der Planeten-Oberfläche übermitteln.

»Schaut euch das an«, rief Ras'ekin. »Der ganze Boden des Planeten ist eine große Industriefläche. Der ganze Planet ist eine gigantische Industrie-Anlage. «

Die Offiziere der Flagg-Schiffe schauten mit offenem Mund den Bildern zu.

Minutenlang flog die Drohne über riesige Anlagen, die jedoch von ihrer Form nicht vergleichbar waren.

»Die Zierrakies scheinen die ganze Bodenfläche bebaut zu haben«, sagte Ras'ekin.

Große Flachbauten, wurden von runden Gebäuden abgelöst. Diesen folgten zahlreiche kegelförmige Bauten. Immer wieder reihten sich hohe Kugelgebäude ein, vor denen ein gigantischer Raumflughafen angesiedelt war. Zahlreiche Raumschiffe unterschiedlicher Größe waren hier abgestellt.

Die Hypertronic-KI hielt das Bild an.
»Sie sehen die Raumschiff-Werften des Planeten«, teilte sie mit. »120 dieser Bauten wurden von mir gezählt. Diese Produktions-Stätten dienen der Fertigung ihrer übergroßen 2.500-Meter-Schiffen. Die Ausmaße dieser Gebäude lässt keine andere Deutung zu. Entsprechend dieser Erkenntnis können die Zierrakies synchron an 120

Schiffen arbeiten und diese innerhalb kürzester Zeit duplizieren oder produzieren. Dies ist das Herz ihrer Flotten-Fertigung. «

»Wir müssen diese Produktions-Werften vernichten und ihnen die Grundlage für einen Angriff auf andere Rassen nehmen«, rief Marschall War'drock.

Sil'drock blickte ihn an.
»Sie werden ihrer Strafe nicht entgehen können«, sagte er leise.

Die Hypertronic-KI ließ das Bild weiterlaufen. Sie zoomte das Bild näher heran. Zahlreiche Gleiter flogen auf vorgeschriebene Flugrouten hoch über den Gebäuden. Es wirkte, wie kleine Schiffs-Kolonnen in der Luft. Auf den zahlreichen Raum-Flughäfen standen nur Kriegs-Schiffe. Überwiegend wurden die bekannten Kampf-Jets ausgemacht, die anscheinend für Aufrechterhaltung der inneren Ordnung im System ausreichten. Die Drohne ging in den Tiefflug über. Der ganze Boden glich einer großen Stadt. Viele Zierrakies tummelten sich auf den Straßen und liefen zwischen den Häusern her. Hier war lebendiges Leben auszumachen.

Die Drohne überflog die zahlreichen Industriebauten. Endlich wurde hinter den Türmen eine weite ebene

Fläche sichtbar. Die Drohne hielt darauf zu. Die Beobachter erkannten, dass nicht zählbar viele Zierrakies den Boden bearbeiteten. Sie zogen Furchen und legten etwas hinein.

»Was machen die da? «, fragte Ras'ekin. » Ich kann es nicht erkennen. KI bitte analysiere die Tätigkeit der Rasse.«

Das Bild hielt an.
»Die Zierrakies legen Eier in die Furchen«, antwortete sie monoton. »Die Tätigkeit wird ihrem Nachwuchs dienen. Diese verdorrte Ebene wird sehr warm. Meine Analysen bestätigen, dass die Zierrakies ihren Nachwuchs in Eiern ausbrüten. «

Staunend schauten sich die Ablonder an.

Die Bildaufnahme lief weiter. Die nächste große Industrie-Stadt kam in Sichtweite. Die Drohne beschleunigte und überflog die Stadt. Fast die gleichen Gebäude und Anlagen, wie bei der vorigen Stadt wurden sichtbar. Wieder quälte sich ein unendlicher Strom von Fluggeräten auf diversen Hochrouten durch die Stadt. Unter ihnen schwebten Container- und Transport-Schiffe zu den ihnen zugewiesenen Landeplätzen. Roboter und Entlade-Crews kümmerten sich um die Fracht.

Die Drohne beschleunigte und nahm an Höhe zu. Die Industrie-Anlagen wurden kleiner. Weit im Horizont auf einer Anhöhe, wurde eine kleine Parklandschaft sichtbar.

Die Drohne rast hierauf zu.

»Bedrückt sie etwas? «, fragte Marschall den Wächter der ablondischen Außenstadt.

Sil'drock drehte ihm seinen Kopf zu.
»Ungewissheit ist der größte Feind«, antwortete er. »Ich kann nicht verstehen, warum das Herz des zierrakischen Reiches so schlecht bewacht wird. Selbst eine Drohne, wie in unserem Fall, hätte eine Antimaterie-Bombe ausschleusen können und den Planeten der Zierrakies vernichten können. «

»Abschreckung, Vernichtung und Vergeltung«, rief Ras'ekin. »Die Zierrakies haben sich einen Ruf aufgebaut, der andere Rassen davon abhält, in ihr System einzufliegen. Sie alle fürchten die Rache dieser Rasse. «

»Das ist mir eigentlich klar«, entgegnete Sil'drock. »Ich wollte wissen, ob es wirklich sein kann, dass die Zierrakies ihren wichtigsten Planeten wirklich nicht besser zu schützen wissen? Können wir mit Bestimmtheit sagen, ob sie nicht auch über unterirdische

Werft-Anlagen verfügen. Die Informationen konnten von unserer Drohne nicht aufgezeichnet werden. «

Die Offiziere des Flagg-Schiffes dachten kurz nach.
»Wir haben die 120 Werften registriert, die laut unserer KI die Groß-Raumschiffe produzieren. Diese waren offen ersichtlich«, bemerkte Captain Orn'drin. » Warum sollten sie weitere Werft-Anlagen unterirdisch angelegt haben? Sicherlich hätten wir etwas hiervon bemerkt. Die Bilder zeigen einen reinen Industrie-Planeten. Nichts Lebenswertes für die Bevölkerung, aber effektiv für die industriellen Belange des Kaisers. «

»Ein letztes Risiko bleibt«, sagte Marschall War'drock. »Wir haben jetzt erst einmal verwertbare Daten. Das muss reichen. «

Die Drohne flog weiter ihre Runden und driftete nach rechts ab. Wieder kam eine große Stadt in Sicht. Hier war ebenfalls nichts Neues zu entdecken. Die Aufnahmen glichen sehr stark den Bildern von den vorigen Städten des Planeten.

Gleiter und Transporter durcheilten die Stadt. Auf dem Boden pulsierte das Leben. Eine überfüllte graue Industrie-Stadt. Für naturliebende Lebensformen war diese Welt nicht erträglich. Doch die zierrakische

Bevölkerung konnte eine solche Industrieanhäufung anscheinend über viele Jahrtausende verkraften, um ihre militärische Stärke ausbauen.

Die Drohne flog einen Kreis und hielt wieder auf die wenigen freien Flächen des Planeten zu. Weit im Horizont auf einer Anhöhe, wurde die kleine Park-Landschaft erneut sichtbar. Die Drohne raste hierauf zu.

Bisher war sie unbehelligt, ohne auf Abwehr-Feuer zu stoßen, durchgekommen.

Die Aufnahmen am Horizont wurden größer. Erstmals wurden glitzernde Farben ausgemacht. Die kaiserliche Anlage, protzte in vielen unterschiedlichen Farben. Goldene Türme und Kuppeldächer. Unterschiedliche Gebäude, in strahlendem Weiß, Violett, und hellen Pastellfarben wechselten. Der Groß-Kaiser des zierrakischen Reiches hatte auf eine wechselnde Architektur geachtet. Vermutlich waren viele Elemente von versklaven und vernichteten Welten übernommen worden. Über der großen Palast-Anlage, wurde ein transparenter, schimmernder Energie-Schirm sichtbar.

Die Drohne hielt das Bild an.
»Der Schutz-Schirm der Anlage dient nicht zum Abwehr eines Angriffs«, teilte sie mit. »Nach meiner

Einschätzung existiert unter dem Schirm eine autarke gereinigte Atmosphäre. «

Die Hypertronic-KI ließ das Bild weiterlaufen. An den schweren Befestigungs-Mauern des Palastes fuhren plötzlich zahlreiche Laser-Türme aus. Die Palastanlage sicherte sich selbst.

»Die Zierrakies sind endlich auf unsere Drohne aufmerksam geworden«, rief Sil'drock.

Bewegung kam in die Geschütze. Sie schwenkten herum und nahmen die heranfliegende Drohne ins Visier.

Zahlreiche Gardisten eilten übern den Boden der Anlage und zeigten in die Luft.

Es war eindeutig, dass die ablondische Drohne entdeckt worden war.

»Sperrfeuer«, rief Ras'ekin. »Die Abwehrtürme eröffnen das Feuer. «

Die Zuschauer erkannten, wie die Drohne einen Zickzackkurs flog und versuchte den Laser-Strahlen auszuweichen.

Immer mehr Abwehrtürme griffen in den einseitigen Kampf ein. Sie nahmen die Drohne unter einen Flächenbeschuss.

»Es geht zu Ende«, bemerkte Sil'drock.
Ein breiter Laserstrahl wurde von der Drohne bildlich erfasst. Er raste direkt auf sie zu. Kurz darauf brach das Bild ab. Der Bildschirm wurde dunkel.

»Ende der Aufzeichnung«, teilte die Hypertronic-KI mit.

»Eines ist uns klar geworden«, bemerkte Sil'drock. »Die Zierrakies sind Methan-Atmer. Viele wertvolle Sauerstoff- Welten sind von ihnen zerstört worden. Worauf ist ihr immenser Hass zurückzuführen? «

»Das werden wir noch herausbekommen«, betonte Marschall War'drock. »Unsere Daten und die Aufzeichnungen von dem System der Zierrakies bestätigen unsere Vermutungen. Der Groß-Kaiser hat seine Ressourcen an den zahlreichen Fronten gebunden. Ihr System ist weitgehend ungeschützt. Falls wir die Mission in der zweiten Dimension erfolgreich abschließen sollten, sehe ich uns auf einem guten Weg, den Zierrakies Kapitulationsbedingungen stellen zu können. «

»Bis dahin ist es noch ein weiter Weg«, bemerkte Sil'drock. »Wir sollten die Aufgabe nicht zu leichtnehmen. Den Zierrakies ist eine Kapitulation fremd. Sie werden nicht aufgeben und alles, was sie haben in die Schlacht werfen. Sie werden nach ihren eigenen Grundsätzen leben. Vielleicht haben wir auch noch nicht alles erkannt, was sie alles aufbieten können. «

Die Offiziere des Flaggschiffes schauten sich an. Eisige Ruhe herrschte im Raum.

»Wir werden unsere Schritte sorgsam abwägen«, teilte Sil'drock mit. »Lassen sie uns die nächste Etappe zum Sol-System absolvieren. Wir werden uns mit Major Travis unterhalten. Das neue Imperium von Tarid und Natrid hat wesentlich mehr Kampferfahrung, als wir sie je hatten. Wir wissen ebenfalls nicht, dass die Unterstützungs-Flotte schon bereitsteht, oder ob wir noch einige Tage warten müssen, bis sich unsere Flotten vereint haben. «

»Sie gehen davon aus, dass die Zusage von diesem Major Travis noch Gültigkeit hat? «, fragte Marschall War'drock. » Was ist, wenn sich die imperiale Regierung gegen eine Beteiligung ihrer Schiffe ausgesprochen hat? ««Hieran will ich erst gar nicht denken«, antwortete Sil'drock. » Ich habe Major Travis erst zwei Mal getroffen. Diese Treffen reichten jedoch aus, um mir ein Bild von ihm zu machen. Es handelt sich bei ihm um keine Person, die Zusagen nicht einhält. So viel kann ich sagen. «

»Wir werden sehen«, bemerkte der Marschall.
»Ich habe die Wurmloch-Verbindung ins Sol-System herausgesucht«, sagte Sil'drock.

Er reichte dem Marschall einen Speicherkristall.

»Lassen sie von neun weiteren Amulett-Trägern die Durchgänge öffnen. Wir werden durch insgesamt 10 stabile Verbindungen fliegen. Die Koordinaten sind so gewählt, dass wir im leeren Raum, kurz vor dem Sol-System herauskommen. Ich möchte nicht direkt in ihr System springen, um Unruhe zu vermeiden. Wir werden ordnungsgemäß um eine Einfluggenehmigung bitten. Hierum hat mich Major Travis gebeten. Ich halte mich hieran. «

»Einverstanden«, antwortete der Marschall. »Ich komme mit auf ihr Schiff. Das neue Imperium von Tarid und Natrid und dieser Major Travis interessieren mich brennend. «

Der drehte seinen Kopf und schaute seinen Stellvertreter an.

»Captain Orn'drin«, sagte er. »Sie übernehmen in meiner Abwesenheit wieder das Kommando der Flotte. Lassen sie die Schiffe auf unseren Befehl hin, geordnet in die Wurmloch-Tunnel einfliegen. Weitere Anweisungen erfolgen am Zielort. «

Er reichte dem Captain den Speicherkristall mit den Koordinaten.

Der Captain nickte.

»Wir bereiten uns vor«, antwortete er. »Geben sie den Befehl, wenn sie bereits sind. «

Sil'drock, Ras'ekin und Marschall War'drock standen auf und machten sich auf den Weg zu der Andockschleuse, wo ihr Schiff wartete.

Im Sol-System

Ein Adjutant kam auf den Vorgesetzten der EWK zugelaufen.

General Poison blickte ihn an.

»Major Travis und sein Team ist eingetroffen«, teilte er mit.

»Führen sie die Offiziere bitte in ein freies Besprechungszimmer«, antwortete der General. »Wir kommen sofort. «

Noel und General Poison standen auf. Der General raffte seine Unterlagen zusammen und winkte den diensthabenden Offizier zu sich.

»Informieren sie uns bitte sofort, wenn sich etwas tut, oder wenn wir Besuch bekommen«, befahl er. »Ich meine hiermit Fremdkontakte auf den Ortungsanzeigen. « Der diensthabende Offizier nickte.

»Das versteht sich von allein«, antwortete er.

Die doppelte Führungsspitze des neuen Imperiums schritt den langen Flur entlang und trat am Ende des Ganges in das Besprechungszimmer ein. Das Team um Major Travis wartete bereits.

Der oberste Befehlshaber der EWK, lächelte die wartenden Gäste an.

»Es ist schön sie alle zu sehen«, begrüßte er die Gäste. »Wie ich sehe haben sie Verstärkung mitgebracht. «

Sein Blick fiel auf Atlanta, Senga-Hol, Heran und den Worgass Rantero. Der ganze Führungs-Stab der Termar 1 war vertreten, einschließlich Heinze und Atlanta.

»Wie war ihr Angel-Ausflug? «, fragte er.

»Wir haben die Tage genossen«, antwortete Senga-Hol. »Das haben wir wirklich einmal gebraucht. «

Der General nickte. Er und Noel suchten sich eine freie Sitzgelegenheiten. Nachdem er Platz genommen hatte, wurde da Gesicht des Generals ernst.

»Die Presse hat Wind von unserer geplanten Mission bekommen«, teilte er mit. »Wir erhalten weltweite Anfragen, von großen Radio und TV-Agenturen, was es mit der großen Flotte auf sich hat, die sich bei Titan sammelt. Irgendwo ist etwas durchgesickert. Den Menschen auf der Erde ist es nicht so einfach zu erklären, dass wir weit weg in einem anderen Universum für fremde Rassen Partei ergreifen und gegen Unbekannte kämpfen. «

Major Travis blickte ihn an.
»Das ist alles nur eine Frage der Argumentation«, antwortete er. »Sie müssen es den Menschen verständlich machen, dass wir an Krisenherden kämpfen, um zu verhindern, dass größere Gefahren für das Sol-System entstehen. Dafür sollten sie alle geschulten Personen ihrer Presse-Abteilung einsetzen können. «

»Wir wissen doch gar nicht, ob die Zierrakies wirklich eine Bedrohung darstellen? «, bemerkte der General.

»Lieber General«, betonte Heran. »Es ist immer das gleiche mit ihnen. Wie oft haben wir hierüber bereits diskutiert. Die Lantraner haben bereits gegen die Zierrakies gekämpft. Vor vielen Jahrtausenden wurde eine Flotte unserer Forschungs-Schiffe von ihnen angegriffen, weil diese leichtfertig in das von ihnen beanspruchte Gebiet geflogen war. Wie der Name bereits mitteilt, handelte es sich um reine Forschungs-Schiffe, die entsprechend nicht mit starken Waffen-Systemen ausgestattet waren. Die Zierrakies nahmen alle Schiffe unter Beschuss und vernichteten sie. Die Flotte konnte noch einen Hilferuf absetzen. Ich war auf ein Evolutions-Schiff kommandiert, das zu Hilfe eilte.

Leider konnten wir nur noch den Untergang unserer Schiffe miterleben. Wir kamen zu spät. Ich habe ihren Angriff ertragen müssen. Ganze Planeten barsten unter ihren Beschluss. Solide Raumschiffe lantranischer Fertigung habe ich auseinanderbrechen und Hunderte von Männern und Frauen unseres Schiffs-Personals, im eisigen Raum des Universums erfrieren sehen. Ich habe das Schrecken in mir aufgenommen, dass die Zierrakies verbreiten können. Es sind Tiere, aus einer alten vergangenen Zeit. Sagen sie mir nicht, dass dieses aggressive Volk nicht die Hölle im Universum verbreiten kann. Ihnen fehlen einfach die Hintergrund-Informationen. «

Das Gesicht des Generals veränderte sich zu einer Grimasse.

»Es widerstrebt mir einfach, immer wieder unser bestes Personal in Einsätze, für weit entfernte Rassen zu schicken. Wir haben in unserem Sol-System genug zu tun. Noch können wir nicht alle Bereiche der Milchstraße absichern und den Mitgliedern unseres neuen Imperiums einen ausreichenden Schutz gewähren. «

»Vielleicht wäre eine Kooperation mit anderen Rassen sinnvoll«, bemerkte Commander Rantero. »Ich habe gelesen, dass die Green-Lizards mittlerweile auch über eine größere Flotte verfügen. Ebenso die Najekesio, bestimmt auch noch weitere Species. Sie könnten doch auch Sicherungs-Maßnahmen in der Milchstraße durchführen? Man sollte sie mit einbinden. Es geht auch um ihre Heimat. «

»Danke für ihren Hinweis, Herr Worgass-Commander«, erwiderte der General herablassend. »Noch sind sie ein Gefangener im Sol-System, wenn ich mich richtig erinnere. Wenn ich ihre Ratschläge benötige, würde ich mich bei ihnen melden. «

Major Travis schickte schüttelte seinen Kopf.
»Herr General«, rief er verärgert. »Bleiben sie auf dem Boden der Tatsachen. Commander Rantero entwickelt zu einem wirklich hilfreichen Mitglied in unserer Organisation. Es ist nicht fair von ihnen, in so abwertend zu denunzieren. «

Der General blickte Commander Rantero an.
»Entschuldigen sie meine Worte«, entgegnete er. »Es war nicht so gemeint. Doch verstehen sie bitte auch meine Situation. Für die vielen Baustellen in unserem Imperium, brauche ich eigentlich die doppelte Aufmerksamkeit. «

»Zum Teufel mit ihnen«, ereiferte sich Heran. »Sie sollten langsam einmal etwas von ihrer Arbeit delegieren, als immer alles an sich zu reißen. Sie werden hierdurch immer unerträglicher. «

General Poison klappte der Mundwinkel herunter. Bevor er etwas antworten konnte, fuhr Heran fort.

»Ich bin als Unterstützung hier ins Sol-System gekommen«, erklärte er. » Die lantranische Rasse unterstützt sie mit 500 fabrikneuen Evolutions-Schiffen. Das hat es in den letzten 100.000 Jahren nicht mehr gegeben. Wissen sie auch warum? «

Der General schüttelte seinen Kopf.
»Weil wir kein Vertrauen zu den jungen Rassen aufbauen konnten«, ergänzte Heran. »Das ist jetzt bei den Terranern anders. Zerstören sie diese kleine Blume nicht, die gerade erst aus der Erde gewachsen ist. «

Eisiges Schweigen herrschte im Saal.
»Konzentrieren wir uns wieder auf unsere Aufgabe«, bemerkte Heran. »Ich glaube es ist alles geklärt. Jedoch unterlassen sie ihre Beleidigungen. Ich habe mittlerweile auch erkannt, dass Commander Rantero es ehrlich meint. Er sucht eine Möglichkeit, sich bei der EWK zu integrieren. Sie sollten ihm eine Chance geben. «

Noel stand auf.

»Wechseln wir das Thema«, sagte er.

Er blickte Major Travis an.

»Die von ihnen angeforderte Flotte steht bereit«, teilte er mit. »Sie hat sich oberhalb von Titan, nahe dem Saturn positioniert. Die Besatzungen sind informiert und warten auf ihren Einsatzbefehl. Ihre Mission ist abgesegnet und kann beginnen. «

»Perfekt«, antwortete Commander Brenzby. »Jetzt ist der Augenblick gekommen, indem wir die Schrauben anziehen können, um den Feind in seine Schranken zu weisen. «

»Wann rechnen sie mit dem Kontakt zu den Ablondern? «, fragte General Poison.

»Es wurde keine Zeit ausgemacht«, erwiderte Major Travis. »Sil'drock wollte sich nach der Aktivierung des eigenen Nachschubes schnellsten melden. «

»Also gibt es keine Garantie, dass er sich überhaupt meldet? «, ergänzte der General. » Was ist, wenn die Flotte von nachrückenden Zierrakies gesichtet und bereits vernichtet wurde? «

»Das werden wir vermutlich nie erfahren«, erwiderte Major Travis. »Die Wahrscheinlichkeit eines erneuten Gegenschlags liegt jedoch unter 10 %. Der Überraschungs-Moment war auf Seiten der Ablonder. Die Zierrakies werden erst einmal analysieren, auf wenn sie getroffen sind und wer ihnen diese Schappe bereitet hat. «

»Gewinnen wir irgendwelche Vorteile, aus Unterstützung der Ablonder? «, fragte der General.

»Das ist eine Frage der zukünftigen Situation«, antwortete Heran. »Da sie als Hilfsvolk der Aller-Ersten auftreten, kann es sein, dass sich ihre Herren in der einen oder anderen Weise dankbar zeigen werden. So haben sie es jedenfalls früher praktiziert. «

»Das wäre hilfreich«, antwortete der General. »Auch im Hinblick auf die Presse, die herausbekommen hat, dass ihre Mission über 70 Milliarden Terun kostet. Wir sind eine Organisation, die sich selbst finanzieren muss. Doch auch vor der Öffentlichkeit müssen wir uns rechtfertigen. Die finanzielle Seite sollte immer im Auge behalten werden. «

»Sehen sie die Mission von der Seite des neuen Imperiums«, sagte Atlanta. »Es ist nicht nachzuvollziehen, wenn die Zierrakies Späh-Stationen in unserem Sol-System einrichten und wir nicht reagieren dürfen. So wie ich Heran verstanden habe, handelt es sich um eine ziemlich aggressive Rasse. Ich vermute, dass es auch in der Zukunft nicht möglich sein wird, mit ihnen friedlich zusammenzuleben. Irgendwann würde es zu einem Aufeinandertreffen der unterschiedlichen Systeme kommen. Wir investieren in die Zukunft, wenn wir bereits jetzt den Zierrakies die Möglichkeit nehmen, ins Sol-System vorzudringen. «

General Poison nickte.
»Ich argumentierte bei der EWK-Finanzierungs-Kommission bereits in diese Richtung«, teilte er mit.

Er blickte den Lantraner an.
»Wann werden ihre Schiffe eintreffen? «, fragte General Poison.

Heran dachte kurz nach.
»Das hängt von dem Einbau der speziellen Waffen-Systeme in unseren Schiffen ab«, antwortete er. » Wenn es keine Probleme bei der Fertigung gibt und alles gut geht, kann sich die Zeit bis zu der Ankunft der Schiffe sogar noch verkürzen. Ich rechne in einem Tag mit ihnen. «

»Sie sind sicher, dass sie eine Technik haben, die es uns ermöglicht, die weiße Anomalie aufzubrechen? «, ergänzte der General seine Frage.

Heran nickte.

»Es geht hier um Naturgesetze«, antwortete Heran gelassen. »Wir werden nur einige übergroße Sonnen zerstören müssen, damit das Gravitations-Feld kollabiert. Dann fällt die Anomalie der Zierrakies in sich zusammen.«

»Ist das der Plan? «, fragte der General entsetzt. »Einfache Pläne scheint es bei ihrem Volk nicht zu geben.«

»Es ist ein simpler Plan«, erwiderte Heran. » Zumindest ist er besser, als ihre Einflugs-Schleusen zu manipulieren.«

»Ich will gar nicht mehr wissen«, betonte General Poison. »Über ihre technischen Möglichkeiten verfügen wir hier nicht. Sprengen sie nur nicht unsere Flotte aus dem Weltall. Das wäre katastrophal. «

»Keine Sorge«, lachte der Lantraner. »Wir können mit unseren Waffen-Systemen umgehen. «

Der General blickte wieder Major Travis an.

»Wissen wir, mit wie vielen Schiffen die Ablonder aufwarten können? «, fragte er.

»Noch nicht«, antwortete Marc. »Daher kann ein Plan derzeit nur unvollständig erstellt werden. Meine Idee ist es, dass die Ablonder an der vorderster Front die Zierrakies beschäftigen. Wir werden nur als Unterstützung tätig sein. Den Hauptkampf werden die Ablonder selbst führen. Wenn ein Schiffs-Verband von ihnen überfordert sein sollte, greifen wir ein. Falls zierrakische Schiffe ausbrechen, um einen Hinterhalt zu legen, werden wir eingreifen. Vielleicht bereitet ihnen unser Auftauchen bereits so viele Kopfschmerzen, dass sie sich auf eine Kapitulation einlassen. «

»Darauf können wir uns nicht verlassen«, bemerkte Heran. »Vermutlich sind sie sich sicher, dass sie ihre Anomalie in der zweiten Dimension vor angreifenden Flotten-Verbänden halten können. Für den Durchflug durch ihre Schleusen wird ein entsprechendes Verfahren benötigt. Dieses umgehen wir einfach. «

»Wie wollen sie das Bewerkstelligen? «, fragte Noel.

»Ich habe es bereits mitgeteilt«, antwortete der Lantraner freundlich. »Solche Anomalien werden von einem Gravitationsfeld übergroßer Sonnen verursacht. Sie stehen in einer gewissen Stellung zueinander und bilden eine Art unsichtbaren Gravitationsstrudel. Hierdurch werden sämtliche Asteroiden, Steinbrocken, Geröll und Staub zu einem festen Gebilde aufgebaut. Das Ganze geschieht über Jahrmillionen. Irgendwann wird die Wolke für andere Schiffe nicht mehr durchdringbar, weil das Gravitationsfeld weiter aktiv ist.

Deaktiviert man diese übergroßen Sonnen, verschwindet auch die Gravitation, die dieses Gefüge zusammenhält. Innerhalb kürzester Zeit fallen alle Steinbrocken in sich zusammen und suchen sich andere Anziehungspunkte. In der Anomalie befinden sich 8.300 Planeten, die nach dem Wegfall des Materiegürtels der Anomalie, wieder ihre ursprüngliche Position im Weltall beziehen. Wir haben auch etwas dabei, um den Materiegürtel zu sprengen. Falls es mit der Deaktivierung der übergroßen Sonnen funktioniert, dann ist dies der einfachere Weg. «

Die Zuhörer kamen aus dem Staunen nicht mehr heraus. Die lantranische Technik war der natradischen um Jahrtausende voraus.

»Ist es möglich, dass der zierrakische Groß-Kaiser Verstärkung schickt und dass sie dann einer noch größeren gegnerischen Flotte gegenüberstehen? «, fragte Noel.

»Ich bin kein Hellseher«, antwortete Heran. »Aber auch dieser Fall ist möglich. Sie sollten ihren zierrakischen Gefangenen hierzu befragen. Vielleicht gelangen wir an neue Informationen, die wir bisher nicht kennen. «

»Er wurde von dem zierrakischen Kaiser-Imperium in der Whirlpool-Galaxie beauftragt«, erklärte Major Travis. » Ich bin mir nicht sicher, ob er überhaupt etwas über die Anomalie in der zweiten Dimension weiß. Hilfreich wäre es natürlich, wenn Commander Sirgphan hier wäre. Er war äußerst kooperativ bei der Beantwortung diverser Fragen. Leider haben die Ablonder ihn mitgenommen. «

Die ablondische Flotte war geordnet aus den Wurmloch-Tunneln, in den Leerraum vor dem Sol-System, ausgetreten. Die große Flotte verharrte in der Nähe der Oortschen Wolke und wartete auf weitere Befehle.

»Alle Maschinen stoppen«, rief Sil'drock seiner KI zu. »Übermittele den Befehl an die komplette Flotte. «

»Der Befehl wurde gesendet«, antwortete die Hypertronic-KI des Schiffes.

»Haupt-Bildschirm anstellen«, ergänzte der Verwalter der ersten Außenstadt der Ablonder.

»Geschützt von der Oortschen Wolke, sehen wir vor uns das Sol-System«, erklärte Ras'ekin. »Beheimatet im Orion-Arm, liegt dieser wieder in dem Perseus-Arm der Milchstraße. Ein schönes System, auf dem wir auch einmal eine Späh-Station unterhalten hatten. Doch das ist lange her.

»Zeichnen wir Ortungskontakte? «, fragte Sil'drock ungeduldig.

»Ich registriere eine große Menge von Resonanz-Kontakte«, meldete die KI. »Auf fast allen Planeten des Systems werden sehr starke Energie-Emissionen angemessen. Alle beweglichen Kontakte werden derzeit erfasst und gezählt. Es dauert einen Augenblick, bis ich über die vollständigen Daten verfüge.

Die Ablonder blickten ungeduldig auf den Schirm. Für eine Sichterkennung war der Abstand noch zu groß. Jedoch die feinen Sensoren des Schiffes täuschten sich nicht.

»Die erste Zählung wurde abgeschlossen«, meldete die KI. »Ich registriere 43.751 bewegliche Schiffskontakte unterschiedlicher Größe. Es sind viele übergroße Schiffe einer 2.000 Meter-Klasse zu orten. Andere weisen die Größe von 1.500 Metern auf, wieder andere 1.000 Meter und 500 Meter. Zusätzlich befinden sich noch zahlreiche kleinere Schiffe im System. Ich erkenne zahlreiche Flotten-Kampf-Stationen und viele stationäre Abwehr-Forts und Einrichtungen. Für weitere Informationen sollte das System angeflogen werden. «

»Danke«, antwortete Sil'drock. »Das reicht zunächst. Wir sind angekommen. «

Er blickte Marschall War'drock an.
»Weisen sie die Flotte an, hier zu warten«, befahl er. »Wir fliegen näher an das System heran, um Kontakt aufzunehmen und um eine Einflugs-Genehmigung zu bitten. Wir sind hier Gäste. «

Der Marschall nickte, drehte sich um und ging an die Hyperfunk-Konsole. Er gab den Befehl an die wartende Flotte durch.

»Die Flotte ist informiert«, teilte er mit. »Sie wartet auf unsere Rückkehr. «

Sil'drock blickte Ras'ekin an.

»Nehmen wir Kontakt auf«, bemerkte er. »KI, führe einen Hyper-Raumsprung zu dem äußersten Planeten des Systems durch. Dann gehe in den Wartemodus. «

Die Hypertronic-KI wiederholte den Befehl und leitete die Beschleunigung ein. Innerhalb von Sekunden verschwand das Schiff im Hyperraum.

Alarmsirenen heulten in der Zentrale von Natrid auf.

»Fremdkontakt geortet«, meldete die große Hypertronic-KI.

Gleichzeitig wurden die Daten an die EWK-Zentrale und an die Kampfbasis-Atlantis weitergegeben. Der Apparat der EWK setzte sich in Bewegung.

Die Meldung wurde General Poison durch einen Adjutant übermittelt. Er blieb sehr gelassen, als er die Nachricht von der Info-Folie abließ.

»Vermutlich ist gerade ihr Besuch eingetroffen«, sagte der General. »Major Travis begleiten sie mich bitte in die Einsatz-Zentrale. «

Er blickte in die Runde seiner Gäste.

»Wir unterbrechen die Besprechung einen Augenblick«, erklärte er. »Wir haben einen Fremdkontakt nahe der Pluto-Umlaufbahn registriert. «

Der General und Major Travis standen auf und liefen aus dem Besprechungszimmer in die Einsatzzentrale. Der diensthabende Offizier hatte sämtliche Monitore aktiviert, auf denen das fremde Objekt bereit rot zeichnete.

»Haben wir einen über Hyper-Funkspruch erhalten? «, fragte der Major.

Der diensthabende Offizier schüttelte seinen Kopf. »Bisher noch nicht«, antwortete er. »Das Schiff hält Funkstille. «

»Rufen sie es«, befahl der Major. »Bitten sie um eine sofortige Identifizierung. «

In diesem Moment erreichte jedoch ein Funkspruch die zentrale Leitstelle.

»Eingehender Funkspruch«, meldete die KI.

»Da haben sie ihre Funkmeldung«, bemerkte General Poison

»Auf den Lautsprecher legen«, befahl Major Travis.

»Hier spricht Sil'drock, aus einem Raumschiff der Ablonder. Ich bitte um ihre Einflugs-Genehmigung. «

Die Sätze waren in reinem Natradisch gehalten.

»Ich rufe Major Travis, von dem neuen Imperium von Tarid und Natrid«, fuhr er fort. »Ich bin ihrer Einladung gefolgt und ersuche um eine Einflugs-Genehmigung. Ich wiederhole. Hier ist Sil'drock von den Ablondern. Ich rufe Major Travis. «

Marc griff nach dem Kommunikationsgerät.
»Hier spricht Major Travis, von dem neuen Imperium von Tarid und Natrid«, antwortete er. »Es ist schön, dass sie wohlbehalten eingetroffen sind. Ich schicke ihnen eine Eskorte. Folgen sie diesen Schiffen bitte zu unserer Basis auf Titan. Dort werden sie von mir empfangen. Haben sie ihre Flotte mitgebracht? «

»Das habe ich«, antwortete Sil'drock. »Um keine Unruhe zu stiften, wartet diese außerhalb ihres Systems. «

»Das ist gut«, antwortete Marc. »Sie vermeiden hierdurch den Alarmstart unserer Kampfschiffe. Ich freue mich sie wiederzusehen. Die Eskorte ist auf dem Weg zu ihnen. Bis später. «

Das Gespräch brach ab.

Er gab dem diensthabenden Offizier ein Zeichen. »Informieren sie bitte Commander Giacomo. Er möchte unseren Gast eskortieren und zur Titan-Basis geleiten. Ich nehme die Ablonder dort in Empfang. «

Er blickte Heinze und Heran an.
»Darf ich euch bitten, mich zu begleiten? «, fragte er.

»Selbstverständlich«, antwortete der Ro.

Auch der Lantraner nickte.
»Ich freue mich darauf, die Ablonder wiederzusehen«, bemerkte er.

»Es dauert nicht lange, Herr General«, wandte sich Major Travis an seinen Vorgesetzten. »Halten sie unsere Stühle warm. «

»Gehen sie«, erwiderte General Poison. »Ich informiere die Transmitter-Zentrale. «

Das Empfang-Komitee schritt aus dem großen Transmitter- Bogen, der speziell für die Verbindung zu der EWK-Zentrale auf Tarid eingerichtet worden war. Tart 1 und Tart 2 hatten sich pflichtbewusst der Gruppe angeschlossen, um die Sicherheit ihres Schutzbefohlenen zu gewährleisten. Zwar rechnete niemand mit Zwischenfällen, doch mit exakter Sicherheit könnte man das nicht ausschließen.

Die riesige Halle des zentralen Transmitter-Dienstes quirlte vor Leben. Mehr als 150 Groß-Transmitter waren stetig aktiviert und absolvierten ihren Dienst. Vor jedem Gerät waren sechs Shy-Ha-Narde positioniert, die Unregelmäßigkeiten überwachen sollten. Vor jeder gemeldeten Eingangs-Meldung, baute sich ein Energie-Schirm um den Transmitter auf, der den neuen Transport absicherte.

Erst wenn zahlreiche Scans erfolgt waren und die Transport-Behälter als unbedenklich eingestuft worden waren, erloschen die Energie-Schirme. Jetzt konnten die Transport-Arbeiter mit ihren Lade-Robotern vorrücken und die Behälter übernehmen. Diese Vorgehensweise sicherte die Basis gegen die Einschleusung von Bomben, Sprengstoffen, oder anderen üblen Dingen, möglicher Feinde des neuen Imperiums.

Unzählige EWK-Bedienstete verrichteten hier ihre Tätigkeit. Lagerspeziallisten wiesen den Transportgütern Plätze als Zwischenlager zu, bis der Empfänger ermittelt worden war. Die 120 Hochregallager des Titan-Distributions-Zentrums, reichten schon fast nicht mehr für Lagerung der eingehenden Waren aus. Neue Transportgüter gingen im Sekunden-Rhythmus ein. Immer wieder flammten die Transmitter-Bögen auf, durch die neue Produkte und Materialien angeliefert wurden.

Aber auch der Versandbereich war sehr aktiv. Zahlreiche Güter der Erde wurden zu allen Mitgliedern des neuen Imperiums geschickt. Die Wirtschaft auf Tarid boomte. Der überwiegende Teil der Waren-Container ging an die Morina. Sie sorgten für die weitere Verteilung. Das Geschäft mit ihnen hatte sich exzellent entwickelt. Es spielte Milliarden in die Kasse der EWK ein. Aber auch das Geschäft von älteren, natradischen Militär-Objekten fluorierte. Viele der Mitglieder des Imperiums, rüsteten ihre Verteidigung und Sicherheit auf.

»Was ist das für ein Gedränge hier«, bemerkte Heran. »Ihr könnt bald abbauen. «

»Alles hat sich besser entwickelt, als von uns vermutet«, antwortete der Major.

Er winkte seine Gruppe an die Seite.

Ein Tross von zwölf heran eilenden Transport- und Lade-Robotern, auf denen etliche Container gestapelt waren, beanspruchte viel Platz für sich. Dröhnend knatterten sie an der Gruppe vorbei.

Heinze blickte den Fahrzeugen nach. Sie wurden von Sicherheits-Kontrolleuren in weißen Kitteln, in eine freie Gasse gewunken. Neben den ersten Intensiv-Scans, wurde weitere Kontrollen an allen Lieferung durchgeführt. Alle eingehenden Waren-Container wurden in speziellen Räumen durchleuchtet, geöffnet und die eingehende Ware geprüft. Doch es schien so, dass sich alle Mitglieder an die Verträge der EWK hielten. Bisher wurden noch keine verdächtigen Gegenstände erkannt, oder registriert. Alles lief planmäßig und nach Vorschrift.

Die Gruppe kam auf eine freie Fläche.

Ein Gleiter des ISD eilte heran und stoppte vor der Gruppe. Ein Offizier, in der typischen schwarzen Uniform sprang ab.

Er schritt auf Major Travis zu und salutierte.

»Mein Name ist Leutnant Olen Milazzo«, stellte er sich vor. »Major Travis, ich begrüße sie auf Titan. General Poison hat unsere Sicherheits-Abteilung informiert, dass sie eintreffen und Gäste vom Raum-Flughafen abholen möchten. Ich wurde ihnen zur persönlichen Verfügung zugeteilt. Steigen sie bitte auf den Gleiter. Ich bringe sie zu dem zentralen Gross-Hangar. «

Major Travis erwiderte den Gruß.

»Danke, Leutnant Milazzo«, antwortete er. »Das ist sehr nett von ihnen. Die Entfernung ist zu Fuß etwas weit. «

Tart 1 und Tart 2 ließen den Leutnant nicht aus den Augen. Die Personenschutz-Roboter machten keinen Unterschied zwischen natradischem, militärischen und zivilen Personal. Sie waren bereit sofort einzuschreiten, falls ihnen eine falsche Bewegung des Leutnants auffallen sollte. Marc hatte sich an die Personenschutz der liebgewonnenen Roboter gewöhnt. Sie gehörten zwischenzeitlich zu seinem Leben. Er nahm sie nicht mehr direkt wahr.

Die Gruppe schritt auf den Gleiter zu und stieg auf die abgesenkte Plattform. Jeder hielt sich an dem Geländer und den Haltestangen fest.

Der Leutnant wartete, bis alle Personen eine feste Position eingenommen hatten. Er jetzt startete den Antrieb und beschleunigte. Mit mittlerer Geschwindigkeit durchflog der Anti-Graf-Gleiter die große Transmitter-Halle und näherte sich dem gegenüberliegenden Ausgang. Der energetische Schott erkannte das Herannahen des Gleiters und öffnete sich automatisch. Der Leutnant lenkte in einen großen Verbindungs-Korridor. Er war breit ausgelegt, um großen Lademaschinen Platz zu bieten, die sperrige Container transportieren mussten. Von hier zweigten die zahlreichen Hangar ab, in denen die imperialen Raumschiffe parkten, gewartet, oder neu gebaut wurden. Der Korridor war endlos.

»Der zentrale Groß-Hangar liegt am Ende dieses Ganges«, teilte der Leutnant mit. »Aufgrund seiner Größe und seiner kontinuierlichen Erweiterung, wurde er am Ende des Distribution-Zentrums errichtet. «

Der Leutnant beschleunigte den Gleiter.
»Wir müssen noch 15 km absolvieren«, teilte er mit.
»Dann haben wir den Zentral-Hangar erreicht. «

Marc kannte die Abmessungen zur Genüge. Er verzichtete jedoch auf eine Antwort.

»Ich komme noch einmal zurück auf den Angriff der Zierrakies auf eure Forschungs-Raumschiffe«, sprach Marc den Lantraner an. »Wie hat eure Hohe Empore auf diesen Vorfall reagiert? «

Das Gesicht von Heran verzog sich.

»Das ist ein dunkles Blatt unserer Geschichte«, erwiderte er.

Er dachte kurz nach.

»Leider wurde dieser Teil unserer Geschichte durch einen Fehler unserer Regierung herbeigeführt, die kostentechnisch nicht bereit war, Forschungs-Schiffe mit entsprechenden Waffen-Systemen zu bestücken. «

Er blickte seinen Freund an.

»Jetzt haben sie hieraus gelernt«, ergänzte er.

»Das beantwortet nicht meine Frage«, bohrte Major Travis nach.

Heran lachte.

»Warum wollen die Terraner immer alles bis ins letzte Detail wissen? «, entgegnete er.

Sein Gesichtsausdruck wurde wieder ernst.

»Unsere hohe Empore war entsetzt und wertete die Vernichtung unserer Forschungs-Flotte als einen kriegerischen Akt. Sie übersandte dem Groß-Kaiser und dem zierrakischen Imperium eine offizielle Protestnote und stellte ihnen ein Ultimatum hierauf zu antworten. Dumm wie sie waren, vielleicht auch noch sind, antworteten sie nicht hierauf und ließen das Ultimatum verstreichen. Es kam, wie es kommen musste. Verärgert über die nicht erfolgte Reaktion der zierrakischen Regierung, befahl unsere hohe Empore Strafmaßnahmen durchzuführen und die Zierrakies in die Schranken zu weisen.

Es kam förmlich zu einem Krieg, der jedoch nur eine Zeitspanne von sechs Monaten dauerte. In dieser Zeit gelang es unseren massiv aufgerüsteten Flotten-Verbänden, zahlreiche zierrakische Kriegs-Flotten zu vernichten und ihr Kräfteverhältnis einzudämmen. Es war uns in dieser kurzen Zeitspanne möglich gewesen, sie in die Enge zu treiben. Wir hätten sie auslöschen können, doch so weit kam es nicht. Als ihre Kräfte immer weiter schwanden, erhielten wir eine offizielle Mitteilung ihres Groß-Kaisers, der einen sofortigen Waffenstillstand anbot. Er stellte ein Treffen auf politischer Ebene in Aussicht, um die angeblich fälschlicherweise aufgetretenen Irritationen aus dem Weg zu räumen.

Unsere hohe Empore akzeptierte den Vorschlag und sandte Unterhändler zu einem neutralen Ort. Hier traf man sich mit den Unterhändlern des zierrakischen Groß-Kaisers. Sie waren kleinlaut und baten um Vergebung. Sie teilten mit, dass es bei dem Angriff um ein Versehen handelte. Angeblich waren auf der Suche nach aggressiven Feinden, die bereits zahlreiche Planeten ihrer Hemisphäre zerstört hatten. Die Verhandlungen dauerten zwei Tage. Unsere hohe Empore akzeptierte die vorgetragene Entschuldigung, wies die Zierrakies aber an, sich zukünftig von der Milchstraße fernzuhalten und keine Schiffe mehr in unsere Sternen-Insel zu entsenden.

Ferner verwies sie auf den alten Vertrag der Aller-Ersten Generation des Universums, die den Einfluss des zierrakischen Imperiums auf die Whirlpool Galaxis beschränkt hatten. Die Unterhändler des Groß-Kaisers akzeptierten die Bedingungen und unterschrieben den Vertrag mit uns.

Die Zierrakies vermittelten nochmals glaubhaft, dass sie nichts anderes wollten, als ihr Hoheitsgebiet in der Whirlpool-Galaxis zu sichern. Damit war das Thema für unsere Hohe Empore erledigt. In den nachfolgenden Jahrtausenden haben wir nie mehr was von ihnen gehört. Sie schienen sich an die vereinbarten Verträge zu halten. «

Major Travis hatte interessiert zugehört.
»Was für eine Rasse suchten die Zierrakies seinerzeit«, erkundigte er sich. »Sind hierüber weitere Informationen bekannt? «

Dieser schüttelte seinen Kopf.
»Nur wenige Informationen wurden von unseren Unterhändlern in dem Gespräch mit den Zierrakies notiert. Es handelte sich um eine Rasse, die sich Nari genannt haben. Uns war diese Zivilisation nicht bekannt und völlig fremd. Doch die Zierrakies teilten mit, dass es sich um eine extreme Rasse handeln würde, die grundsätzlich keine Gefangenen machte.

Sie kamen immer wieder aus dem über Hyperraum und zerstörten alles, was sich ihnen entgegengestellte. Ihnen lagen unbestätigte Informationen vor, dass sie von der entgegengesetzten Seite des Universums kamen. Angeblich führten ihr Zier-Rat bereits mehr als vierhundert Jahre Krieg gegen sie, jedoch mit minderem Erfolg. «

»Wo befindet sich das Ende des Universums? «, fragte Major Travis ergänzend.

»Das ist jeweils nur eine Sichtweise«, antwortete Heran. »Heute ist unseren Wissenschaftler bekannt, dass unser Universum unendlich ist. Es gibt keinen Anfang und kein Ende. Wir erkennen nur unendliche Entfernungen. Das Ende des Universums, ist für jede Rasse gesehen, lediglich das Ende ihrer eigenen technischen Möglichkeiten. Die Zierrakies haben hiervon gesprochen, weil es für sie keine Möglichkeit gab, weiter in die Tiefe des Alls vorzudringen.«

Marc dachte nach.
»Ich verstehe«, antwortete er. »Es muss sich also um ein Gebiet handeln, dass gut 60 Hypersprung-Markierungen hinter ihrem Heimat-Planeten entfernt liegt«, erklärte Heran. » Zu der damaligen Zeit, würden die Zierrakies ein ganzes Lebensalter brauchen, um dorthin zu kommen. Anders ist es mit unseren Wurmloch-Verbindungen, hierdurch verringert sich die Zeit der Reise erheblich. Doch die Koordinaten des Nari-Systems sind uns nicht bekannt.

Gefangene haben uns erzählt, dass es sich um einen riesigen Quadranten handelt. Hier leben sie Nari scheinbar als einzige höher entwickelte Rasse. Sie benehmen sich wie Heuschrecken. Sie ernten ganze Planeten ab, ernten die Rohstoffe und bereichern sich an den Schätzen. Mögliches junges Leben interessiert sie nicht. Nachdem sie eine Welt ausgebeutet und abgeerntet haben, zerstörten sie die Biosphäre des Planeten und lassen eine tote Welt zurück. «

»Wie ist der zierrakische Krieg ausgegangen? «, fragte Marc nach.
»Darüber haben wir keine offiziellen Informationen«, antwortete Heran.

»Einige Völker, die an Informationen über die Nari gelangen konnten, teilten uns später mit, dass die Zierrakies den Krieg gewinnen konnten. Sie schlugen mit immer größerer erbarmungsloser Härte zu. Ihnen gelang es den Nachschub der Nari zu unterbinden. Ihre Kampf-Flotten nach und nach auszuradieren. Sie stellten sich auf sie ein und machten ebenfalls keine Gefangenen mehr. Irgendwann gelang es ihnen, den Standort ihrer Heimatwelt zu ermitteln.

Sie zogen alle Kriegs-Flottenverbände zusammen und flogen einen Großangriff auf das System der Nari. In einem auch verlustreichen Krieg für die Zierrakies, vernichteten sie den Heimat-Planeten dieser Rasse vollständig. Der Kampf dauerte lange und war hart. Die Nari, zu stolz, um auf eine Kapitulation einzugehen, begingen nach dem Ausfall ihrer Verteidigung einen kollektiven Selbstmord. Damit war dieses Kapitel der Geschichte für die Zierrakies erledigt. «

»Das kenne ich irgendwo her«, bemerkte Marc. »Das gleiche war bei den Rigo-Sauroiden der Fall. Es wäre interessant zu wissen, ob eine Verbindung zwischen den Rassen bestanden hat. «
»Vermutlich ist es spät dies zu erforschen«, sagte Heran. »Falls die Nari nicht mehr existieren, wird diese Frage immer offenbleiben. «

»Wir sollten einmal eine Expedition in diese Gegend starten«, überlegte Marc. Nur um uns davon zu überzeugen, was dort wirklich passiert ist. Am besten wäre es, wenn wir mit einem Evolution-Schiff fliegen würden. «

Heran lachte ihn an
»Verlierst du das Vertrauen in deine eigene Technik? «, fragte er. » Ihr verfügt ja in Kürze auch über die Wurmloch- Technologie. «

»Es ist richtig«, entgegnete Major Travis. »Doch es ist immer besser einen Spezialisten dabei zu haben, der sich in den unbekannten Gebieten des Universums auskennt. Ich bin mir auch sicher, dass wir noch nicht alle Spezialitäten deines Raumschiffes kennen. «

Der Gleiter war in dem zentralen Groß-Hangar von Titan angekommen. Leutnant Olen Milazzo drosselte die Geschwindigkeit und stoppte den Gleiter.

Die Halle war gewaltig. Über 650 Kampf-Schiffe, der 2.000-Meter messenden Kaiser-Klasse, standen geordnet auf ihren Plätzen. An anderen Bereichen der Halle, wuchsen Schiffs-Neubauten von dem Boden in die Höhe. Zahlreiche Konstruktions-Roboter, Ingenieure, Techniker und Arbeits-Roboter liefen um die Schiffe herum.

Heran schaute sich interessiert um, verzichtete aber auf eine Bemerkung. Ihm war anzusehen, dass er sehr begeistert war, die ganzen Aktivitäten der Terraner zu sehen.

Der Gleiter hielt auf ein 3.000 Meter hohes Schott zu, dass den Hangar von dem außen liegenden Raum-Flughafen trennte. Seitlich des Schotts standen vier Gestalten, die von 6 Soldaten der ISD begleitet wurden. In einem Abstand von 5 Metern hielt der Gleiter an. Major Travis und sein Team sprangen ab. Gemächlich schritten sie auf die Gruppe der wartenden Gäste zu.

Tart und Tart 2 eskortierten jeweils die rechte und linke Seite von Major Travis. Ihre Augen leuchteten tiefrot. Sie hatten in den Kampfmodus geschaltet. Jeder neuen Rasse begegneten sie mit einer gewissen Skepsis. Das war ein Bestandteil ihrer Grundprogrammierung.

Marc blickte der Heinze an
»Kannst du irgendwelche Gedanken empfangen? «, flüsterte er.

Der nickte zustimmend.
»Es besteht keine Gefahr«, antwortete er. » Ihre Gedanken liegen offen vor mir. Sil'drock freut sich aufrichtig sie wiederzusehen. Der neben ihm stehende, junger Ablonder nennt sich Ras'ekin und ist nur neugierig. Ebenso der Ältere, auf der rechten Seite. Er ist ein Marschall des Flotten-Oberkommandos. Sein Name ist War'drock. Die vierte Person ist ein Worgass. Mit ihm haben wir bereits einer Bekanntschaft gemacht. Es ist Commander Sirgphan. «

»Ich dachte, die Ablonder wollten ihn zur weißen Anomalie zurückbringen? «, fragte der Major.

Heinze schüttelte seinen Kopf.
»Das haben sie versäumt«, antwortete er. » Er hat die ganze Zeit in der Arrestzelle ihres Schiffes verbracht. Vermutlich ist der froh sich die Beine vertreten zu können. «

Marc flüsterte Tart 1 etwas zu.

»Behalte den Worgass bitte besonders im Auge«, befahl er. »Er gehört zu dem zierrakischen Imperium. Wir wissen, nicht welche Absichten er hat. «

»Das ist von uns schon registriert worden«, antwortete der Tart. »Machen sie sich keine Sorgen. «

Die Gesichter der Gäste verdunkelten sich, als sie die 2,20 Meter großen Kampf-Roboter auf sie zuschritten sahen. Sie wichen einen Schritt zurück.

Major Travis trat vor.

»Ich heiße sie herzlich willkommen, auf dem Hoheitsgebiet des Imperiums von Tarid und Natrid«, begrüßte er die Gäste.

Er gab Sil'drock die Hand.

»Es ist schön sie wiederzusehen«, begrüßte er den Ablonder. »Sie haben den Weg zu uns gefunden. «

Sil'drock lächelte verhalten und nickte.

»Ihre beiden Kampf-Roboter irritieren uns etwas«, sagte er. »Solche großen Boliden haben wir in unserem System nicht. «

»Es sind reine Personenschutz-Roboter«, erwiderte Major Travis. »Sie wurden ausschließlich auf mich programmiert und werden nur aktiv, wenn widrige Handlungen erkannt werden. Beachten sie die Roboter gar nicht. Sie haben von ihnen nicht zu befürchten. Wie ich sehe, haben sie Gäste mitgebracht. «

»Darf ich ihnen meine Kollegen vorstellen«, fragte Sil'drock. »Mein junger Kollege, zu meiner linken Seite wird Ras'ekin genannt. Er war der Waechter der ersten Versorgungs-Station, auf die ich gestoßen bin.

Sie wissen noch, dieses Station, die wir nur mit ihrer Hilfe aktivieren konnten. Neben mir, zu meiner rechten Seite, steht Marschall War'drock. Er ist der kommandierende Offizier unserer im Exil befindlichen Flotten-Führung. Er hat es sich nicht nehmen lassen, sie ebenfalls kennenzulernen. «

»Sie haben auch Commander Sirgphan mitgebracht? «, bemerkte der Major.

»Es hat sich leider noch keine Gelegenheit ergeben, ihn an der weißen Anomalie der Zierrakies abzugeben«, antwortete Sil'drock. »Ferner dachte ich, dass er vielleicht noch über hilfreiche Informationen verfügt, die hilfreich für uns sein könnten. «

Die beiden Tarts rückten näher an den Worgass heran. Diesem war sichtlich unwohl.

»Von mir droht keine Gefahr«, sagte er. »Ich bin ein Gefangener der Ablonder. «
Die tiefroten Augen der Tart Roboter musterten ihn eindringlich.

»Steht ihr Angebot zur Unterstützung noch? «, fragte Sil'drock. » Unser Eintreffen hat sich etwas verzögert. «

»Selbstverständlich«, antwortete Marc. »Wenn wir ein solches Angebot abgeben, halten wir uns auch daran. «

Major Travis drehte sich zur Seite.

»Darf ich ihnen meinen Freund vorstellen«, sagte er. Er ist ein Mitglied der lantranischen Rasse und nennt sich Heran. «

Der Lantraner lächelte die Ablonder an.
»Mein kleiner Kollege Heinze verfügt über besondere Fähigkeiten«, ergänzte Marc. »Er hat ihre Gedanken schon gescannt und festgestellt, dass sie keine Waffen dabeihaben. Von daher, können wir uns direkt auf dem Weg zu unserer Führung machen, um das weitere Vorgehen zu besprechen. «

»Das wäre uns recht«, antwortete Sil'drock. »Wir haben neue Informationen dabei, die sie nicht kennen werden. « Er blickte Heran an.

»Der Name ihres Volkes ist bereits öfter von unseren Herren genannt worden. Die Aller-Ersten scheinen ihre Rasse gut gekannt zu haben. «

»Das ist richtig«, antwortete Heran. »Wir hatten des Öfteren Kontakt zu ihnen und schätzen Ihre Herren sehr. Aus diesem Grunde beteiligen wir uns auch an der von ihnen geführten Befreiungs-Aktion. Ich möchte unsere neuen Ideen mit ihren Herren besprechen. «

»Das können sie gerne machen, aber dafür müssen wir sie erst einmal befreien«, erwiderte Sil'drock. »Wir wissen leider auch nicht, wie groß ihre Population noch ist, oder wie viele von ihnen auf dem Reservations-Planeten der Zierrakies umgekommen sind. «

»Darüber machen sie sich bitte keine Sorgen«, antwortete Heran. »Ihre Herren haben andere Möglichkeiten, um sich aus der Gefangenschaft zu befreien. Da sie dies nicht gemacht haben, gehe ich davon aus, dass sie ihre Gründe gehabt haben. Scheinbar kennen sie als ein Hilfsvolk der Aller-Ersten nicht alle

Möglichkeiten, die ihnen zur Verfügung stehen. «
Sil'drock blickte ihn irritiert an.

Heran registrierte den Blick des Ablonders.
»Hierüber können wir uns später unterhalten«,
antwortete er. »Wir wechseln den Planeten durch einen
Transmitter. «

»Ist das hier nicht ihr Heimat-Planet? «, fragte Ras'ekin.

Major Travis schüttelte seinen Kopf.
»Das ist ein reines Distributionszentrum und eine Schiffs-
Basis«, antwortete er. »Hier gehen alle
Warenlieferungen von befreundeten Rassen ein, andere
werden wieder von hier verschickt und weitergeleitet.
Sehen sie es als ein reines Waren-Zentrum und als eine
vorgelagert Werft-Station an. «

»Ich bin beeindruckt«, bemerkte Marschall War'drock.
»Allein diese gigantischen Schiffe flössen uns bereits
beim ersten Anblick ausreichenden Respekt ein. «

Major Travis lächelte. Er machte mit seinem Arm eine
ausschweifende Bewegung.

»Steigen sie bitte auf den Anti-Grav.-Gleiter«, sagte er.
»Wir werden noch eine kurze Strecke mit diesem Flug-

Gerät zurücklegen müssen. Das Transmitter-Zentrum ist 20 Kilometer entfernt. «

Die Gäste stiegen auf und suchten sich einen sicheren Platz. Tart 1 und Tart 2 nahmen den Worgass zwischen sich.

Leutnant Olen Milazzo wartete, bis alle Personen den Anti-Graf-Gleiter bestiegen hatten. Dann beschleunigte er. Sein Ziel war das zentrale Groß-Transmitter-Zentrum von Titan.

***

Admiral Dragphan und Commander Breckphan saßen in der Zentrale der Fern-Aufklärung zusammen und besprachen die weitere Vorgehensweise der geplanten Mission.

»Alle Offiziere sind eingeschworen und auf unserer Seite«, bestätigte der Commander. »Es gibt keine Hinweise darauf, dass etwas zu den Zierrakies vorgedrungen ist. «

»Perfekt«, antwortete Admiral Dragon. »Von den 4.420 Groß-Raumschiffen werden insgesamt 3.900 unter einer Führung unserer eigenen Offiziere stehen. Sie haben unter Eid geschworen, unserer Sache dienen zu wollen. Falls es zu einer Schlacht kommen sollte, werden wir unsere Schiffe zurückziehen, und den zierrakischen Schiffs-Kommandeuren das Feld überlassen. Wie zierrakischen Offiziere reagieren werden, wissen wir jedoch nicht. Es kann sein, dass sie uns angreifen werden. Wichtig ist es, dass wir die Macoronarus auf unserem Flagg-Schiff mitnehmen. Nur durch sie, können wir die Ablonder von einem Angriff auf unsere Schiffe abhalten.«

»Was ist mit dem zierrakischen Prinzen? «, fragte Commander Breckphan. » Ist der auch auf unserem Schiff? «

»Der bevorzugt sein eigenes Schiff mit einer Methan Atmosphäre«, antwortete der Admiral. »Um ihn brauchen wir uns nicht zu kümmern. Wir werden per Hyperfunk mit ihm in Verbindung stehen. «

»Wann rechnen sie mit einem Angriff? «, fragte Commander Breckphan erneut.

»Nach den jetzigen Informationen, halte ich einen Angriff stündlich für möglich «, erwiderte sein Vorgesetzter.

Der Admiral schob dem Commander eine aktuelle Folie des zierrakischen Nachrichten-Dienstes zu.

»Hier ist eine Folie des zierrakischen Geheimdienstes«, bemerkte er. »Gemäß ihrer Aussage, ist eine fremde Drohne in ihr Heimat-System eingedrungen. Wir haben eine Anfrage von ihrem imperialen Sicherheits-Dienst erhalten, ob wir für die Drohne verantwortlich sind.

Ich habe ihnen mitteilen lassen, dass wir nichts über eine Drohne wissen. Es wurde weiter mitgeteilt, dass wir genug damit zu tun haben, uns auf die Abwehr einer fremden Groß-Flotte einzustellen. «

Der Commander blickte nachdenklich den Admiral an.

»Das würde bedeuten, dass die Ablonder möglicherweise planen das Heimat-System der Zierrakies anzugreifen«, bemerkte er. »Falls die Drohne von den Ablonder stammte, hat sie ihnen Informationen über die Flottenstärke und das Schiffsaufkommen mitgeteilt. Das zierrakische Heimat-System wurde auf eine konventionelle Weise ausspioniert. «

»Das gleiche vermute ich auch«, antwortete Admiral Dragphan. »Die Zierrakies scheinen wieder geschlafen zu haben. Die einfliegende Drohne wurde von ihnen nicht registriert. Es gelang ihr ungestört, in das Heimats-System des Groß-Kaisers vorzudringen und den achten Planeten anzufliegen. Bekanntlich ist er der wichtigster Industrie-Planet der Zierrakies, der Regierungs- und der Kaiser- Sitz. Der zierrakische Sicherheits-Dienst vermutet, dass die Drohne genug Zeit hatte, zahlreiche Informationen aufzunehmen und diese über Hyperfunk an ein wartendes Schiff abzustrahlen. «

»Dann sind die Ablonder jetzt informiert, dass es um den Schutz des zierrakischen Heimat-Systems nicht gut bestellt ist«, lachte Commander Breckphan.

»Wie sollte das auch«, erwiderte der Admiral. »Der verblendete Groß-Kaiser kämpft an den Fronten, unterschiedlicher Galaxien gleichzeitig gegen fremde Rassen, um sie auszulöschen und um sein Hoheitsgebiet zu vergrößern. Jedem normalen Worgass sollte einleuchteten, dass dies nicht gut gehen kann. «

Commander Breckphan blickte seinen Vorgesetzten an.

»Wenn sie meine Meinung hören wollen«, entgegnete er hart. »Das zierrakische Imperium steht kurz vor seinem Niedergang. Die Ablonder werden sich für die Vernichtung ihrer Rasse, ihrer Planeten und ihrer Flotten-Führung rächen. Der Untergang wäre dann allein dem Groß-Kaiser zuzuschreiben. Er hat sich durch seine verfehlte Politik, alle Rassen des Universums zu Feinden gemacht. «

Admiral Dragphan nickte beiläufig.

»Wir sitzen hier in der weißen Anomalie der Zierrakies und zetteln eine Rebellion an«, erklärte er. »Nach unserem Standpunkt aus, dient diese Aktion der endgültigen Freiheit unserer Rasse in die Unabhängigkeit. Doch für die Vogelköpfe wird es wie ein Aufstand ihrer Diener aussehen. Über einen möglichen Waffenstillstand, oder eine Kapitulation, wären sie alles andere als glücklich. Hoffentlich geht unser Vorhaben nicht nach hinten los. «

Commander Breckphan blickte den Admiral an.
»Wir sind bereits zu weit gegangen«, erwiderte er. »Ein Zurück ist nicht mehr möglich. Ziehen wir es durch. «

Der Admiral blickte seinen Commander fragend an.

»Wir Worgass werden nicht versagen«, antwortete er. »Unsere Rebellion dient dem Überleben unserer Rasse. Diesen Angriff der Ablonder können die Zierrakies nach der Einschätzung unserer Experten beim besten Willen nicht abwehren. Noch nie gab es eine fremde Rasse, die innerhalb kürzester Zeit 89 Groß-Raumschiffe unserer Herren vernichten könnte. Sagen wir einfach, dass wir aufgrund der aussichtslosen Lage und aus Gründen der inneren Sicherheit für unser Volk, diesen Weg beschreiten mussten. Übrigens, wir haben noch einen Joker im Ärmel. Dieser nennt sich Macoronarus. Wir kooperieren mit ihnen und sie werden ihr ehemaliges Hilfsvolk, de Ablonder, hoffentlich beruhigen und von einem Angriff auf unsere Schiffe abhalten können. «

»Ist es ausgeschlossen, dass der Kaiser eine Verstärkungsflotte schicken kann? «, fragte Commander Breckphan.

Der Admiral dachte nach.
»Der Neubau und die Produktion der Schiffe kann nicht beschleunigt werden. Sie stehen dem Groß-Kaiser nicht zur Verfügung. Alle weiteren Raumschiffe des Imperiums, sind von dem Kaiser an die unterschiedlichen Fronten geschickt worden. Er wird sie nicht abziehen können, ohne ein Eindringen von fremden Species in das Hoheitsgebiet des zierrakischen Imperiums zu akzeptieren. Versucht er es trotzdem, besteht die Gefahr, dass ihr eigenes Heimat-System angegriffen wird. «

»Haben wir exakte Daten über die Kampfgebiete der zierrakischen Flotte vorliegen? «, fragte der Commander.

»Die Reichweite unserer Fern-Aufklärung ist zu gering, um die Aktivitäten des Groß-Kaisers zu überwachen«, erwiderte der Admiral. »Hierauf wurde von dem zierrakischen Sicherheit-Dienst geachtet. Ich habe aber Berichte erhalten, die darauf schließen lassen, dass die Feinde des Kaisers verbissen kämpfen und die Schlacht bewusst in die Länge ziehen. Sie denken nicht an eine Kapitulation. «

Commander Breckphan schaute den Admiral an.
»Alle Offiziere verlassen sich auf ihre Weisheit«, antwortete er.
»Achtet auf alle Aktivitäten der Zierrakies«, entgegnete der Admiral. »Sie dürfen unsere Pläne nicht erfahren. Nichts von dem, was wir wissen und planen, darf ihnen zu Ohren kommen. «

»So sei es«, bestätigte der Commander. »Ich informiere die Offiziere, dass unser Tag näher rückt. «

»Danke«, antwortete Admiral. »Ich weiß, sie werden ihr Bestes geben. «

Der Commander verbeugte sich und verließ den Raum.

General Poison und Noel hielten es für notwendig, in einen größeren Sitzungssaal zu wechseln. Sie waren in den Verwaltungsturm der EWK umgezogen. Im 56. Stockwerk der obersten Etage, gab es einen entsprechend eingerichteten Saal, der für die Anzahl größerer Besucher ausgelegt war. Der General hatte Major Travis bereits über Hyperfunk informiert, mit seinen Gästen direkt in das oberste Stockwerk des EWK-Verwaltungs-Gebäudes zu kommen. Von hier aus hatten die Gäste einen ausgezeichneten Blick über die riesige Anlage der EWK, über die Landschaften der Insel und das Meer. Der prunkvoll eingerichtete Saal wurde gelegentlich auch für festliche Anlässe der Behörde genutzt.

Service-Roboter servierten den Wartenden Getränke und Snacks.

General Poison hatte Commodore Von Häussen und Commodore McGregor zu dem Gespräch eingeladen. Sie wurden von sechs Strategie-Experten der EWK begleitet. Vorsichtshalber hatte er 12 Shy-Ha-Narde angefordert, die sich an den Wänden aufgestellt hatten. Nachdem sich die neuen Gäste vorgestellt hatten, blickte der General in die Runde.

»Die Kampf-Roboter sind nur zum Schutz da«, bemerkte er. »Ich habe mit Noel entschieden, dass wir eigentlich nichts über die Ablonder wissen. Daher ist es normal, dass wir vorsichtig sind. Ich bitte um ihr Verständnis. Sirin und Atlanta kannten die Vorgehensweise. Auch die restlichen Offiziere schienen die Kampf-Roboter nichts auszumachen. «

»Unsere neuen Gäste sind auf dem Weg zu uns«, ergänzte der General. »Sie werden gleich zu uns stoßen. «

Major Travis und sein Team waren auf direktem Wege, von der Großbasis Titan, per Transmitter in den bewachten Sicherheitsbereich der EWK, auf der Isle of Man materialisiert. Es waren nur Sekunden vergangen, als sie den Außenposten verlassen hatten.

Zahlreiche Elite-Soldaten sicherten den inneren Bereich der EWK ab. Viele Kontrollstellen und Sicherheits-Schleusen mussten passiert werden, bis der Transmitter-Bereich verlassen werden konnte.

Die ablondischen Gäste sahen sich interessiert um und nahmen alle Eindrücke auf. Noch sparten sie sich ihre Fragen für später auf. Major Travis erkannte jedoch in ihren Gesichtern die Anerkennung für die Leistungen des terranischen Volkes. Zahlreiche Wissenschaftler, Techniker querten den Weg der Gruppe. Auch hier konnte von den ablondischen Gästen ein quirliges Leben und zahlreiche Aktivitäten registriert werden.

Auf der gegenüberliegenden Wand der Transmitter-Zentrale lagen die Turbo-Aufzüge, die zu den vielen Etagen des EWK Verwaltungs-Gebäude führten.

Marc überflog die Anzeigen. Der sechste Aufzug schien frei zu sein. Der drückte die Taste zur Anforderung. Die Türe öffnete sich.

»Wir müssen in das oberste Stockwerk«, lächelte Marc. »Darf ich sie bitten einzusteigen. Der Turboaufzug ist schneller als ein Anti-Graf-Lift. «

Sil'drock schüttelte seinen Kopf.
»Den Terranern geht es nicht schnell genug«, bemerkte er. »Wir benutzen immer noch die Anti-Graf-Einheiten. «

»Es ist an dieser Technik nichts auszusetzen«, erwiderte Marc. »Doch der Turbo-Lift ist für viele Menschen angenehmer. Darf ich sie nun bitten einzusteigen. «

Die Gruppe schritt in den Lift. Als letztes führten Tart 1 und Tart 2 den gefangenen Worgass Commander herein.

Ihm war nicht geheuer. Er schaute sich immer wieder skeptisch nach allen Seiten um.

Major Travis aktivierte die Taste des sechsten 56. Stockwerkes. Der Schott des Turboliftes schloss sich lautlos, mit rasender Geschwindigkeit, kaum spürbar setzte sich der Lift in Bewegung. Die roten Lichter der Anzeige veränderten sich schnell. Das 56. Stockwerk war nach nur 3 Sekunden erreicht. Selbst die Verzögerung des Liftes was für die Insassen nicht spürbar. Die Türen öffneten sich. Ein breiter Korridor wurde sichtbar.

»Folgen sie mir bitte«, forderte der Major die Gäste auf.

Er setzte sich in Bewegung und schritt auf eine breite Doppel-Türe zu. Sie trennte den großen Saal von dem Korridor.

Vier Elite-Soldaten der standen Spalier vor der Türe. Ihre schussbereiten Laser-Gewehre machten deutlich, dass sie keine ungebetenen Gäste akzeptieren würden. Als sie Major Travis erkannten, salutierten sie vorschriftsgemäß und machten bereitwillig Platz. Der Vorderste von ihnen öffnete die Türe und meldete die Gruppe an.

Von ihnen dröhnte die Stimme des Generals.

»Sollen eintreten«, rief er. »Wir warten bereits eine gewisse Zeit. «

Noel und General Poison kamen auf die Besucher zugeschritten. Ihre Blicke musterten die Ablonder eindringlich.

»Dürfen wir sie herzlich auf Tarid begrüßen«, sagte der General. »Ich bin der oberste kommentierende Offizier des neuen Imperiums von Tarid und Natrid. Mein Name ist General Poison. «

Seine Hand wies nach links.
»Das ist meine Kollege Noel. Er ist befehlsgebend für die natradischen Hinterlassenschaften. «

Der General stellte die weiteren Offiziere im Saal vor. Die Ablonder warteten geduldig, bis sie sich alle Gesichter eingeprägt hatten.

»Mein Name ist Sil'drock«, teilte der Ablonder der ersten Außenstadt mit. »Mein junger Kollege nennt sich Ras'ekin. Begleitet werden wir von Marschall War'drock. Er ist der kommandierende Offizier unserer im Exil lebenden Flotten-Führung. Wir danken ihnen offiziell für ihre Einflugs-Genehmigung. Wir haben gesehen, dass ihr sogenanntes Sol-System massiv gesichert ist. Respekt für alle diese Leistungen, die sie in so kurzer Zeit auf die Beine gestellt haben. «

»Sie haben einen weiten Weg hinter sich«, bemerkte der General. »Setzen wir uns. «

Er bot den Gästen freie Plätze an, die gegenüber seiner Sitzposition lag.

Er winkte einem Service-Robot zu.

»Darf ich ihnen eine Erfrischung servieren? «, fragte der General.

»Etwas frisches Wasser wäre gut«, antwortete Ras'ekin. »Unser Wasser ist zwar nur 250.000 Jahre alt, immer wieder gefilterten worden und von reiner Qualität. Doch gegen frisches Quellwasser haben wir nichts einzuwenden. «

»Mit oder ohne Kohlensäure? «, ergänzte der General seine Frage

.

Sil'drock blickte Major Travis fragend an.
»Mit Kohlensäure bedeutet, das Wasser perlt etwas und es ist sehr erfrischend«, ergänzte Marc.

»Ich probiere es gerne«, antwortete Sil'drock. »Für neue Dinge bin ich immer offen. «

»Für mich bitte das gleiche«, schloss sich Marschall War'drock an.

»Ich bleibe bei dem normales Wasser«, antwortete Ras'ekin.

Der Service-Robot wiederholte die Bestellung monoton, wandte sich ab und ging zu dem großen Tresen, der an der hinteren Wand des großen Saals stand.

Der General schaute die Ablonder an. Ihre Körperform erinnerte ihn an den Toten, den sie in einem Sarkophag in Schweden gefunden hatten. Hier hatten die Ablonder vor vielen Jahrtausenden einen Beobachtungs-Point eingerichtet.

»Major Travis hat uns bereits über ihre Bitte um Unterstützung informiert«, begann der General das Gespräch. »Hat sich bei ihrem Wunsch etwas geändert?«, fragte er.

Sil'drock schüttelte seinen Kopf.
»Wir haben die Fähigkeiten ihrer Flotten kennengelernt«, erklärte er. »Sie liegen weit über

unseren Möglichkeiten. Dank der Unterstützung von Major Travis und seiner Flotte, ist es uns gelungen alle noch intakten Versorgungs-Planeten unseres Volkes zu aktivieren. Falls er damals nicht eingegriffen hätte, würden wir heute nicht hier sitzen. Wir sind ihm zu unschätzbarem großem Dank verpflichtet. Er und ihr Imperium werden immer einen Platz in unserer glücklosen Geschichte einnehmen. «

Sil'drock mussten diese Worte schwerfallen. Er holte tief Luft.

»Glücklicherweise war er rechtzeitig zur Stelle und konnte die Zerstörer unserer Planeten abhalten, unsere erste Versorgungs-Station zu vernichten«, ergänzte er seiner Erläuterungen. Nach der Aktivierung aller noch intakten Versorgungs-Center, haben wir unsere Flotte gesammelt und einen Abstecher in unser altes Heimat-System gemacht. Mein Kollege hatte die Vorahnung, dass dort noch etwas existieren könnte. Ich glaubte zunächst nicht hieran, wurde jedoch eines Besseren belehrt. In unserem alten Heimat-System, das auch der Standort unserer Flotten-Führung war, lag kein Stein mehr auf dem anderen.

Zahlreiche Planeten waren vernichtet, andere verwüstet und unbewohnbar gemacht. Die Zierrakies hatten ganze

Arbeit geleistet. Nur durch einen Zufall stießen wir auf einen Geheim-Code unserer alten Flotten-Führung. Dieser aktivierte einen Tunnel, durch den wir Kontakt zu den Nachkommen unserer Rasse bekamen. Sie haben an einem geheimen Ort im Universum von vorne angefangen. Eine neue Flotten-Führung wurde aufgebaut. Marschall War'drock stieß mit Verstärkung zu uns. Jetzt sind wir bereit, Rache an den Zierrakies zu nehmen. «

»Sie müssen sich darüber klar sein, dass wir nicht für die eine, oder andere Rasse im Universum Partei ergreifen werden, um Rachegelüste auszuleben«, teilte der General mit. »Wir haben die Erfahrung gemacht, dass man sich hiermit immer neue Feinde schafft. «

Sil'drock, Ras'ekin und Marschall War'drock schauten sich irritiert an.

»Wir helfen ihnen, ihre Herren zu finden«, ergänzte der General. »Wie Major Travis uns mitteilte, nennen sie sich die Aller-Ersten. «

»Das ist richtig«, entgegnete der Marschall. »Das waren unsere Herren. Wir möchten sie aus der weißen Anomalie befreien. «

»Hierbei unterstützen wir sie«, beteiligte sich Heran an dem Gespräch. »Ihre Herren waren auch die Freunde von uns Lantranern. Wir haben noch etwas bei ihnen gut zu machen. «

General Poison nickte
»Wir werden uns mit 5.000 Groß-Kampf-Schiffen anschließen«, teilte er mit. »Wir räumen ihnen den Weg frei. Sollten sie nicht mit den Zierrakies allein fertig werden, greifen wir ein. Diese aggressive Rasse darf sich nicht immer weiter ausdehnen. Wir werden sie auf ihr System in der Whirlpool-Galaxie beschränken. «

»Sie werden sich das nicht gefallen lassen«, bemerkte Sil'drock. »Der Groß-Kaiser ist bisher noch nie zu Kompromissen bereit gewesen. «

»Das wird sich ab heute ändern«, bemerkte Marc. »Falls sie nicht freiwillig hierzu bereits sind, werden wir ihre Kapitulation fordern. Ihre Anomalie in der zweiten Dimension wird zerstört werden und die von ihnen annektierten Planeten der Freiheit übergeben. Alle Rassen auf ihren Reservats-Planeten werden in die Freiheit überführt. «

Die Ablonder rissen ihre Augen auf.

»Über diese Möglichkeiten verfügen sie?«, staunte Ras'ekin

Heran nickte.
»Nicht nur über diese«, antwortete er. »Es ist uns auch leicht möglich, ihren Heimat-Planeten in der Whirlpool Galaxie ebenfalls aus dem Universum zu schleudern.

»Etwas anders wollen wir auch nicht«, lenkte Sil'drock ein. »Uns geht es nicht um Rache, sondern lediglich um einen friedlichen Neuanfang für unsere Rasse und um die Befreiung unserer Herren. «

»Über wie viele Schiffen verfügt ihre Flotte?«, fragte Major Travis.

Sil'drock schmunzelte geheimnisvoll.
»Dank ihrer Hilfe, konnten wir die Ressourcen unserer Versorgungs-Stationen voll ausschöpfen«, erklärte er.

»Aus den unterirdischen Hangars konnten wir insgesamt 1.318.000 Schiffe reaktivieren. Leider fanden wir nur 43.000 Schiffe unserer alten 1.000-Meter-Klasse vor. Alle anderen Schiffe sind Angriffs-Kreuzer unserer 250-Meter-Klasse. Ferner konnten wir alle Offiziere und das Schiffs-Personal aus den Stasis-Kammern reaktivieren.

Hinzu kommt der Nachschub unserer im Exil lebenden neuen Flotten-Führung.

Unter dem Befehl von Marschall War'drock stehen exakt 74 Schiffs-Träger, bestückt mit jeweils 48 Schiffe einer neuen 1.500-Meter-Klasse. Das entspricht der Gesamtzahl von 3.552 Schiffen. Ferner hat der Marschall 50.000 Schiffe der gleichen Klasse mitgebracht. Sie werden von Robotern gesteuert und geben den Trägern im Normalraum den nötigen Flankenschutz. Unsere gesamte Flotte beläuft sich auf 1.371.552 Schiffs-Einheiten. «

Marc pfiff anerkennend durch seine Zähne. Die restlichen Personen auf der EWK-Seite schauten die Ablonder verdutzt an.

»Wofür brauchen sie denn noch unsere Unterstützung? «, fragte Major Travis. » Diesem großen Flotten-Verband haben die Zierrakies nach meiner Einschätzung nichts entgegenzusetzen. «

»Auf den ersten Blick sieht es so aus«, bemerkte Marschall War'drock.»Doch die Offiziere, unserer im Exil lebenden Flotten-Oberkommandos, verfügen über keine Kampferfahrung. Das zeigte sich bereits, als wir durch ein einziges Such-Schiff der Zierrakies angegriffen wurden. Bei dieser Schlacht haben einen kompletten Flotten-Träger mit allen Schiffen verloren. Lediglich das beherzte Eingreifen von Sil'drock und Ras'ekin konnte das Schiff der Zierrakies zerstören. Ganze 100 Schiffe unser 250-Meter-Klasse waren nötig, um das Groß-Raumschiff dieser Rasse in die Knie zu zwingen und es zu vernichten. Falls die Zierrakies mit einer größeren Flotte auftauchen, wird es für uns schwierig werden, sie vollständig aufzuhalten. «

»Verfügen sie über neue Informationen aus dem zierrakischen System in der Whirlpool-Galaxie? «, fragte Heran. » Uns ist bekannt, dass der Kaiser sein System intensiv bewachen lässt. «

»Das ist zwischenzeitlich anders geworden«, bemerkte Marschall War'drock. »Die zierrakische Kaiserkaste hat sich über die Jahrhunderte sicher gefühlt. Sie geht davon aus, dass niemand ihnen gewachsen ist. Der heutige Groß-Kaiser führt in vielen Sternen-Inseln Kriege und hat seine Flotte an vielen Fronten gebunden. Das Heimat-System der Zierrakies ist nur noch leicht geschützt. «

»Bevor wir ihnen Video-Material vorlegen, bitte ich unseren Gefangenen zu Wort kommen zu lassen«, sagte Sil'drock. »Commander Sirgphan hat sich uns gegenüber sehr loyal gezeigt hat. Er ist kein Zierrakie, sondern ein

Worgass, die ihnen als Hilfsvolk dienen. Er ist der Gefangene von Major Travis. Er nimmt immer noch dankbar unsere Gastfreundschaft in Anspruch. Wir übergeben ihnen diesen Gefangenen. Sie werden sicherlich nichts dagegen haben, dass er uns direkt die richtigen Antworten geben kann. «

General Poison war aufgesprungen.
»Vielen Dank für ihren Gefangenen«, antwortete er.
»Wollen wir jetzt hier auf der Erde eine Worgass-Kolonie gründen? «, fragte er Major Travis.
»Beruhigen sie sich, General«, antwortete Marc. »Jede Information über das Reich der Zierrakies kann hilfreich für uns sein. Sie erkennen doch auch, dass die Lantraner in dieser Angelegenheit nicht auf dem Laufenden sind. Übrigens können zwei Worgass allein noch keine Kolonie gründen. «

Major Travis stand auf und ging zu der großen Türe des Saales und öffnete sie. Er wies die Tart-Roboter an, den Gefangenen hereinzubringen.

Die Personenschutz-Roboter hatten den Worgass vorsichtshalber in Fessel-Strahlen gelegt.

Commander Sirgphan blickte gequält.

»Geben sie mir ihr Wort, das sie sich vernünftig verhalten und mit uns kooperieren werden?«, fragte er den Commander.

»Das habe ich doch bisher auch«, antwortete der Worgass in reinem Natradisch. »Ich wäre wirklich froh, wenn sie mich aus der Gefangenschaft der Ablonder befreien würden. Ich habe bisher die ganze Zeit nur in einer kalten Zelle zugebracht. Ich hoffe wirklich, mir wieder die Beine vertreten zu können. Ihnen ist sicherlich klar, dass ich nicht mehr zu den Zierrakies zurückgehen kann. Dort würde ich sofort als Verräter hingerichtet. Sie versprachen mir seinerzeit, mich meinem Volk in die weiße Anomalie zu übergeben. Das haben die Ablonder leider nicht gemacht. Die Zeit der Rückkehr ist somit verstrichen.«

Marc gab den Tart-Robotern einen Befehl, die Fessel-Strahlen zu deaktivieren.

Marc blickte die Ablonder an.
»So war es vereinbart«, bemerkte er. »Es wird sich ein Weg finden lassen, dass sie zu ihrem Volk zurückgebracht werden. Hieran hat sich nichts geändert. Leider dachte ich, die Ablonder hätten sich an diese Anordnung gehalten.«

Sil'drock hob seine Arme in die Luft.

»Es hat sich einfach nicht ergeben«, erklärte er. »Wir hatten genug damit zu tun, unsere Versorgungs-Planeten wieder zu aktivieren. Dann kam auch der Angriff eines zierrakischen Schiffes dazwischen. Wir mussten unsere Position wechseln, ansonsten wären wir garantiert auf eine Unterstützungs-Flotte ihrer Meister gestoßen. «

Marc wirkte etwas verärgert. Er blickte die drei Ablonder an.

»Wir Terraner sind es gewohnt, dass Absprachen eingehalten werden«, betonte er. »Das gleiche erwarten wir auch von anderen Rassen, die um unsere Hilfe bitten. Was würden sie sagen, wenn wir ihnen nach ihrer Ankunft mitgeteilt hätten, unsere Zusage wäre nicht mehr gültig.«

»Wir entschuldigen uns«, beschwichtigte Sil'drock. »Normalerweise halten wir uns an die Abmachungen. Doch die Dinge haben sich überschlagen. Geben sie uns noch eine Chance, wir werden sie nicht mehr enttäuschen. «

Major Travis nickte.

»Es sei ihnen verziehen«, antwortete er. »Vielleicht ist es sogar hilfreich, dass sie ihren Gefangenen mitgebracht haben. «

Er bot dem Worgass einen Platz an, der gegenüber von Commander Rantero stand.

Commander Sirgphan hatte bereits längere Zeit den Geruch eines anwesenden Worgass im Saal wahrgenommen. Doch bisher konnte er ihn nicht identifizieren.

»Das ist Commander Rantero«, stellte Marc den Überläufer vor. »Er kommt von einem Worgass-Clan aus der Andromeda-Galaxie. «

»Sie sind das«, sagte Commander Sirgphan. »Ich konnte ihren Geruch nicht zuordnen. Noch nie hatte ich Kontakt zu einem Worgass-Clan aus der Andromeda-Insel. Wie kommen sie hierher? «

»Ich habe um Asyl gebeten«, erklärte der Commander. »Meine Herren sind nicht anders als ihre. Eine Rückkehr nach meiner fehlgeschlagenen Aufgabe hätte meinen Tod bedeutet. Auch in der Andromeda-Galaxie werden Worgass zwar als Hilfsvolk eingesetzt, letztendlich aber nur auf dem Niveau von Tieren. «

Mit vor Erregung weit aufgerissenen Augen, nickte Commander Sirgphan.

»Das ist unter den Zierrakies nicht anders«, antwortete er. »Vermutlich wurden wir von ihnen auf dem gleichen Niveau angesiedelt. Wir konnten es bisher nicht offen aussprechen, doch in vielen von uns Worgass, brodelt der Wunsch diesen Zustand zu beenden. Unsere Vision ist es, einen eigenen Planeten zu finden, auf dem wir uns frei entfalten, entwickeln und unter einer eigenen Regierung leben können. Ohne immer wieder fremde Rassen angreifen und diese nach dem Willen unserer Herren abschlachten zu müssen. «

»Das sind die gleichen Gedanken, die wir Worgass der Andromeda-Galaxie auch in uns tragen«, bemerkte der Überläufer erstaunt. »Wir scheinen gedanklich nicht weit entfernt zu sein. «

»Haben sie bereits einmal an einer Rebellion gedacht? «, fragte Commander Brenzby.

Der Gefangene der Ablonder schaute ihn traurig an.

»Gedacht schon, aber wir haben es noch nicht organisiert ausgesprochen«, erwiderte der ehemalige

Commander einen 2.500-Meter Groß-Kampf-Schiffes. »
Dieser Gedanke würde von unseren Herren vermutlich
sofort blutig niedergeschlagen werden. «

»Ich kann sie gut verstehen«, antwortete Commander
Rantero.

Major Travis blickte den Commander Sirgphan.
»Wenn es in unserer Macht steht, helfen wir ihnen
dabei, ihre Wünsche zu realisieren«, sagte er mit fester
Stimme. »Halten sie es für möglich, dass ihre
Artgenossen in der weißen Anomalie genauso denken
wie sie? Würden ihre Artgenossen kapitulieren, wenn
wir ihnen die Freiheit und einen eigenen Planeten
anbieten würden? «

»Das ist schwierig zu beantworten«, antwortete der
Commander. »Ich weiß nicht, wie tief dieser Wunsch
bereits in den Gedanken der Worgass-Offiziere des
zierrakischen Imperiums verankert ist. Es ist möglich,
dass sie intensiv hierüber nachgedacht haben und ihr
Vorschlag für sie das Sprungbrett in die ersehnte Freiheit
bedeuten könnte. «

»Können sie sich vorstellen, diesen Vorschlag von uns
über Hyperfunk an ihre Worgass-Clans zu verbreiten? «,
fragte Major Travis.

»Ich will es gerne probieren«, erwiderte der Commander. »Doch eine mögliche Entscheidung meiner Artgenossen, kann ich unmöglich vorherbestimmen.

»Das reicht uns schon«, antwortete Commander Brenzby. »Vielleicht erhalten wir so die Möglichkeit, dass sich ihr Volk von den Zierrakies abspaltet. Commander Rantero teilte uns mit, dass in Andromeda der größte Teil der Kampf-Schiffe durch Worgass-Personal besetzt wird. Ist das auch in ihrer weißen Anomalie so? «

»Völlig richtig«, erwiderte Commander Sirgphan. »Auch bei uns ist das eine befohlene Aufgabe für unsere Offiziere. Lediglich ein kleiner Teil der Flotte wird von zierrakischen Offizieren befehligt. Sie haben die Aufgabe, alle adeligen Zierrakies im Krisenfall an Bord zu nehmen und zu beschützen. «

»Mit wie vielen Schiffen haben wir es in der weißen Anomalie zu tun? «, erkundigte sich Heinze.

Commander Sirgphan schaute ihn irritiert an.
»Sie können ja sprechen? «, bemerkte er erstaunt. » Sie sehen mich äußerst verwundert. «

»Das ist nur eine von vielen Eigenschaften, die wir Ro besitzen«, lächelte Heinze. » Doch sie haben meine Frage noch nicht beantwortet? «

Der zierrakische Worgass Commander nickte.
»Die Anordnung des Groß-Kaisers sieht eine kontinuierliche Stationierung von 4.300 Groß-Raumschiffen, seiner 2.500 Meter-Klasse, in der weißen Anomalie vor. Aufgrund möglicher Notsituationen, kann jederzeit der Groß-Kaiser auf weitere Unterstützung angesprochen werden. Er liegt einzig und allein in seinem Ermessen, weitere Schiffs-Verbände als Hilfe abzukommandieren. Hinzu kommen die automatischen Geschütz-Türme, die außerhalb der Anomalie von den Zierrakies installiert wurden. Werden sie aktiviert, nehmen sie jeden fremden Ortungs-Impuls sofort unter einen Beschuss. «

Heran lachte kurz auf.
»Da der Groß-Kaiser nicht über unseren Angriff informiert wird, wird der Überraschungseffekt auf unserer Seite sein«, sagte er. »Wir sollten diese Aufgabe problemlos lösen können. «

Die restlichen Zuschauer schauten ihn fragend an.

»Was können sie uns über den Aufbau der weißen Anomalie sagen? «, ergänzte Heran an die Anschrift von Commander Sirgphan.

»Sie haben Glück, dass ich mich für diese Dinge interessiere«, erwiderte der Commander. »Für Außenstehende ist es schwer zu verstehen. Doch ich habe mich zeitweise hiermit beschäftigt, um nähere Informationen über diese Anomalie zu erhalten. «

Der Commander blickte in die Runde der Zuhörer. Die Ablonder waren ziemlich ruhig geworden. Diese Informationen waren neu für sie.
»Die weiße Wolke in der zweiten Dimension, wird von den Zierrakies als Brückenkopf benutzt«, fuhr er fort.
»Diese äußerst seltene Anomalie im Weltraum, wird durch zwölf gigantische Riesen-Sonnen bewirkt, die bis zu 300-mal mehr Masse besitzen als die Sonne ihres Sol-Systems. Nach meiner Analyse, muss es sich um das Ergebnis einer Verschmelzung kleinerer Sonnen handeln. Sie alle stehen kreisrund um die Anomalie angesiedelt.

Da sie keine Planeten-Systeme besitzen und sie sich alleinstehend positioniert haben, erzeugen ein gigantisches Gravitation-Feld. Alles das, was in ihre Nähe gerät, wird magisch angezogen. Das können Sonnen, Planeten, Asteroiden, oder auch Gesteinsbrocken sein.

Die Zierrakies haben eine Technik entwickelt, die es ihnen ermöglicht, angezogene Sonnen und bewohnte Planeten, durch den Energie-Strudel der Anomalie zu führen, um sie in ihre Anomalie zu integrieren. Durch die Ausdehnung des Weltalls, verschiebt sich auch der Standort der Sonnen und der Anomalie. Durch jedes Weiterwandern werden neue Planeten und Sonnen angezogen. «

Heran blickte den Worgass an.
»Ich kann mir nicht vorstellen, dass dieses Wissen dem Geist der Zierrakies entsprungen ist. Ich halte sie nicht für fähig, die Bahnen von Sonnen und Planeten zu beeinflussen. Wo haben die Zierrakies dieses Wissen her? «, fragte er.

»Falls es so ist, kann ich es ihnen nicht sagen«, antwortete Commander Sirgphan wahrheitsgetreu. »Sie können sich vorstellen, dass Informationen dieser Art, für Offiziere ihres Hilfsvolkes nicht zugänglich sind. «

»Ich verstehe«, antwortete Heran. Sein Blick suchte Major Travis.

Es wäre hilfreich, wenn wir dieses Rätsel lösen könnten«, bemerkte Heran. » Dann wären wir ein Stück weiter, wer hinter allem steckt. «

»Dafür würden wir einen Zierrakies als Gefangenen brauchen«, antwortete Marc. »Dann ist aber noch nicht klar, ob er Zugang zu diesen Daten hat. «

Marc blickte den Worgass-Offizier des zierrakischen Imperiums an.
»Sprechen sie weiter, Commander Sirgphan. Das sind sehr interessante Informationen für uns. «

Es schien so, als ob der angesprochene Commander schmunzelte.

»Es ist den Zierrakies gelungen, zwölf Schleusen in die harte Kruste der Anomalie zu integrieren«, fuhr er fort. » Sie müssen sich diese Ein- und Abflugs-Points als gigantische Kraftfelder vorstellen. Jedes Feld baut einen gigantischen Strudel auf, der den Gravitationsdruck auf Distanz hält und durch eine energetische Steuerung in die eine, oder andere Richtung bewegt werden kann. So wird es möglich, Schiffe in die Anomalie hinein und herauszubewegen. Wie die Zierrakies hierzu technisch in der Lage waren, entzieht sich meiner Kenntnis. Jeder dieser 12 Points wird von 36 mobilen Wurmloch-Stabilisatoren gesteuert und stabil gehalten. Nur durch diesen Energie-Strudel ist ein Einflug in die innere Anomalie möglich. «

Heran schüttelte seinen Kopf.

»Das ist äußerst merkwürdig für mich«, erklärte er. »Irgendjemand muss den Zierrakies hierbei geholfen haben. Das heißt es herauszubekommen.«

Commander Sirgphan blickte ihn an.

»Innerhalb der Anomalie existieren derzeit 8.300 bewohnbare Planeten und zahlreiche Sonnen«, erklärte er. »Unsere Herren benutzen diese Planeten als sogenannte Reservations-Planeten, um die von ihnen als erhaltungswürdig eingestuften Rassen ihren Nachkommen zu präsentieren. Vermutlich ist es nichts anderes als ein Art Zoo, ausgestorbener Species von ihren Vernichtungs-Feldzügen.«

»Wie kannst du es wagen, so über unsere Herren zu sprechen«, schrie Ras'ekin ihn an.

Sil'drock wies ihn zu Ruhe an.

»Entschuldigen sie bitte«, entgegnete Commander Sirgphan. »Ich wollte niemanden von ihnen zu nahetreten. Nur noch wenige Personen der unterschiedlichen Rassen leben auf den ihnen zugeteilten Planeten. Falls nicht schnell etwas passiert, werden die Letzten von ihnen bald aussterben.«

»Deswegen sitzen wir hier zusammen«, beruhigte Marc die Gemüter. »Sprechen sie weiter. «

Commander Sirgphan nickte dankbar.
»Der Verwaltungs-Planet heißt Zierrakie 2«, ergänzte er. »Er liegt an dem nördlichen Strudel der Anomalie. Er ist als einziger der Planeten von Zierrakies bewohnt. Seine dünne Atmosphäre besteht aus einem Stickstoff-Methan Gemisch. Es erinnert stark an ihren Heimat-Planeten in der Whirlpool Galaxie. Bisher hat es keine fremde Rasse geschafft, die Anomalie in der zweiten Dimension, nachhaltig zu beschädigen. «

»Das ist verständlich«, erwiderte Heran. »Wenn die Ursache nicht bekämpft wird, wird sich die Anomalie immer weiter ausdehnen. «

»Welche Ursache meinen? «, sie fragte Sil'drock.
»Die riesigen Sonnen sind reine Gravitations-Giganten«, erklärte Heran. »Sie sorgen dafür, dass sich die Anomalie immer fester zusammenzieht. Beseitigen wir die Sonnen, dann sind die Gravitationskräfte aus dem Spiel. Die Anomalie ist ab diesem Zeitpunkt nur noch ein ungeschütztes Hohlraum-Gebilde. Vergleichbar mit einer Walnuss auf der Erde. «

»Was ist eine Walnuss? «, fragte Sil'drock.

»Das ist ein anderes Thema und hier nicht von Belang«, antwortete Major Travis. »Wenn ich Zeit habe, erkläre ich es ihnen gerne. «

»Wo werden wir nach ihrer Meinung auf die Flotte der Zierrakies stoßen? «, fragte General Poison.

»In Krisenzeiten wird die zierrakische Flotte vor der Anomalie positioniert«, erklärte Commander Sirgphan. »So wird vermieden, dass der langsame Ausflug durch die Strudel, fremden Angreifern eine Möglichkeit gibt, zierrakischen Schiffe zu früh unter Beschuss zu nehmen. Das ist der einzige Schwachpunkt der Anomalie. Nur wenige Schiffe können gleichzeitig den Ausflug-Point passieren. «

»Danke«, sagte Noel zu dem zierrakischen Commander. »Wir haben genug gehört. «

Er blickte Sil'drock, Ras'ekin und Marschall War'drock an.

»Bei der von ihnen genannten Flottenstärke, wären die Ablonder den Schiffen der Zierrakies weit überlegen«, erkannte er. » Falls ihre Gegner wirklich nur über 4.300 Schiffe verfügen sollten, könnten sie mit Gruppe von 319 Schiffen, jedes einzelne ihrer Groß-Kampfschiffe angreifen. Wie sie uns mitteilten, benötigen sie jedoch nur 100 ihrer Schiffe, um ein zierrakisches Groß-Kampf-Schiff unschädlich zu schießen, beziehungsweise zu vernichten. Ihnen würde in diesem Fall die dreifache Menge an Schiffen zu Verfügung stehen. Ich sehe eigentlich keine Notwendigkeit einer Unterstützung. «

Die Ablonder sahen den natradischen Klon an.
»Diese Rechnung geht nur auf, wenn kein Nachschub von dem Groß-Kaiser zu Verfügung gestellt wird«, bemerkte Marschall War'drock. »Falls 10.000 Schiffe als Unterstützung aus dem zierrakischen Imperium eintreffen würden, könnten wir nur noch mit 95 unserer Schiffe einen Kreuzer angreifen. Falls sie die Zahl auf 50.000 Schiffe erhöhen würde, hätten wir nur noch 25 unserer eigenen Schiffe zur Verfügung, die sich eines ihrer Groß-Kampfschiffe zuwenden könnten. Wir wären hoffnungslos unterlegen. «

»Das ist wahr«, bemerkte Noel. »Unsere Hypertronic-KI bestätigt ihre Angaben. Entschuldigen sie meinen Einwand. Falls es Commander Sirgphan jedoch gelingt, die Offiziere des zierrakischen Worgass-Clans von unserem Vorschlag zu überzeugen, dann erhöht sich ihre Chance entsprechend. «

Sil'drock und Ras'ekin schauten sich an.

»Bedeutet das jetzt, dass sie abwägen, keine Unterstützung für uns zu gewähren? «, fragte Sil'drock. » Wir setzen unsere Hoffnungen nicht gerne auf einen Worgass-Gefangenen. «

»Das soll es natürlich nicht bedeuten«, antworte Noel. »Wir sitzen hier, um zu klären, ob eine Unterstützung überhaupt notwendig ist? «

»Die Frage erübrigt sich«, bemerkte Heran. »Es geht nicht nur um die Vernichtung der zierrakischen Flotte. Es geht darum, die Weichen für die Zukunft zu stellen. Wir müssen die Zierrakies in die Schranken zu weisen. Es ist unbedingt notwendig, dass sie zukünftig von ihren Expansionsplänen ablassen. Nach der Befreiung der Planeten in der Anomalie der zweiten Dimension, wird unsere Flotte das zierrakische Heimat-System ansteuern und dem Groß-Kaiser ein entsprechendes Ultimatum stellen. Es ist möglich, dass es hier zu weiteren Kämpfen kommt. «

»Wir wissen doch gar nicht, auf was wir uns einlassen? «, bemerkte General Poison. » Das Heimat-System des Groß-Kaisers wird hoch bewacht sein wird? «

»Hier können wir mit neuen Informationen aushelfen«, sagte Sil'drock. »Wir haben eine Drohne in ihr Heimat-

System entsandt und verfügen jetzt über aktuelle Bildaufnahmen. «

Er reichte Major Travis den Speicher-Kristall.
»Ich denke, sie können ihn auslesen. Es ist eine Speichereinheit, vergleichbar mit ihren natradischen Kristallen. «

Marc nahm den Kristall an sich und schaute ihn an. Das Speicher-Modul hatte die gleichen Umrisse und den Aufbau, wie die natradischen Gegenstücke. Lediglich die Farbe des Kristalls leuchtete in einem tiefen Grün.

»Ich probiere gerne aus, ob er wiedergegeben kann«, antwortete er.

Major Travis stand auf, ging an die seitlich liegende Wand. Er öffnete eine versteckte Schranktür. Eine technische Anlage kam zum Vorschein. Marc steckt den Sprecher-Kristall in die Aufnahme. Sie wurde automatisch eingezogen. Er aktivierte die Anlage und drückte den Wiedergabeknopf.

Vor der Bar öffnete sich eine Bodenklappe, ein großer Bildschirm wurde herausgefahren. Das Licht verdunkelte sich automatisch. Der Bildschirm flammte auf.

Ein unbekanntes Sternen-System wurde auf dem Schirm sichtbar.

»Sie sehen jetzt das Heimat-System der Zierrakies, in der Whirlpool-Galaxie«, kommentierte Sil'drock. » Der Flug unserer Drohne erklärt sich von allein. Sie wird gleich in den Hyperraum tauchen und erst wieder vor dem zierrakischen System materialisieren. Dann wird sie auf den achten Planeten zusteuern, den wir als den am meisten frequentierten Planeten des Systems registriert haben. Er ist auch gleichzeitig Regierungs-Sitz, Heimat des Groß-Kaisers und wichtigster Werft- und Industrie-Planet. Aber sehen sie selbst. «
Er wartete, bis Bilder angezeigt wurden.

»Sie erkennen das Heimat-System der Zierrakies, aufgenommen durch unsere ausgeschleuste Drohne«, kommentierte er. »Sie beschleunigt und wechselt jetzt in den Hyperraum. «

Es wurde kurz dunkel auf dem Bildschirm. Nur Sekunden später setzte das Bild wieder ein.

»Die Drohne ist wieder im Normalraum materialisiert«, ergänzte Sil'drock. »Sie nähert sich mit rasanter Geschwindigkeit dem achten Planeten des Systems. «

Die Kamera schwenkte auf unzählige kleinere Schiffe der Zierrakies, die um den Planeten kreisten.

»Das sind kleine zierrakische Kampf-Jets«, bemerkte Marschall War'drock. »Sie sind schnell und wendig. Vermutlich mit nur mit einer zentralen Kanone ausgestattet. Aber als Abfang-Linie sehr effizient. Sie sind aufgrund ihrer Wenigkeit von größeren Schiffen kaum zu treffen. «

Ablondische Datensätze liefen über den Bildschirm.
»Das ist eine erste Analyse unserer Sonde«, bemerkte Sil'drock. »Alle bewohnten Planeten der Zierrakies scheinen mit einer Methan-Atmosphäre ausgestattet zu sein. Seltsamerweise findet sich in diesem Sternen-System sich eine Häufig dieser Planeten. Wir gehen davon aus, dass sie sind Methan-Atmer sind. Deswegen tragen sie außerhalb ihrer Heimat, die von Commander Sirgphan skizzierten Anzüge. «

Die Bilder liefen weiter.
»Die Sonde fliegt mit Höchst-Geschwindigkeit auf das Heimat-System der Zerstörer zu«, bemerkte Ras'ekin. »Bisher wurde unsere Drohne nicht geortet. Sie scheint für sie ohne Bedeutung zu sein. «

»Es werden über 60 Millionen Lebenszeichen angezeigt«, ergänzte Sil'drock. »Der achte Planet ihres Systems trägt 75 % der registrierten Lebensformen. «

»Das scheint ihr Haupt-Planet zu sein«, erkannte Heran. »Sie haben alles auf den achten Planeten konzentriert. Ich halte das für sehr unvorsichtig. «

Die Mini-Drohne sandte neue Bilder. Sie näherte sich dem achten Planeten des Systems.

»Diese Bilder zeigen eine starke Bewachung des achten Planeten an«, bemerkte Sil'drock.

Das Bild vergrößerte sich.
»Wieder sind es überwiegend die kleinen Kampf-Jets, die in der Umlaufbahn patrouillieren«, kommentierte Sil'drock. »Lediglich 300 Groß-Kampf-Schiffe der Zierrakies, liegen bewegungslos in einer Umlaufbahn, rechts neben dem Planeten. «

Sil'drock deutete mit einem Finger auf die Stelle.

»Diese Schiffe sind derzeit ihre einzige größere Abwehr-Flotte in dem System«, bemerkte Marschall War'drock. »Dieser Schiffs-Wall dient ihnen vermutlich als Verteidigungs-Schild. Er kann von unserer Flotte durchbrochen werden. Derzeit sind unsere Schiffs-Verbände in der Überzahl. «

»Wie alt sind die Bilder? «, fragte Noel.
Sil'drock schaute ihn an.

»Ganz frisch«, antwortete er. »Nach der Aufnahme sind wir direkt zu ihnen geflogen. «

Die Mini-Drohne tauchte in die Umlaufbahn des achten Planeten ein. Sie durchstieß die Wolkenschichten und konnte endlich Bild-Aufnahmen von dem Boden der zierrakischen Heimat senden. Das rötliche Licht des Methan-Planeten, verursachte eine schlechte Bildqualität. Doch sie reichte aus, um Details zu erkennen.

»Der ganze achte Planet ist ein reiner Industrie-Planet«, erklärte Sil'drock. »Es sind keine Grünflächen mehr ersichtlich, alles wurde mit gewaltigen Industrie-Anlagen zugebaut. Ich würde gerne wissen, was die Zerstörer da alles produzieren? «

Die Drohne fotografierte im Sekunden-Rhythmus und zeichnete ein vollständiges Bild der Industrie-Anlagen auf. Gebäude an Gebäude, Turm an Turm, reihten sich über große Gebiete. Unzählige Schornsteine stießen ihren schmutzigen Dampf in die Atmosphäre ab. Zahlreiche Transport-Schiffe zogen in Kolonnen durch die Lüfte und senkten sich in den Landezonen dem Boden entgegen. Entlade-Roboter eilten herbei und griffen nach der Fracht.

»Es folgt jetzt die kaiserliche Residenz des Groß-Kaisers und seines Gefolges«, erklärte Sil'drock.

Gespannt schauten die Zuhörer auf den Monitor. In der Ferne wurden gewaltigen Palast-Anlagen sichtbar. Es war ein eigener Stadtteil für sich.

»Der Kaiser und sein adeliges Gefolge scheint unter einer Energie-Glocke zu leben, die den Smog der äußeren Industrie-Werke, von ihrem Lebensraum abhält«, sagte Sil'drock. »Was mit der normalen Bevölkerung passiert, scheint ihm egal zu sein. «

Die Mini-Drohne überflog den Bereich und fotografierte Grünanlagen, kleine Seen, weitläufige Erholungs-Bereiche. Prächtige Palastbauten, unterbrochen von Türmen und hohen Gebäuden, wechselten sich ab. Alles war von großen Mauern umgeben, auf denen gewaltige Abwehr-Anlagen installiert waren.

»Wenn sie genau hinsehen, erkennen die Abwehr-Geschütze, die in den Palastmauern installiert sind«, erklärte Sil'drock.

Die Aufnahmen der Drohne zeigten ein massives Abwehr-Feuer. Zahlreiche Laser-Strahlen lösten sich vom Boden des Plastes aus.

»Noch gelingt es unserer Drohne auszuweichen«, erklärte Ras'ekin. »Doch der Beschuss wird sich verstärken. «

Die nächsten Videosequenzen zeigten intensives Laser-Feuer, das der Drohne vom Boden entgegen flammte. Das Laser-Abwehrfeuer verstärkte sich mit jeder Sekunde. Ein wütendes Fächer-Feuer löste sich aus unzähligen neuen Geschütztürmen der zierrakischen Residenz. Plötzlich raste ein heller Laser-Strahl auf die Mini-Drohne zu. Ihr gelang es nicht mehr auszuweichen. Das letzte Bild, das die Drohne sandte, zeigte einen grellen Blitz, der sie vollständig zerstörte. Die Datenübertragung brach schlagartig ab.

»Vorbei«, lächelte Sil'drock. »Sie haben unsere Drohne erkannt und vernichtet. Doch es war zu spät. Sie haben jede Menge wertvoller Informationen gesehen, die noch nie eine Rasse zu Gesicht bekommen hat. «

»Das waren aufschlussreiche Informationen«, bedankte sich General Poison bei den Ablondern. »Wir alle haben jetzt gesehen, wie sich die Situation im Heimat-System der Zierrakies darstellt. Es ist tatsächlich weniger geschützt, als wir ursprünglich gedacht hatten. Welche Angriffs-Strategie verfolgt die ablondische Flotte? «

Sil'drock blickte den General an.
»Zwischen den Zierrakies und dem ablondischen Reich, herrscht immer noch ein offizieller Kriegszustand«, erklärte er. »Dieser hat vor 250.000 Jahren mit dem Angriff auf unsere Flotte, unsere Welten und unsere Zivilisation begonnen. Der Zustand wurde nie beendet. Wir haben dank der langen Wartezeit die Population unseres Volkes wieder aufbauen können. Marschall War'drock ist es im Exil gelungen, eine neue Flotten-Führung ins Leben zu rufen und neue Raumschiffe zu bauen.

Wir Ablonder der ersten Generation, konnten unsere noch intakten und von den Zierrakies nicht endeckten Versorgungs-Planeten, aktivieren. Für diese Aufgabe abgestelltes Personal, wurde aus den Stasis-Kammern erweckt und alle eingelagerten Schiffe konnten ausgerüstet und ausgeschleust werden. Das alles, war nur dank der weisen Voraussicht unserer Herren möglich, die diese Situation als Möglichkeit in Betracht gezogen hatten.

Sorgfältig geplant, wurde die Zeit der Stasis-Kammern von ihnen auf exakt 250.000 Jahre eingestellt. Durch unseren Nachschub, sind wir wesentlich schlagkräftiger, als früher. Wir beabsichtigen uns den Zierrakies in den Weg zu stellen und die Herausgabe unserer Herren zu fordern. Viel zu lange mussten sie auf den ihnen zu geteilten Reservations-Planeten, eine Willkür der Zierrakies erdulden. Wir beabsichtigen einen Frontal-Angriff zu starten. «

In dem Saal war es still geworden. Die Anwesenden dachten intensiv nach.
»Wir werden in den nächsten Tagen viele Schiffe und Personal verlieren, aber wir werden aus der Schlacht als Gewinner hervorgehen«, bemerkte Marschall War'drock.

»Das heißt es zu vermeiden«, erwiderte Major Travis.
»Ein Leben ist kostbar und kann nicht mehr zurückgegeben werden. Ein solcher Angriff findet nicht nur im Universum statt, sondern sollte im Vorfeld vernünftig geplant werden. Wir werden kein Leben unserer Besatzungen leichtfertig auf Spiel setzen. «

Die Ablonder blickten ihn irritiert an.

»Ich gebe das Wort an unsere sechs Strategie-Experten weiter«, sagte Marc. »Sie konnten alle Informationen aufmerksam verfolgen. «

Ein schlanker Mann in EWK-Uniform stand auf. Er lächelte die Gäste charmant an.

»Mein Name ist Brigade-General Mervin Cannon. Ich bin der das Vorsitzende unseres Strategie-Teams. Wir haben die Informationen verarbeitet und bereits ausgewertet«, erklärte er.

»Der mengenmäßige Vorteil ihrer Angriffs-Flotte, kann durch eine Falle der Zierrakies ganz schnell ins Gegenteil umschlagen. Wir wissen nicht, ob der Einsatz ihrer Drohne eine erhöhte Wachsamkeit in den zierrakischen Hemisphären verursacht hat. Die von ihnen dargestellte Situation, kann sich zwischenzeitlich entsprechend geändert haben. Ein direkter Frontal- Angriff kann von uns nicht empfohlen werden. Diese Entscheidung wird auch aus der Tatsache begründet, dass ihre Trägerschiffe sich nicht kurzfristig ihrer Last entledigen können. Sie wären mit somit ein bevorzugtes Hauptziel jetzt Zierrakies. «

Brigade-General Mervin Cannon blickte in die zustimmenden Gesichter der Gäste.

»Major Travis teilte mir mit, dass sie über ein technisches Amulett ihrer Herren verfügen, die nach unseren Erkenntnissen als die Aller-Ersten benannt werden. Mit diesem speziellen Gerät ist es möglich, eigene Wurmloch-Tunnel zu öffnen. Entspricht diese Erkenntnis den Tatsachen? «

»Das können wir bestätigen«, antwortete Sil'drock. »Diese Technik ist bereits sehr lange in unserem Besitz. «

»Danke für ihre ehrliche Antwort«, bestätigte Brigade-General Cannon. » Meine anschließende Frage an sie lautet, verfügt jeder ihrer Piloten über ein solches Amulett? «

»Nein«, entgegnete Sil'drock. »Nur unsere Offiziere verfügen über ein solches Amulett. Unsere Herren haben den Nachschub an Offizieren auf 1.000 Ablonder beschränkt. «

»Das ist mehr als ich dachte«, antwortete der Brigade-General.

Er blickte in die Runde der Zuhörer und ließ eine kurze Pause vergehen.

»Wir empfehlen daher folgende Vorgehensweise«, führte er seine Ausführung fort. » Führen sie die Öffnung von 1.000 Wurmloch-Tunneln durch, mit dem Ziel in die zweite Dimension vorzustoßen. Diese massive Anzahl von geöffneten Tunneln, eröffnet uns die Möglichkeit eines schnellen Eingreifens. Zielort ist der Leerraum, in ausreichender Entfernung zu der weißen Anomalie der Zierrakies. Der Ort sollte so gewählt werden, dass er von dem Gegner nicht überwacht wird. Falls die Zierrakies zu früh über den bevorstehenden Angriff informiert werden sollten, würde dies ihnen die Möglichkeit geben, eine ausreichende Verstärkung zusammenzuziehen. Darum empfehlen wir die Öffnung von 1.000 Wurmloch-Tunnel. Nachfolgend skizziere ich noch einmal unsere Flotten-stärke. «

Der Brigade-General nickte Major Travis zu. Marc drückte einen Knopf auf seiner Fernbedienung.

Eine transparente Folie mit Ständer, senkte sich von der Decke ab.

Der Brigade-General holte einen Stift aus seiner Jacke und schrieb Zahlen auf die Folie.

Ablonder 250-Meter-Angriffs-Kreuzer: 1.275.000
Ablonder 1.000-Meter-Schiffe: 43.000

Ablonder 1.500-Meter:(von Träger)	3.552
Ablonder 1.500-Meter:(Roboter-Führung)	50.000
Natrid 2.000-Meter:(Kaiser-Klasse)	5.000
Lantraner 250-Meter:(Evolutions-Klasse)	500
Gesamtanzahl Schiffe:	1.377.052

»Das ist eine gewaltige Flotte, die in ein fremdes Gebiet eindringt«, bemerkte Brigade-General Cannon. »Bei den uns zur Verfügung stehenden Amuletts, bedeutet dies eine Gruppenstärke von grob 1.377 Schiffen pro Wurmloch-Tunnel. Allein dieser Durchflug wird bereits einige Minuten dauern. Nach der Sammlung der Flotte an dem Zielort im Leerraum, sollte letztmalig sollte eine Drohne ausgesandt werden, um die Lage vor der weißen Anomalie der Zierrakies zu erkunden. «

Major Travis hob seine Hand.
»Ja, bitte«, nickte Brigade-General Cannon. »Sie haben eine Frage, Herr Major? «

»Die von den Ablondern eingesetzte Drohne war in dem gleichen Raumsektor, wie ihr eigenes Schiff«, erklärte der Major. »Unsere Flotte liegt zahlreiche Hyperraumsprünge weit entfernt. Ich bin mir nicht sicher, ob das Signal der Drohne noch bei uns ankommt. Vielleicht orten die Zierrakies das Fluggerät und vernichten es. Ich halte die Aussendung eines unserer

Schiffe für effektiver. Unsere Einheiten, oder auch die Evolutions-Schiffe der Lantraner, verfügen über eine ausgereifte Tarntechnik. So ist es möglich in dem Sektor vor ihrer Anomalie zu materialisieren, ohne dass sie auch uns aufmerksam werden. Ich beabsichtige mir ein persönliches Bild von der Flotte der Zierrakies zu machen.«

Brigade-General Cannon dachte nach.
»Diese Möglichkeit besteht ebenfalls«, antwortete er. »Jedoch wissen wir nicht, ob unsere Tarntechnik von den Zierrakies ausgehebelt werden kann. Eine minimale Gefährdung dieser Aufklärungs-Mission besteht. Nach ihrer Rückkehr, mit hoffentlich positiven Informationen, empfehlen wir die bereits gebildeten Gruppen der Schiffe als Angriffs-Verband zu bestehen zu lassen, exakt wie bei den Tunnel-Durchflügen. In dieser Formation wird die letzte Etappe des Fluges überwunden. Das zentrale Flagg-Schiff der Ablonder, führt über ihre Hypertronic-KI die Koordination des Angriffes durch. Sofern sie hierzu in der Lage ist, weist sie den Geschwadern freie Angriffsziele zu.

Ob die Gruppen nun 100 Angriffs-Schiffe umfassen, oder wesentlich mehr, kann erst nach einer Analyse der Situation vor Ort geklärt werden. Falls sich die Situation so darstellt wie geschildert, reichen die ablondischen

Schiffe aus, um alle 4.300 zierrakischen Groß-Raumschiffe auszuschalten. Bevor es zu dieser Schlacht kommt, sollte der Versuch von Commander Sirgphan gestartet werden, um die von Worgass-Offizieren befehligten Schiffe, von der zentralen Flotte der Zierrakies abzuspalten. Falls dieser Vorschlag keine Wirkung zeigt, empfehlen wir einen sofortigen Angriff, um die gegnerische Flotte auseinanderzuziehen. Hierdurch werden versehentliche Salven auf die eigenen Schiffe reduziert. «

Mervin Cannon blickte Major Travis und Heran an.
»Die Flotte des neuen Imperiums von Tarid und Natrid, ebenfalls die Flotte unseres Freundes Heran, bleibt im Hintergrund und sichert den Rücken der Ablonder. Falls zierrakische Geschwader auftauchen, um rückseitig die Flotte der Ablonder anzugreifen, werden sie von unseren Schiffen aufhalten und neutralisiert.

Wenn die zierrakische Flotte beschäftigt ist, versucht die lantranische Flotte sich um die Ausschaltung der übergroßen Sonnen-Giganten zu kümmern. Hierdurch wird die weiße Anomalie in ihren Grundfesten erschüttert. Das gigantische Gravitation-Netz dieser Sonnen muss eliminiert werden. Erst wenn diese Aufgabe erledigt wurde, kann der massive Asteroiden- und Steinwall aufgebrochen werden. Hierdurch wird den eingefangenen Planeten später eine natürliche Ausdehnung zu ermöglicht. Falls der Groß-Kaiser des zierrakischen Imperiums Verstärkung schicken sollte, empfehlen wir die Situation vor Ort neu zu bewerten. Wir tendieren dahin, dass die Flotte des neuen Imperiums von Tarid und Natrid, in Kooperation mit der lantranischen Flotte, sich um die nachrückende Verstärkung kümmert und diese abhält, in den Kampf einzugreifen. «

Brigade-General Mervin Cannon machte eine kleine Pause.

Anhaltender Beifall hallte durch den Saal. Die Ablonder schienen begeistert zu sein.

Brigade-General Cannon hob seine Hände in die Luft.
»Einen Augenblick noch«, betonte er.

»Das gleiche Vorgehen können wir für das Heimat-System der Zierrakies empfehlen. Falls sich nicht mehr als die 300 Groß-Raumschiffe in dem System befinden, reichen 30.000 ablondische Angriffs-Kreuzer aus, um diese Schiffe wirkungslos zu stellen. Die restlichen ablondischen Schiffe können sich der wesentlich größeren Anzahl Kampf-Jets stellen, die das zierrakische System bewachen. Vermeiden sie ein Abschlachten unter der Bevölkerung. Es würde genügen, den Groß-Kaiser zu einer Kapitulation zu bewegen. Nur so würde der Name der Ablonder auch in der Zukunft im Universum nicht mit einem Nachgeschmack behaftet sein. «

Die drei Ablonder hatten zugehört und zustimmend genickt. Sie stimmten sich kurz ab und schauten General Poison an.

»Ihren Vorschlag finden wir bemerkenswert und halten ihn für gut«, antwortete Marschall War'drock. »Wir stimmen diesem Plan zu. Wir werden 1.000 Wurmloch-Tunnel programmieren, die unsere Flotten in den Leerraum bringen. Der Zielort wird einige Sektoren vor der Anomalie der Zierrakies liegen. Das halten wir als Abstand für ausreichend, um nicht von ihnen bemerkt zu werden. Hier werden wir unsere Träger parken und entladen, um sie in Sicherheit zu wissen. Einige Angriffs-Kreuzer werden die leeren Träger bewachen. Die letzte Etappe des Fluges wird erst durchgeführt, wenn Major Travis uns aktuelle Information übermittelt hat. Wir halten diese Vorgehensweise für die beste Lösung. «

General Poison erhob sich und blickte Heran und Major Travis an.

»Könnten sie sich mit dieser Strategie anfreunden? «, fragte er.

»Selbstverständlich«, antwortete Heran. »Diese Vorgehensweise wäre auch von uns auch gewählt worden. «

Major Travis nickte.

»So sind wir auf der sicheren Seite und können vor einem Zusammentreffen noch einmal die Situation klären«, erwiderte er. »Falls der Groß-Kaiser der Zierrakies keinen Verdacht geschöpft hat, sollte es keine Änderung unseres Planes geben. «

Das Armband von Heran summte auf.

Der General blickte ihn verärgert an.
Heran ließ sich von dem Blick nicht irritieren und drückte auf den grünen Kristall. Eine Nachricht wurde sichtbar.

»Meine Flotte ist im Anflug«, meldete er. »Die Ausrüstung der Schiffe scheint besser gelungen zu sein als geplant. «

Er blickte General Point an.
»Ihrem Wunsch folgend, bitte ich sie hier offiziell um eine Einflugs-Genehmigung für unsere Schiffe. Die

lantranische Flotte wird gleich im Sol-System materialisieren. «

General schlug mit der flachen Hand auf den Tisch. Ein lauter Knall ertönte.

»Ich bin dankbar, dass sie mir freundlicherweise die Ankunft ihrer Schiffe mitteilen«, schrie er. »Haben sie keine über Hyper-Funkgeräte mehr an Bord? Ein Funkspruch an unsere Systemüberwachung hätte in diesem Fall ausgereicht. Jetzt erfolgt wieder der Alarmstart zahlreicher Schiffe, wegen des nicht angemeldeten Einfluges lantranischer Schiffe. «

Er stand auf und lief zu den großen Fenstern des Saales.

Der General zog seinen Communicator aus der Innentasche und aktivierte ihn.

»Hier ist General Poison«, sprach er hinein. »Verbinden sie mich sofort mit der zentralen Raumüberwachung auf Natrid. «

Es dauerte nur wenige Sekunden, dann baute sich die Verbindung auf.

Der diensthabende Offizier meldete sich.

»General Poison spricht«, antwortete er. »Informieren sie sofort Commander Giacombo. Wir werden in wenigen Minuten den Einflug lantranischer Schiffe in unser System orten. Sie haben es wieder einmal nicht geschafft, sich ordnungsgemäß anzumelden. Informieren sie den Commander, dass es sich um Freunde handelt. Er braucht nicht mit allen Schiffen zu starten. Eine Eskorte ist völlig ausreichend. Weisen sie die lantranischen Schiffe an, oberhalb der Umlaufbahn von Titan, in eine Warteposition gehen. «

Heran war dem General gefolgt. Er stupste ihn von hinten an.

Erschreckt blickte der General über seine Schulter.
»Ich vergaß ihnen zu sagen, dass Giratron, Thoran und Tyran dabei sind. Giratron war bereits einmal auf der Erde, Thoran und Tyran möchten sie wieder einmal sehen. Es ist lange her, dass sie hier gewesen sind. Lassen sie bitte auf dem großen Raum-Flughafen von Titan landen und geleiten sie meine Kollegen zu mir. «

Das Gesicht des Generals war rot angelaufen.

»Brauchen sie vielleicht noch ein Hotel? «, schrie er Hieran an.

Dieser lächelte schelmisch, drehte sich um und ging zu Major Travis zurück.

»Der General scheint wieder schlechte Laune zu haben«, teilte er Marc mit.

»Warum? «, fragte Marc. » Gibt es ein Problem? «

Heran schüttelte seinen Kopf.
»Ich weiß nicht, ob der General ein Problem hat«, entgegnete er. »Ich habe jedenfalls keines. Der Ordnungshalber habe ihm nur mitgeteilt, dass er Giratron, Thoran und Tyran empfangen möchte. Sie möchten landen und sich die Erde anschauen. Alle weiteren Commander werden auf ihren Schiffen bleiben. Es wird also keine lantranische Zusammenkunft in dem großen Casino von Titan geben. «

Atlanta hatte die Sätze von Heran verfolgt.
»Thoran kommt auf die Erde? «, fragte sie.

Heran blickte sie an und nickte.
»Warum fragen sie? «, erwiderte er.

»Ich kenne Thoran aus früheren Zeiten«, entgegnete sie. »Er war oft auf Atlantis zu Besuch. Die Barbaren von Tarid haben ihn als Gottheit verehrt. «

»Jetzt kommt auch noch diese alten Geschichten ans Tageslicht«, murrte Heran.

Major Travis schaute ihn fragend an.
Heran hatte sich schnell wieder gefangen.
»Gottheiten werden von Barbarren meistens überbewertet«, antwortete er. »Aber ich denke, Thoran wird sich freuen, sie wiederzusehen. «

General Poison kam zurück und gesellte sich zu den drei.

»Es ist alles geregelt«, sagte er. »Ihre Kollegen werden zu uns gebracht. Ich hoffe nicht, dass sie etwas gegen eine Transmitter-Verbindung haben. «

»Nicht wenn sie funktioniert«, bemerkte Heran. »Das ist meistens das Problem bei den jungen Völkern. Sie wollen alles haben, können jedoch die Technik nicht richtig verstehen. «

Den General winkte ab und schritt auf seinen Platz zu. Er nahm das Gespräch mit den drei Ablondern auf.

Die Vergeltung der Ablonder

Die Zusammenkunft hatte auf die neuen lantranischen Gäste gewartet. Es hatte ganze 58 Minuten gedauert, bis Giratron, Thoran und Tyran von Elite-Soldaten der EWK in den großen Besprechungs-Saal geführt wurden.

Heran übernahm die Aufgabe, alle Personen untereinander bekannt zu machen.

Im Gegensatz zu Heran, waren die Neuankömmlinge sehr zurückhaltend.

»Wir wollten nicht stören«, sagte Thoran. »Es interessiert uns sehr, wie weit der Entwicklungs-Stand auf der Erde verlaufen ist. Wir waren lange nicht mehr hier. «

Sein Blick fiel auf Atlanta. Schnell blinzelte er ihr zu. Sie drehte sich zickig ab.

Sirin hatte es jedoch mitbekommen und dachte sich ihren Teil.

»Danke für ihre Unterstützung«, sagte Major Travis. »Wir konnten eigentlich nicht davon ausgehen, dass sie sich an dieser Mission beteiligen würden. «

Thoran lachte ihn an.

»Heran ist trotz seiner etwas eigenwilligen Art ein guter Politiker«, erklärte er. »Er hat uns überzeugt, dass ein vor vielen Jahrtausenden abgeschlossener Vertrag, von den Zierrakies einseitig gebrochen wurde. Gerade in solchen Fällen, reagiert unsere Regierung sehr direkt. In diesem Vertrag wurde den Zierrakies die Whirlpool-Galaxie zugesprochen. Ihre geheimen Aktivitäten in der 2. Dimension waren ihnen nicht erlaubt. Auch die andauernde Ausdehnung der Anomalie und die Inhaftierung junger Species, widersprechen dem Vertrag durch die ältesten Rassen des Universums. Wir werden uns wieder stärker in die Belange der Milchstraße einbringen. Entsprechend dieser Tatsache, sollte dem Vormarsch der Zierrakies ein Riegel vorgeschoben werden. «

»Das sehen wir genauso«, antwortete Major Travis. »Es freut mich, sie kennenzulernen. «

»Ganz meinerseits«, erwiderte Thoran. »Ich habe bereits viel Gutes von ihnen gehört. Wir erkennen sehr klar, dass sie als Nachkommen des natradischen Imperiums die Geschicke der Milchstraße steuern können. Unsere Unterstützung wird ihnen auch zukünftig gehören. Heran informierte mich, dass sie ihren Strategieplan bereits erörtert haben. «

Marc nickte.

»Darf ich ihnen diesen vortragen? «, fragte er.

Thoran lachte ihn an.

»Ich habe vollstes Vertrauen in ihre Freundschaft zu Heran«, erwiderte er. »Ich habe dort Atlanta erblickt. Darf ich mich zu ihr gesellen. Wir haben uns viele Jahrtausende nicht mehr gesehen. «

Marc zog sein rechtes Augenlid herauf.

»Fühlen sie sich wie zu Hause«, antwortete er. »Ich wusste nicht, dass sie sich kennen. «

»Viel zu gut«, antwortete Heran. »Sie wird sicherlich ärgerlich sein, dass ich mich so lange nicht gemeldet habe.«

Thoran schritt auf Atlanta zu. Marc blickte ihm fragend nach. Heran stellte sich neben ihm.

»Das ist wieder eine andere lange Geschichte«, sagte er. »Lassen wir uns den Abend nicht mit alten Geschichten verderben. Wir sollten hier zum Abschluss kommen und den privaten Bereich einläuten. Langsam bekomme ich Hunger. «

»Wie kannst du bei so einer wichtigen Besprechung über Essen nachdenken? «, fragte Marc.

»Den Fisch habe ich bereits lange verdaut«, antwortete Heran. »Ich glaube, ihr Terraner nehmt zu wenig Essen zu euch. «

Thoran klopfte Atlanta auf die Schulter.

Sie tat so, als ob sie ihn nicht bemerkt hatte. Dann sprach der Lantraner sie zärtlich an.

»Hallo Prinzessin, viel zu lange habe ich dich nicht mehr gesehen?«, flüsterte er.

Der Kopf von Atlanta drehte sich um.
»Ist das möglich«, antwortete sie. »Der Gott der Barbaren ist zurückgekehrt. Ich hatte schon geglaubt, du wärst auf einer fremden Welt getötet worden. Schön, dass du Zeit gefunden hast, einmal vorbeizuschauen. «

Thoran lachte sie charmant an.
»Ich bedaure meine lange Abwesenheit, doch unsere hohe Empore hat mir einen Strich durch die Rechnung gemacht. Wie ich sehe, bist du in der langen Zeit meiner Abwesenheit, noch schöner geworden. «

»Hör auf mit den Floskeln«, schnurrte Atlanta. »Glaubst du wirklich, alles ist jetzt wieder so, wie früher? «

»Keineswegs«, entgegnete Thoran. Aber bitte verstehe auch meine Seite. Ein absichtlicher Verstoß gegen die Vorschriften unserer hohen Empore, hätte mich in die Verbannung geschickt und mir das Recht auf die Unsterblichkeit genommen. «

»Das ist natürlich wichtiger als eine Kontaktaufnahme zu mir«, bestätigte Atlanta. » Du hättest mir wenigstens eine Nachricht zukommen lassen können. «

»Bitte verzeih mir«, lächelte Thoran sie an. »Es hatte sich nicht ergeben. Trotzdem bist du mir in der ganzen langen Zeit nicht aus dem Kopf gegangen. «

Die Prinzessin von Atlantis dachte nach. Sie hatte mit dem Erscheinen von Thoran nicht gerechnet.

»Du scheinst immer noch die Alte zu sein«, lächelte Thoran. »Es war schon damals schwer, deine Gefühle zu ergründen. «

Sie wollte aufbrausen, doch Thoran ließ sie nicht zu Wort kommen.

»Es hat sich etwas bei uns geändert«, erklärte er. »Die Zeit unserer Zurückgezogenheit, gehört der Vergangenheit an. Ich werde jetzt öfter die Möglichkeit, nutzen, dich zu besuchen. «

»Vorausgesetzt wir geben dir eine Einflug-Genehmigung«, antwortete sie. »Ich bin von deinem Erscheinen sehr überrascht. Ich muss mir unsere alte Beziehung erst noch einmal durch den Kopf gehen lassen. Vielleicht will ich keinen Kontakt mehr zu dir. Die Enttäuschung in mir, nach deinem Rückzug nach Centros, hat mich schwer getroffen. Die Barbaren unserer Welt sind erwachsen geworden. Sie haben die alten Götter von ihrem Thron gestoßen. «

Thoran blickte sie an, er ließ sich aber seine Enttäuschung nicht anmerken.

»Allein durch eine Laune der Natur bis du noch da, ich ebenfalls«, flüsterte er. »Falls das kein gutes Omen für eine Neuauflage unserer Beziehungen ist, dann weiß ich es auch nicht. Der Allvater hat es gut mit uns gemeint. «

»Gib mir Zeit«, hauchte Atlanta ihm zu. »Hier weiß man nichts von unserer Beziehung. So soll es auch erst einmal bleiben. Ich bitte dich, meinen Wunsch zu respektieren. «

»Keine Frage«, erwiderte Thoran. »Ich habe genügend Zeit. «

General Poison klopfte an sein Mikrofon.
»Darf ich um ihre Aufmerksamkeit bitten«, rief er. »Die Strategie ist klar. Morgen brechen unsere Flotten auf und versuchen das Vordringen der Zierrakies zu stoppen. Bei dieser Gelegenheit werden wir die Herren der Ablonder befreien und von dem zierrakischen Groß-Kaiser die Einhaltung der alten Verträge fordern. Dieses ist ein Wunsch unserer lantranischen Freunde. Ich weise noch einmal darauf hin, dass diese Mission nicht als Rache- oder Vergeltungsmission gestartet wird. Wir brechen sofort ab, wenn sich ablondische Schiffe nicht an unsere Vereinbarungen halten. «

»Machen sie sich keine Sorgen«, antwortete Marschall War'drock. »Wir sind immer Soldaten und Offiziere gewesen. Ein Befehl ist uns wichtig. «

Der General nickte.
»Die Autorisierung durch die oberste Weltraumbehörde liegt vor, ebenso die Absegnung durch die EWK. Major Travis übernimmt die Führung unserer Flotte. Mir und Noel bleibt nur noch übrig, ihnen viel Erfolg und eine gute Rückkehr zu wünschen. «

Beifall wurde laut. Die Anwesenden applaudierten und stampften mit den Beinen. Der Euphuismus war groß unter den beteiligten Rassen.

»Darf ich sie noch zu einem abschließenden Getränk in unser Groß-Casino auf Titan einladen? «, ergänzte der General. » Ich habe ein Buffet vorbereiten und Getränke kaltstellen lassen. «

»Gerne«, schrien die Lantraner. »Hierauf haben wir schon gewartet«, ergänzte Giratron.

Marc blickte General Poison an.
»Ich dachte, sie wollten keinen Empfang organisieren«, fragte er.

»Das ist doch ein besonderer Anlass, mein Junge«, antwortete der General. »Wer weiß, ob wir alle in dieser Runde noch einmal zusammenkommen. Wir sollten auf unsere Mission entsprechen anstoßen. «

»Mir soll es recht sein«, lachte Marc. »Ich kann ihnen aber jetzt schon sagen, dass wird teuer für die EWK. «

»Warum? «, fragte der General.

»Die Lantraner scheinen kurz vor dem Verdursten zu sein. «

General Poison verzog sein Gesicht und drehte sich ab.

»Wir sehen uns auf Titan«, rief er Major Travis im Gehen zu.

Major Travis ging auf die Ablonder zu. Heran folgte ihm.

»Sind sie mit unserer Entscheidung zufrieden? «, fragte Marc.

»Das ist mehr, als wir zu hoffen wagten«, antwortete Marschall War'drock. »Sil'drock hat mir von der starken Kampf-Kraft ihrer Schiffe erzählt. Wir sind ihnen zu großem Dank verpflichtet, dass sie unsere beiden Ablonder der ersten Generation, bei der Aktivierung des Versorgungs-Planeten im Gebiet der Zierrakies unterstützt haben. Ohne sie wären wir heute nicht hier. «

»Keine Ursache«, antwortete Marc. »Auch wir sind bestrebt wieder Ordnung im Universum, speziell in der Milchstraße, zu schaffen. Vieles ist nur mit Hilfe unserer lantranischen Freunde möglich. «

Major Travis zeigte auf Heran.

Der winkte ab.

»Die Terraner sind mittlerweile erwachsen geworden«, antwortete er. »Für uns bleibt nur noch eine kleine Beobachtungsaufgabe übrig, möglicherweise ihnen mit Rat und Tat zur Seite zu stehen. Wir prognostizieren den Terranern eine große Zukunft voraus. «

»Das ist schön zu hören«, antwortete Sil'drock. »Auch wir werden uns nach dieser Mission um unsere Rasse kümmern. Ich hoffe sehr, dass uns unsere Herren wieder dabei unterstützen werden. «

»Lernen sie auf eigenen Füßen zu stehen«, empfahl Heran. »Auch ihre Herren werden ihren eigenen Wegen folgen. Sie werden nicht immer für sie da sein können. «

»Das befürchte ich ebenfalls«, erwiderte Sil'drock. »Ein Anfang ist gemacht. Wir werden in der 2. Dimension bleiben und dort unseren Lebensraum ausdehnen. Das normale Universum ist mittlerweile von jungen Rassen bevölkert. Durch unseren langen Schlaf in den Stasis-Kammern, haben sich viele von ihnen auf den Planeten unserer Gebiete niedergelassen. Wir hegen keinen Gräuel gegen sie. Sie konnten es durch unsere Abwesenheit nicht wissen. Wir werden unsere Population in der 2. Dimension neu entfalten. «

»Wie können wir in der Zukunft Kontakt zu ihnen aufnehmen? «, fragte Marc.

»Sie verfügen doch auch über eine Amulett-Steuerung«, bemerkte Sil'drock. »Senden sie uns in der 2. Dimension einen Hyper-Funkspruch. Wir werden ihn empfangen. Vielleicht nehmen wir auch wieder Kontakt zu ihnen auf. Ein möglicher Warenaustausch ist ebenfalls nicht ausgeschlossen. Ich habe erkannt, dass viele Produkte und Errungenschaften auf ihrem Planeten, auch eine Bereicherung für uns darstellen könnten. Aber so weit sind wir noch nicht. Lassen wir erst einmal unsere Mission erfolgreich abschließen. «

Heran schlug Sil'drock auf die Schulter.
»Ich bin begeistert von ihnen«, bemerkte er. »Morgen fliegen wir auf eine gemeinsame Mission. Ich bin sicher, dass wir ihre Herren finden werden. «

»Das hoffen wir«, antwortete Sil'drock. »Das hoffen wir inständig. «

»Eine letzte Bitte noch«, ergriff Marc das Wort. »Sie haben erkannt, dass die Worgass sich auch weiterentwickelt haben. Wirken sie auf ihre Herren ein, dass eine erneute Aktion gegen sie nicht mehr notwendig ist. Eine Ausrottung kommt nicht mehr infrage. Auch die Worgass haben ihre Daseinsberechtigung im Universum. Sie werden sich selbst den neuen Gegebenheiten stellen. Da bin ich mir sicher. «

»Das haben wir bereits erkannt und unter uns besprochen«, griff Marschall War'drock in das Gespräch ein. »Die alten Zeiten sind endgültig vorbei. Der endlose Kampf zwischen vielen Völkern der Galaxie sollte vorbei sein. «

»Das sind auch unsere Visionen«, antwortete Marc. »Allein der große Krieg in der Milchstraße, hat junge Völker um viele Jahrtausende in ihrer Entwicklung zurückgeworfen. So etwas darf es nicht mehr geben. «

»Wir verstehen das gut«, antwortete Sil'drock. »Doch sie werden immer auf kriegerische Rassen stoßen. Das ist die Erfahrung unseres langen Lebens. Zumindest ist das in unseren Geschichts-Archiven vermerkt. «

Marc nickte bestätigend.
»Wir wechseln jetzt den Ort«, bemerkte Major Travis.

Er winkte Commodore Von Häussen zu sich.

»Darf ich sie in die Hände eines Stellvertreters von General Poison übergeben«, lächelte er. »Er wird sie in das Casino nach Titan bringen. Falls sie Unterkünfte benötigen, kann er ihnen Quartiere zuteilen. Wir sehen uns später wieder. «

Die drei Ablonder bedankten sich. Sie verließen mit dem Commodore den Besprechungssaal der EWK.

Major Travis blickte Heran an.
»Was machen wir mit unseren Worgass? «, fragte er.

»Das ist dein Problem«, lächelte Heran. »Du wolltest sie aufnehmen. «

»Das ist so nicht richtig, « antwortete Marc. »Es sind eigentlich Gefangene, die wir bei Angriffen auf unsere Erde ergriffen haben. «

»Falls wir weitere von ihnen vor den Zierrakies evakuieren müssen, werden wir einen geeigneten Planeten für sie finden«, antwortete Heran. »Das gleiche funktionierte auch mit den Green-Lizards. Ich bin mir sicher, dass Commander Rantero und Commander Sirgphan auf dem richtigen Weg sind. «

»Nur der Worgass der zierrakischen Späh-Station ist unbelehrbar«, ergänzte Marc. » Er ist von seinen Herren dermaßen überzeugt, dass er kein neues Gedankengut an sich heranlässt. «

»Dann sollte er weiter in natradischer Gefangenschaft bleiben, bis ein Umdenken erfolgt«, betonte Heran. »Alle die Worgass, die ihren Herren treu ergeben sind, wurden sicherlich einer speziellen Genbehandlung unterzogen. Ob sie überhaupt normalisiert werden können, entzieht sich meiner Kenntnis. Das sollten wir unseren Wissenschaftlern überlassen. Ich sehe keine andere Möglichkeit. «

»Du hast Recht«, bestätigte Marc. »Wir können nicht auf jeden einzelnen Worgass speziell eingehen. Gehen wir zu ihnen. «

Die beiden Worgass unterhielten sich intensiv. Sie blickten auf, als Heran und Major Travis zu ihnen traten. »Geht es zurück in unseren bewachten Bereich? «, fragte Commander Rantero.

»Nein«, antwortete Marc. »Wir wechseln lediglich den Ort. «

Commander Senga-Hol stand etwas abseits. Marc winkte ihn zu sich.

»Commander«, fragte er. »Begleiten sie bitte unsere Worgass-Gäste ins Casino nach Titan. «

»Das mache ich gerne«, erwiderte der Atlantis-Commander. »Übrigens würde ich sie gerne mit einem Trupp meiner Commander an der Mission begleiten. Unsere speziell geschulten Atlantis-Offiziere, würden gerne neue Kampf-Erfahrungen sammeln. «

»Wie ich weiß, gehören sie zu dem Alarmbereich von Commander Giacombo«, fragte Marc. » Vermutlich wird ihm der Abzug ihrer Truppe nicht gefallen? «

»Es steht genügend Ersatz-Personal bereit«, antwortete Commander Senga-Hol. »Er wäre für uns hilfreich, wieder einmal einen echten Kampf-Einsatz zu fliegen. «

Marc dachte nach.
»Ich spreche mit Atlanta und Commander Giacombo«, bestätigte er. »Versprechen kann ich ihnen jedoch nichts. «
Er blickte die Worgass an.
»Führen sie bitte unsere Gäste nach Titan«, befahl er.
»Wir unterhalten uns noch.

Commander Senga-Hol salutierte und bestätigte den Befehl. Er winkte vier Kampf-Roboter zu sich, die ihn begleiteten.

Heran blickte ihn an.
»Die Piloten der Atlantis-Basis sind ausgezeichnete Kämpfer«, antwortete Marc. »Es wäre nicht schlecht, wenn eine Einheit ihres Geschwader-Verbandes uns begleiten würde. «

Noel war zu ihnen getreten.
»Ich begebe mich nach Natrid«, sagte er. »Hier ist für mich nichts mehr zu tun. «

»Ist die Termar 1 ein ausgerüstet und gewartet? «, fragte Marc.
»Alles wurde abgeschlossen«, erwiderte der Klon der großen Natrid-Hypertronic-KI. »Wir haben einiges an neuen Geräten installiert. Die Tarntechnik wurde verbessert, die Sensoren der Frühaufklärung sensibilisiert. Ihrem Flug steht nichts mehr im Wege. Falls sie zusätzliche Hilfe benötigen sollten, rufen sie mich über den Sonderkanal ihrer Hypertronic-KI. Ich habe auf unserer Basis Merkur und Venus weitere Schiffe in den Dienst gestellt, die ich ihnen als Hilfsflotte senden kann. «

»Das sollte nach den aktuellen Informationen nicht nötig sein«, lächelte Marc. »Um wie viele Schiffe handelt es sich? «

»Es handelt sich um eine Flotte von 10.000 gemischten Schiffen«, antwortete Noel. »Überwiegend aus ehemals beschädigten Einheiten der kaiserlichen Heimat-Flotte, die wir endlich wieder reparieren und modernisieren konnten. General Poison weiß noch nichts hierüber. Ich biete ihnen diese als Unterstützung an. Derzeit handelt es sich ausschließlich um Schiffe mit Robot-Steuerung. «

»Schön zu wissen, dass wir noch einen Ass im Ärmel haben«, freute sich Marc. »Sehen wir uns noch auf Titan? «
»Ich denke, dass ich später dazu stoßen werde«, antwortete Noel emotionslos. »Vorerst muss ich einige Dinge mit meiner Mutter besprechen. Falls wir uns nicht mehr sehen sollten, wünsche ich ihnen beiden viel Erfolg für ihre Mission. Kommen sie gesund wieder. «

»Danke«, sagten Marc und Heran fast aus gleichem Munde.

Der Klon, der der natradischen Groß- Hypertronic-KI drehte sich ab und ging dem Ausgang entgegen.

Marc blickte auf die sich unterhaltenden Gäste.

»Darf ich sie bitten, uns nach Titan zu begleiten«, rief er lautstark. »General Poison hat dort etwas für uns vorbereitet. Folgen sie bitte den EWK-Offizieren. Sie begleiten sie. «

Die Geräuschkulisse verebbte. Die noch anwesenden Personen verließen den Besprechungssaal. Die drei Lantraner traten zu Heran und Marc.

Marc blickte Thoran an.
»Wollte sie Atlanta nicht mitnehmen? «, fragte er.

Thoran lächelte.
»Mit meinem plötzlichen Erscheinen war sie vermutlich etwas überfordert«, antwortete er. »Sie hat sich einige Zeit erbeten, um die neue Situation zu überdenken. «

»Da haben sie aber einen Stein bei ihr im Herzen«, antwortete Marc. »Normalerweise macht sie kurzen Prozess mit solchen Dingen. «

»Ja«, entgegnete Thoran. »Wir haben viel zusammen erlebt. «

Heran war sichtlich genervt.

»Lassen wir diese Frauengeschichten«, monierte er. »Wir haben wichtigere Dinge vor uns. Lasst uns aufbrechen. Mein Magen hängt bereits an meinen Füßen. «

Alle anderen blickten ihn an.
»Eigentlich sind wir wegen dem Bier hier«, entgegnete Giratron. »Doch du denkst wieder nur ans Essen. «

»Das wirst du auch noch erkennen«, erklärte Heran. »Eine solide Grundlage, ist das Wichtigste beim Biertrinken. «

Gemeinsam verließen sie als den Besprechungsraum der EWK.

Das große Casino auf Titan war gut gefüllt. Viele Offiziere der EWK entspannten sich bei einem Getränk.

Die Gäste der EWK unterhielten sich angeregt. Die Lantraner bestellten lautstark ihr Bier.

Heinze beobachtete die neu programmierten Service-Roboter kritisch. Doch er erkannte schnell, dass die überarbeitete Programmierung der Robots zu funktionieren schien.

Ordnungsgemäß fragten sie den Ro nach seinen Wünschen und überbrachten ihm nach kurzer Zeit seine Bestellung. Die von ihm bevorzugte Nahrung in Form von Mohrrüben, wurde naturbelassen serviert.

Er war freudig überrascht, und bedankte sich höflichst bei den Bediensteten aus Natrid-Stahl.

»Das Leben kann so angenehm sein«, dachte Heinze. »Marc hat Wort gehalten. Die Momente der andauernden Irritationen mit diesen Service-Robots sind endlich vorbei. «

Commander Brenzby saß neben dem Ro und beobachtete ihn wortlos.

Nach einer Weile blickte Heinze den Commander an. »Was ist? «, fragte er.

Commander Brenzby lachte.
»Ich sehe dich immer nur Möhren essen«, bemerkte er. »Gibt es für dich auf der Erde keine anderen Speisen? «

Warum sollte ich andere Speisen zu mir nehmen? «, entgegnete Heinze. » Möhren sind mein Leibgericht. Solange es Möhren gibt, esse ich auch Möhren. Ich hoffe, das stellt kein Problem für dich da? «

»Natürlich nicht«, entgegnete der Commander. »Jeden Tag wäre mir dieses Gericht zu eintönig. Es gibt noch viele weitere Möhrenarten auf der Erde. «

»Weitere Möhrenarten, ähnliche Gerichte? «, fragte Heinze verdutzt. » Die kenne ich nicht? «

»Das ist verständlich, wenn du immer wieder das gleiche bestellst«, lachte der Commander. »Versuche doch mal die gelbliche Möhre. Andere Arten gibt es in der Farbe Violett. Diese sind nach meiner Meinung sogar noch etwas süßer. «

»Haben wir diese Sorten hier in der Zubereitung? «, fragte Heinze erstaunt.
»Die Service-Roboter können alles duplizieren«, antwortete der Commander. »Man muss sie nur vernünftig darauf ansprechen. «

»Das wusste ich nicht«, erwiderte der Ro. »Ich konnte keine Informationen über diese Möhrenarten finden. Vielleicht probiere ich sie als Nachtisch. «

Das Büfett war vorzüglich gewesen.
Die Gäste waren gestärkt und saßen vor ihren Getränken. Major Travis hatte sich mit den Ablondern und den Lantranern an einen Tisch gesetzt. Er ließ sich

von Sil'drock die Einstellungen an dem Amulett erklären, die für die Öffnung des Wurmloch-Tunnels am nächsten Tag notwendig waren. Marc notierte sich die Symbol-Kombinationen, um den Durchgang in den leeren Raum der zweiten Dimension zu öffnen. Auch die Lantraner hörten gespannt zu. Sie schienen an den technischen Daten des Amuletts interessiert zu sein, doch niemand von ihnen stellte eine entsprechende Frage.

Major Travis hatte sich eine siebenstellige Tasten-Kombination, von unterschiedlichen Symbolen notiert.

»Das ist alles«, sagte Sil'drock. »Mehr ist nicht notwendig. Falls wir nach der Erledigung unserer Aufgabe in der zweiten Dimension noch zu Whirlpool-Galaxie fliegen, übermittele ich ihnen die neuen Tastenkombinationen rechtzeitig per Daten-Folie. Die Funktionsweise des Amuletts kennen sie bereits aus der eigenen Nutzung. «

»Wir haben uns mühsam an die Funktionen herangetastet«, antwortete Marc. »Es wäre wirklich hilfreich die vollständigen Funktionen zu kennen. «

Sil'drock lachte ihn an.
»Das Amulett ist so umfangreich zu bedienen, dass selbst wir nicht alle seine Funktionen kennen«, gab

Sil'drock zu. »Lediglich unsere Herren, die Erfinder des Amuletts, können hierüber eine genaue Auskunft geben. « »Es ist nicht nur ein Amulett«, betonte Marschall War'drock. » Es kann ebenfalls programmiert werden, um anfliegende Feinde in einem Wurmloch-Tunnel verschwinden zu lassen. Wo diese wieder materialisieren, entzieht sich unserer Kenntnis. Wir mussten diese Funktion noch nie einsetzen. Unsere Herren teilten uns mit, dass die Nutzung dieser Notfall-Eigenschaft nur als letzte Hilfe verstanden wird. «

»Dann verstehe ich nicht, dass ihre Herren diese Möglichkeit in dem Krieg mit den Zierrakies nicht genutzt haben? «, fragte Heran. » Der Krieg hätte sich zu ihren Gunsten wenden können. «

»Das ist nur eine der Fragen, die wir unseren Herren stellen möchten«, antwortete Ras'ekin. »Es kann nur so sein, dass sie andere Absichten gehabt hatten. «

Sil'drock blickte in die fragenden Gesichter.
»Diese Frage werden wir erst klären können, wenn wir unsere Herren aus der Knechtschaft der Zierrakies befreit haben«, bemerkte er. »Jetzt zu unserer bevorstehenden Aufgabe. Ich stelle ihnen sechs Amulett-Steuerungen zur Verfügung. Diese bitte ich an ausgewählte Commander ihrer Flotte zu verteilen. Das

Amulett ermöglicht ihnen, ihre Schiffs-Verbände in Gruppen zu je 1.000 Schiffen aufzuteilen. Sie können sich somit ihre eigenen Wurmloch-Tunnel öffnen, um schneller an unseren Zielort zu kommen. «

»Das ist gut«, sagte Major Travis. »Hierum wollte ich sie sowieso bitten, um der Einfachheit halber einen schnelleren Durchflug unserer Schiffe zu ermöglichen. «

»Ist auch eins für mich hierbei? «, fragte Heran. » Sie sprachen von sechs Amulett-Steuerungen. «

Sil'drock lächelte ihn an.
»Eines hiervon habe ich für sie mitgebracht«, bestätigte er. »Auch ihre Flotte kann hiermit schneller den Durchflug in den Leerraum der zweiten Dimension absolvieren. «

Der Ablonder griff in ein Lederetui und gab dem Lantraner das gewünschte Amulett.

»Die restlichen Steuerungen in der Tasche sind für sie«, Herr Major.

Er reichte das Etui an Marc weiter.

Der schaute kurz hinein und bedankte sich.

»Die Funktionsweise ist ihnen ja bekannt«, ergänzte Sil'drock. »Sie haben sich ja die Tasten-Kombinationen schriftlich festgehalten. Ein Fehler würde sie unweigerlich von ihrem Kurs abbringen. Würden sie bitte ihren Freund noch einmal in der Funktion einweisen? «

»Das werde ich«, antwortete Marc. » Ich achte darauf, dass er die richtige Kombination verwendet. «

Sil'drock nickte.
»Wichtig ist der Zeitpunkt, dass sich möglichst gleichzeitig die Verbindungs-Tunnel in die zweite Dimension öffnen. Nur so kommen unsere Schiffe gemeinsam, ohne Zeitverzögerung an ihrem Ziel an. «

»Das bekomme ich hin«, antwortete Heran.
Thoran und Tyran schauten skeptisch ihren Kollegen an. Sie waren sich bei der fremdartigen Technik nicht so sicher.

General Poison und Noel kamen an den Tisch geschritten.

Sie begrüßten die Gäste und erkundigten sich nach ihrem Befinden.

Die Lantraner prosteten den Beiden zu. Die Ablonder waren dagegen zurückhaltender.

Der General sprach Major Travis, den erbfolgeberechtigten Oberbefehlshaber der vereinigten Natrid & Tarid Streitkräfte und Erhobenen im Gefüge der Kaiserkaste mit Rang 1, an.

»Ich habe ihnen einige alte Freunde mitgebracht«, bemerkte der General. »Die Commander werden jeweils eine Gruppe von 1.000 Schiffen führen, selbstverständlich unter ihrem Oberbefehl. «

Der General dreht sich zu Seite und gab den Blick auf die hinter ihm stehende Gruppe von Personen frei.

Die Miene von Major Travis erheiterte sich.

Unter dem Gefolge des Generals waren Commander Quentin Stuart, Commander Ollie Malley, Commander Jed Cottle, Commander Manfred Haught und Commander Lindsey Fontana.

Freundlich begrüßten sie den Major.

Marc lächelte sie an.

»Es ist schön, sie alle einmal wiederzusehen«, betonte er. »Können sie denn ihre zugeteilten Aufgaben, ohne Probleme so einfach verlassen? «

»Alles hat sich zwischenzeitlich gut eingespielt«, antwortete Commander Stuart. »Unsere Stellvertreter sind eingearbeitet und ersetzen übernehmen unsere Aufgabe. Der General hat uns angesprochen, dass wir für eine wichtige Mission benötigt werden. «

»Ich wollte ihnen erfahrene Commander für diesen Einsatz unterstellen«, bemerkte General Poison. »Es war nicht nur meine Idee, auch Noel befürwortete diesen Vorschlag. Ihre alten Commander sind kampferprobt und reagieren schnell auf jede neue Situation. «

»Das weiß ich sehr zu schätzen«, antwortete der Major. »Ich freue mich über ihre Entscheidung. «

Marc stellte den neuen Commandern die lantranischen und ablondischen Gäste vor. Er erklärte den Commandern die Zielsetzung der Mission, die er als Unterstützung für die Ablonder deklarierte.

Marschall War'drock und Sil'drock informierten die Commander über die Geschehnisse im Krieg ihrer Herren mit den Zierrakies. Über die lange Schlafphase ihrer Rasse und über die neu aktivierte Flotte, die aus weiser

Voraussicht von ihren Herren, vor vielen Jahrtausenden auf den unterschiedlichen Versorgungs-Planeten eingelagert worden waren. Die neuen Commander hörten gespannt zu.

Sil'drock kommentierte die Geschichte von seiner Seite mit seinen Erlebnissen aus der Außenstadt der Ablonder. Heran ließ Teile der lantranischen Geschichte und das Zusammentreffen seiner Rasse mit den Zierrakies einfließen.

Es wurde ein langer Abend, bis alle Geschichts-Daten verarbeitet waren.

»Dann ging das ganze Übel ursprünglich von den Worgass aus? «, bemerkte Commander Cottle.

»Das kann ich so nicht stehen lassen bemerkte«, griff Commander Rantero in das Gespräch ein. » Wir werden immer wieder als Verursacher aller schlechten Dinge im Universum hingestellt. Doch eigentlich sind wir die Opfer zahlreicher aggressiver Species, die unsere Rasse seit den Anfängen genmanipuliert haben. Wir können uns lediglich vorwerfen, dass es uns in den vielen Jahrtausenden unserer Existenz nicht gelungen ist, diese kontinuierliche Manipulation zu beseitigen. «

»Was heißt wir? «, fragte Commander Stuart.

Marc erkannte den irritierten Blick seines langjährigen Gefährten und griff in das Gespräch ein.

»Entschuldigen sie bitte«, bemerkte er. » Ich vergaß zu erwähnen, dass wir hier zwei Worgass am Tisch sitzen haben. «

Die Gesichter der fünf Commander verdunkelten sich schlagartig.

Instinktiv griff Commander Stuart nach seiner Waffe. Marc blickte in eisig an.

»Kein Grund zu Unruhe«, erklärte er. »Bisher haben sie die Worgass immer als niederträchtige und hinterhältige Rasse kennengelernt. Dank unserer Gäste hier, konnten wir uns ein neues Bild über diese Rasse machen.

»Wir werden die Worgass zukünftig in einem anderen Licht sehen müssen«, sagte Heran. » Es gibt zwar viele unterschiedliche Stämme in den ganzen Sternen-Inseln, doch in ihnen als Rasse brodelt der Wunsch nach einem eigenen Planeten und einer Selbstverwaltung. Scheinbar sind viele von ihnen es leid, unter den zahlreichen Herrenrasse dieser Galaxis dienen zu müssen, um für sie üble Schandtaten zu verrichten. «

»Das ist schwer zu glauben«, antwortete Manfred Haught nach einer gewissen Zeit.

Auch Thoran und Tyran blickten skeptisch Heran an. Sie vermieden jedoch einen Kommentar abzugeben.

»Geben wir ihnen eine Chance«, antwortete Commander Cottle. »Wir werden sehen, ob sie es ehrlich meinen. «

»Ich halte die Zusammenarbeit mit den Worgass für einen Fehler«, sagte Tyran. »Sie stehen für das Böse im Universum. Ihre Rasse hat sich über viele Planeten ausgebreitet, vergleichbar wie Heuschrecken. «

»So kenne ich dich gar nicht«, antwortete Heran erstaunt. »Ist dein analytischer Sinn abgestumpft? Selbst ich habe am Anfang Probleme gehabt, Commander Rantero zu glauben. Doch er hat mich von seinen guten Absichten überzeugt. Eine Überführung an die Netzwerk-Denker, oder an die Zierrakies, würde den sicheren Tod für die die Worgass bedeuten. «

»Dann lasst sie sterben«, antwortete Tyran. » Etwas anderes haben sie nicht verdient. Ich habe gegen viele von ihnen gekämpft. Die meisten Kämpfe erfolgten am

Boden, Mann gegen Mann. Ich habe durch sie viele gute Freunde verloren, die gnadenlos von ihnen abgeschlachtet wurden. Wie kann ich ihnen das jemals vergeben? «

Heran und Major Travis sahen sich an.

Die beiden Worgass waren sichtlich still geworden.
»Das Geschehene ist nicht mehr gut zu machen«, betonte Marc. »Doch wir haben jetzt die Möglichkeit, eine neue Richtung für unsere Zukunft zu stellen. Ich frage mich nur, ob der starke Hass in ihnen, nicht zu einer Fehleinschätzung führt und unsere ganze Mission gefährdet. Ich komme zu dem Schluss, dass ich sie an dieser Mission nicht teilhaben lassen möchte. Fliegen sie zurück nach Centros. Wir verzichten auf ihre Teilnahme. «

Tyran schaute Major Travis mit großen Augen an. Bevor er jedoch antworteten konnte, ergriff Heran das Wort.

»Ich verbürge mich für Tyran«, antwortete er. »Er wird keine unbedachten Alleingänge durchführen. Es ist das erste Mal nach vielen Jahrtausenden, dass er auf die Worgass trifft. Niemand von uns hat so viele Kämpfe gegen diese Rasse geführt, wie Tyran. Er hat Tausende von Kameraden blutend auf dem Schlachtfeld verenden sehen. Diese Erinnerung sitzt tief in ihm. Doch wir wären nicht Lantraner, wenn wir uns nicht neuen Situationen stellen könnten. «

»Dem stimme ich zu«, ergänzte Thoran. »Wir garantieren, dass Tyran sich unseren Befehlen unterwirft. Es werden keine neuen Probleme entstehen. « »Das Wort von Heran reicht mir«, lenkte Marc ein. » Doch falls das nicht gelingt, brechen wir sofort die Mission ab und fliegen nach Hause. Die Flotte des neuen Imperiums von Tarid und Natrid beteiligt sich nicht an einem Vergeltungs-Feldzug. Das gleiche gilt auch an die Adresse der ablondischen Flotte.«

»Unsere Zusage liegt ihnen bereits vor«, bestätigte Marschall War'drock. »Von unserer Seite wird es keine Probleme geben. Mich beunruhigt eigentlich nur die Tatsache, dass wir jetzt von der Laune der Lantraner abhängen? «

»Ich sage es noch einmal«, erwiderte Heran. »Tyran ist an die Befehle unserer hohen Empore gebunden. Es wird keine Probleme geben. Es gibt bei Widerhandlungen einen Code, den wir einsetzen können. Dann wird Tyran die Befehlsgewalt über seine Schiffe entzogen. Ich bin mir sicher, dass er es so weit nicht kommen lassen möchte. Ferner würde das für ihn ein Nachspiel vor unserer hohen Empore bedeuten. «

»Ich unterwerfe mich ihren Befehlen«, bestätigte Tyran. »Ferner bitte die Anwesenden um Entschuldigung. Die aufkeimenden Erinnerungen an die Gräueltaten der Worgass haben mich von meinem klaren Denken abgebracht. Es wird nicht wieder passieren. «

Das Gesicht von Major Travis entspannte sich. »Es sei ihnen verziehen«, antwortete er. »Auch bei uns gibt es Momente, in der viele angestaute Emotionen unser rationales Handeln überlagern können. Letztendlich siegt aber immer wieder der Verstand. Das ist es, was uns von gehirnlosen Rassen unterscheidet.

Damit wäre alles besprochen. Unsere Flotte startet gemeinsam um 8:00 Uhr terranischer Zeit. «

Die Anwesenden nickten.
Thoran suchte Atlanta auf, um über vergangene Zeiten zu sprechen.

Die Gäste unterhielten sich angeregt und näherten sich an. Das Verständnis für die jeweils andere Rasse wurde deutlich größer. Am späteren Abend gab Atlanta ihr Einverständnis, Commander Senga-Hol und einige ausgesuchte atlantische Besatzungen, an der Mission teilhaben zu lassen.

Wie ein gigantischer Blitz aus heiterem Himmel, drangen Tausende von silberfarbenen Schiffen durch die zahlreichen geöffneten Wurmloch-Tunnel, in dem Leerraum der zweiten Dimension ein. Noch immer öffneten sich weitere Wurmlochtore, aus denen neue Schiffs-Geschwader herausflogen, um sich gezielt in die Formation der ihren zugeteilten Schiffs-Verbände einzugliedern.

Auch die große Flotte, des neuen Imperiums von Tarid & Natrid, war wohlbehalten und vollzählig eingetroffen. Das gleiche galt für den Verband der lantranischen Evolutions-Schiffe. Es gab keine Ausfälle.

»Zeichnen wir Fremdimpulse? «, fragte Major Travis die Hypertronic-KI seines Schiffes.

»Ich registriere keine fremden Ortungs-Signale«, antwortete die KI monoton. » Es befinden sich nur Schiffe der Gemeinschafts-Flotte in diesem Sektor. «

An Bord von Heran's-Evolutions-Schiffes, blickte Thoran auf die Ortungs-Anzeigen. Auch hier wurden keine Fremdimpulse angezeigt.

»Die Flotte ist vollständig durch den Wurmloch-Tunnel geflogen«, meldete die lantranische Hypertronic-KI. »Es gibt keine Ausfälle. «

Die fortschrittliche KI des lantranischen Schiffes zeigte umfangreichere Daten an als die natradische Gegenstücke.

Das gigantische Gravitationsfeld wurde bereits angemessen, obwohl es noch 4 Klicks weit entfernt war. Eine kurze Lagebesprechung mit Major Travis und Marschall War'drock regelte die weitere Vorgehensweise. Heran und Thoran, sowie Marschall War'drock und Sil'drock wurden auf die Termar 1 eingeladen, um an der Aufklärungs-Mission teilzunehmen.

Die Führung der Flotte hatte sich gegen die Aussendung einer Drohne entschieden und wollte sich lieber getarnt, ein eigenes Bild von dem System der Zierrakies machen.

Major Travis wartete, bis die Gäste mit ihren Schiffen angedockt hatten und von Offizieren des Schiffs-Personals auf der Brücke des Schiffes eintrafen. Es waren zusätzliche Sitzmöglichkeiten geschaffen worden.

»Sind ihre Flotten-Verbände instruiert hier zu warten? «, fragte Marc.

Die ablondische Vertretung und die lantranische Abordnung bestätigten.

»Alle Commander wurden informiert und warten unsere Rückkehr«, antworteten Heran und Sil'drock.

Major Travis griff nach seinem Communicator.

»Öffne einen Gemeinschaft-Kanal zu den Schiffen unserer Flotte«, befahl er seiner KI.

»Die Leitung steht, sie können sprechen«, antwortete die KI.

»Hier ist Major Travis, von dem Flaggschiff des neuen Imperiums von Tarid & Natrid. In meiner Gesellschaft befinden sich Marschall War'drock, Sil'drock und die Lantraner Thoran und Heran. Bevor wir zu unserer Aufklärungs- Mission, starten möchte ich einige Worte an die Kommandeure und Piloten unserer Gemeinschafts- Flotte richten. «

Marc ließ eine kurze Pause verstreichen.
»Wir sind kurz vor unserem Ziel, welches sich nur noch in 4 Klicks Entfernung befindet«, teilte er mit. »Diese Strecke werden wir per Hyper-Raumflug überbrücken, um in das System der Zierrakies vorzustoßen. Nahezu

unsere ganze Flotte befindet sich in erhöhter Alarm- und Verteidigungs-Bereitschaft. Achten sie auf ihre Sensoren und Ortungsgeräte. Obwohl die Zierrakies ihre Schiffe auf ihre Anomalie konzentrieren, lässt sich nicht ausschließen, dass Späh-Drohnen und Suchschiffe in diesen Leerraum eindringen. Eine vorzeitige Entdeckung unserer Flotte ist möglich. Behalten sie in diesem Fall ihre Ruhe. Falls sie entdeckt werden sollten, unternehmen sie keine übereilten Angriffe. Warten sie unsere Rückkehr ab. Erst nach einer Analyse der exakten Daten, werden wir das weitere Vorgehen unserer Flotte besprechen. Bestätigen sie unseren gemeinsamen Befehl. «

»Die Bestätigungen kommen bereits an«, meldete die Sergeant Farmer, der Funk-Offizier des Schiffes. »Die gesamte Flotte unterwirft sich dem Kommando der Termar 1. «

Commander Brenzby grinste zufrieden.

Der Major blickte seine Gäste an.

»Seid ihr bereit in die Höhle des Löwen zu fliegen? «, fragte er. » Machen wir uns ein Bild von dem System der Zerstörer. «

Die Lantraner und die Ablonder bestätigten sofort.

»Koordinaten, Zieljustierungs-Sektor 3.789.8 17, Anomalie der Zierrakies«, befahl Major Travis. » Vor dem Übergang in den Normalraum ist das Tarnfeld zu aktivieren und alle Waffensysteme auszufahren. Sämtliche Ortungs-Sensoren und Spähtaster ausrichten. «

Die Hypertronic-KI bestätigte den Befehl. Sie beschleunigte das Schiff und sprang in den Hyperraum. Es dauerte ganze 30 Minuten, bis die Termar 1 wieder in dem Normalraum materialisierte. Der natradische Kampf-Kreuzer stoppte die Antriebe und schwebte bewegungslos, wir ein gigantischer Fremdkörper, in dem Sektor des zierrakischen Systems vor der Anomalie.

»Wir brauchen Ortungsdaten«, rief Major Travis Sergeant Dantow zu.

»Alle Fremdimpulse wurden erfasst«, meldete der Ortungs-Offizier. »Ich lege die Daten auf das CIC. «

Heran, Thoran, Marschall War'drock, Sil'drock und Marc gingen an den großen Tisch, der das Information-Combat-Center darstellte.

Zahlreiche blinkende Ortungszeichen waren ersichtlich. Alle Flotten-Bewegungen in dem System wurden deutlich angezeigt. Scheinbar konnten die zierrakischen Systeme das getarnte Termar-Schiff nicht erfassen.

»Es ist wie in einem Wespennest«, erkannte Major Travis. »Noch sind sie nicht unruhig geworden, obwohl wir bereits einen Stachel in ihrem Nest haben. «

Thoran blickte Heran an.

»Das ist ein Vergleich von der Erde«, erklärte er. »Kleine Insekten, die sofort angreifen, wenn man sie ärgert. «

»Ich verstehe«, antwortete Thoran.

Zahlreche Verbände kleinerer Kampf-Jets durcheilten den nahen Raum vor der Anomalie. Die größeren zierrakischen Schiffe hatten sich direkt vor der Anomalie versammelt und sicherten den Wall.

Die Beobachter schauten gespannt auf den Schirm. Wieder materialisierten neue Geschwader von Jets, die auf nicht synchronen Bahnen durch das System flogen.

Zwölf übergroße Sonnen-Giganten wurden angezeigt, die auf elliptischen Bahnen um die weiße Anomalie der Zierrakies schwebten Heran zeigte auf den Schirm.

»Das sind die zwölf Sonnen-Giganten, die es auszuschalten gilt«, erklärte er. »Danach wird sich die Anomalie der Zierrakies automatisch auflösen. Das Gravitationsnetz muss vorher zerstört werden. «

»Wie wollen Sie die Sonnen ausschalten? «, fragte Marschall War'drock. » Das scheint nicht einfach zu sein. «

»Wir haben da unsere speziellen Mittel«, lächelte Thoran. » Eine solche Anomalie ist nicht üblich und kommt selten vor. Es ist eine Spielerei der Natur. Keine Rasse ist traurig, wenn sie nicht mehr existiert. Jedenfalls wird die nach unserem kleinen Eingriff keine Rolle mehr spielen. «

Heinze kam auf die Brücke und gesellte sich zu den Gästen.

»Ich habe ihre Herren lokalisiert«, sagte er zu den Ablondern. »Es geht ihnen gut. Sie wissen, dass sie kommen. Sie mahnen sie an, kein Gemetzel zu verursachen. «

Thoran, Marschall War'drock und Sil'drock schauten den Ro entgeistert an.

»Woher kannst du das wissen? «, fragte Thoran.

Heran schmunzelte den Ro an. Er kannte bereits die Fähigkeiten des kleinen Gefährten.

»Gedanken sind unendlich«, antwortete der Ro. »Ich kann die Anomalie durchdringen und Kontakt zu ihnen aufnehmen. Sie lassen es zu, dass ich ihre Gedanken lesen kann. «

»Das ist nicht möglich«, monierte Marschall War'drock.

Der Ro nickte.
»Bei uns Ro ist das grundsätzlich möglich«, antwortete er. »Sie überlegen jetzt gerade, ob ich sie anlüge, oder sie mir glauben schenken sollten. «

»Das stimmt, « bestätigte der Marschall. »Ich habe gerade darüber nachgedacht. «

Thoran legte vorsichtig einen Block um seine Gedanken.

Der Ro blickte den Lantraner an.
»Das habe ich auch bemerkt«, ergänzte er. »Sie scheinen etwas zu verbergen zu wollen. «

Thoran gab sich gelassen.

»Wir Lantraner haben es nicht gerne, wenn man unsere Gedanken liest«, bestätigte er. »Sicher ist sicher, so sagt man doch auf der Erde. «

Heran lächelte seinen Kollegen an.
»Jetzt hast du wieder etwas Neues kennengelernt«, sagte er. »Heinze ist auf unserer Seite. Er wird nichts von dem weitergeben, was du verbergen möchtest. Du wirst nicht ewig deine Gedanken blockieren können. Ich weiß, dass dies viel Kraft kostet. Diese Kraft brauchen wir später für den Einsatz. «

»Die Zählung und der Fremd-Impulse ist abgeschlossen«, meldete die Hypertronic-KI des Schiffes. »Es befinden sich knapp 4.420 Groß-Raumschiffe der 2.500-Meter-Klasse um die Anomalie verteilt. Ferner erfasse ich 56.000 Kampf-Jets in einer 80-Meter-Klasse. «

»Es ist, wie wir vermutet haben«, bemerkte Major Travis.

»Der Groß-Kaiser hat keine weitere Verstärkung für die Anomalie genehmigt. «

Er blickte die Ablonder an.

»Sie sind jetzt der zierrakischen Flotte dreimal überlegen. Fliegen sie ihren Angriff, wir werden ihnen den Rücken freihalten.«

»Es gab keine weiteren Hinweise, auf versteckte Flotten-Verbände«, bestätigte Heran. » Alles ist so, wie wir es geplant haben. Fliegen wir zurück und starten unsere Mission. «
Major Travis blickte fragend den Thoran an.
»Haben wir ihr Einverständnis? «, fragte er.

»Die Ortungs-Ergebnisse sind eindeutig«, erwiderte Thoran. »Wir sollten keine größeren Probleme bekommen. Wir kümmern uns um die übergroßen Sonnen. «

Major Travis blickte zu den Ablondern.
»Unsere Schiffe halten ihrer Flotte den Rücken frei«, sagte er. »Das ist der Plan. Daran halten wir uns sehr genau. «

Marschall War'drock und Sil'drock nickten zustimmend.

»KI«, rief Marc. »Eintritt in den Hyper-Raumflug in 20 Sekunden. Zielort ist die Warteposition unserer Flotte. «

»Die Rendezvous-Koordinaten wurden programmiert«, antwortete die Hypertronic-KI. »Eintritt in den Hyperraum in 15 Sekunden. «

Major Travis und die Gäste auf der Termar 1 blickten weiter auf die Daten des CIC. Sie bemerkten, wie das Schiff beschleunigte und dass Bild des Information-Centers verblasste. Das natradische Schiff war in den Hyperraum gesprungen.
Wieder vergingen 30 Minuten, bis sich das Schiff an den programmierten Ziel-Koordinaten materialisierte.

»Darf ich sie einladen auf meinem Schiff zu bleiben und ihre Befehle von hier aus zu übermitteln? «, fragte Major Travis. » Ich halte es für besser, wenn wir uns in allen Entscheidungen absprechen, bevor wir Befehle über eine Hyper-Funkverbindung abstimmen müssen. Bestehen ihrerseits Einwände? «

»Nein«, antwortete Heran. »Unser Schiff steht derzeit unter dem Befehl von Tyran. Es liegt in dem Schutz unserer Flotte«

»Mein Schiff hat wird von Ras'ekin geführt«, antwortete Sil'drock. »Er hat das Schiff an das Flagg-Schiff von Marschall War'drock angedockt. Es bestehen keine Einwände. «

»KI«, bitte stelle eine Video-Verbindung zu allen Schiffen her«, befahl Major Travis.

Nach wenigen Sekunden antwortete die KI.
»Die Verbindung ist offen, alle Schiffe können sie empfangen. «

»Danke«, antwortete Marc.
Er griff nach dem Communicator.

»Hier spricht Major Travis, von dem Flagg-Schiff des neuen Imperiums von Tarid & Natrid «, sprach er in das Gerät. »Sie haben alle ihre Befehle vorliegen. Wir werden jetzt die letzte Etappe unseres Fluges absolvieren und in den Sektor der Zierrakies springen. Unsere Aufklärungs-Mission hat die Daten unserer Planung bestätigt. Die uns vorliegenden Daten stimmen mit unseren Planungen überein. Die Schiffe der Ablonder zerfallen nach unserer Ankunft in die ihnen zugeteilten Gruppen. Diese Einheiten greifen gezielt die Groß-Raumschiffe der Zierrakies an. Wechseln sie ihre Positionen und geben sie den Feinden keine Möglichkeit, sich auf ein festes Ziel einzuschießen. Bleiben sie in Bewegung. So entgehen sie zierrakischen Treffern. Die Verbände des neuen Imperiums von Tarid & Natrid, halten unseren ablondischen Feinden den Rücken frei.

Die Schiffe der Lantraner kümmern sich um sie Sonnen-Giganten der Anomalie. «

Major Travis gab den Communicator an Marschall War'drock weiter.

»Hier spricht Marschall War'drock «, kündigte er sich an. »Sie alle verfügen weiterhin über gültige Befehle. Wir greifen durch eingeteilte Gruppen an und attackieren die zierrakischen Groß-Raumschiffe. Unsere Ortung bestätigt, dass es sich um 4.420 gegnerische Groß-Raumschiffe der 2.500-Meter-Klasse handelt. Weiterhin konnten wir 56.000 Kampf-Jets einer 80 Meter-Klasse ausmachen, die aber keine größere Gefahr darstellen. Sie sind lediglich mit einer großen Laser-Kanone im Frontbereich ausgestattet und verfügen weiterhin jeweils über 3 Laser-Geschütze, die unter Tragflächen montiert sind. Falls Verbände der Gegner die Haupt-Flotte verlassen, werden diese Geschwader von dem neuen Imperiums von Tarid & Natrid aufgehalten. Hierdurch wird vermieden, dass sie uns in den Rücken fallen können.«

Er gab den Communicator an Thoran weiter.

»Hier spricht Thoran, von den Lantranern«, ergriff der Oberbefehlshaber das Wort.

»»Wir haben zwölf übergroße Sonnen-Giganten geortet. Gerechnet haben wir mit mehr, aber diese zwölf Sonnen reichen aus, um das gigantische Gravitation-Netz zur erzeugen, dass die Anomalie in ihren Bestandteilen festigt. Unser zentrales Hypertonic-Gehirn auf Centros hat errechnet, dass mindestens acht Sonnen-Destroyer-Geschosse für eine Sonne nötig sind, um in ihr ein ausreichend großes künstliches schwarzes Loch zu erzeugen. Ich befehle, dass 96 Evolutions-Schiffe gezielt diese großen Sonnen angreifen. Die Synchronisation des Abschusses der Anti-Materie-Bomben, erfolgt über die über KI der beteiligten Schiffe. Der gleichzeitige Einschlag der Geschosse muss gewährt sein. Ansonsten kann die gewünschte Wirkung verpuffen. Die restlichen 404 Schiffe übernehmen den Schutz für die angreifenden Evolutions-Schiffe und sichern die nähere Umgebung. Nach dem Abschuss der Bomben ist ein entsprechender Sicherheitsabstand zu einzuhalten. «

Thoran machte eine kleine Pause.

»Nach dem Ausschalten der Sonnen-Riesen, kann mit dem Beschuss der Anomalie begonnen werden, um den harten Asteroiden-Steinwall einzureißen«, erklärte er.

»Ich empfehle einen Flächenbeschuss anzuwenden. Alle Schiffe bleiben in einem Kontakt zueinander und reagieren auf Notfälle. Wir übermitteln jetzt die Koordinaten zum Anflug an den Sektor. «

Thoran gab den Communicator an Major Travis zurück. »Hier spricht Major Travis. Gehen sie mit Bedacht und mit Vorsicht vor«, ergänzte der Major. » Wir möchten möglichst keinerlei Verluste auf unseren Seiten sehen. Setzen sie gezielt ihre technischen Möglichkeiten ein und verhindern sie, dass sich die Zierrakies zu einem Gegenschlag organisieren können. Ich wünsche allen Beteiligten viel Erfolg. Starten sie ihre Anriebe. Wir springen in den Hyperraum. «

Zahlreiche Triebwerke flammten auf. Die große Gemeinschaft-Flotte beschleunigte und entmaterialisierte kurze Zeit später im Hyperraum. Das Ziel war die zierrakische weiße Anomalie.

Geoffwan hatte den Ältesten-Rat einberufen. Ihm allein stand als Sprecher des Rates dieses Recht zu. Er sah seine vier Kollegen an.

»Warum hast du uns rufen lassen? «, fragte Talswan.

»Die Zeit der Neuerung ist gekommen«, antwortete Geoffwan. »Die Flotte unseres treuen Hilfs-Volkes ist im Anflug. Sie haben natradische Verstärkung mitgebracht.

Ebenso eine lantranische Flotte zur Unterstützung. Sie werden Rache nehmen, an der Vernichtung ihres und unseres Volkes vor 250.000 Jahren. Wir müssen reagieren, um das Schlimmste zu verhindern. «

»Sollten wir nicht den Lauf der Dinge belassen, wie er vorgesehen ist, ohne ihn zu beeinflussen? «, fragte Balswan.

»Ich höre in deiner Aussage, dass dir die vollständige Vernichtung der Zierrakies ebenfalls gefallen würde«, antwortete Geoffwan. » Über diese Stufe der Entwicklung sind wir lange hinaus. Die Zierrakies sind fehlgeleitet, sie halten sich für die größte Entwicklung aller Species. Es genügt ihnen zu zeigen, dass es nicht so ist. Keinem ist mit der Vernichtung eines ganzen Volkes gedient. «

»Wie gehen wir vor? «, fragte Halswan.
»Bereitet euch vor, um unsere Bevölkerung in den fliegenden Städten zu informieren. Sorgt für Klarheit und teilt ihnen mit, dass wir in Kürze unseren Standort verlagern. Ich werde sofort Admiral Dragphan aufsuchen und durch ihn den Start seiner Flotte veranlassen. Er muss informiert werden, dass in Kürze ein Angriff auf die weiße Anomalie der Zierrakies erfolgt. Die Ablonder

werden diese Anomalie einreißen und alle Planeten wieder ihrer ursprünglichen Bestimmung zuführen. «

»Woher weißt du das? «, fragte Balswan.

Geoffwan schaute ihn an.

»Du kommst auch irgendwann in unserer Alter«, lächelte er. »Das sehende Auge ist bei den jüngeren unserer Rasse noch nicht so intensiv ausgeprägt. Habe bitte Geduld. Die Zeit der Reife wird auch bei dir kommen. «

»Die Anomalie einzureißen, dass hätten wir auch vermocht«, entgegnete Talswan. »Wir haben viel zu lange gewartet, um die Zerstörer zu studieren. Was hat es uns letztendlich gebracht. Welche Erkenntnisse konnten wir aus dieser Studie ziehen? «

»Es war eine lehrreiche Erfahrung, antwortete Nadewan. »Wie sonst hätten wir so viel über sie lernen können. «

Geoffwan stimmte zu.
»Nadewan hat Recht«, sagte er. »Es war eine Zeit der Studie, die uns allen zugutegekommen ist. Jetzt bricht wieder ein neues Zeitalter für unser Volk an. Nutzen wir die Zukunft richtig. «

Er ließ seine Worte wirken und fuhr nach einer kurzen Pause fort.

»Admiral Dragphan wird uns mit auf sein Schiff nehmen. Ich habe alles besprochen. Von dort aus werden wir per Hyperkomm-Richtfunk unser treues Hilfsvolk, die Ablonder versuchen zu überzeugen, den sinnlosen Kampf einzustellen. Viele der verstreuten Stämme der Worgass haben sich in den 250.000 Jahren unserer Zurückgezogenheit weiterentwickelt. Es ist der feste Wunsch in ihnen entstanden, sich einen eigenen Planeten zu suchen, auf dem sie ohne Unterdrückung leben und sich selbst verwalten können. Die Natrader werden ihnen dabei behilflich sein. Sie werden die Worgass in die Milchstraße evakuieren und sie vor möglichen Angriffen der Zierrakies schützen. «

»Das würde bedeuten, wir ziehen uns aus der Verantwortung zurück«, betonte Talswan.

Der Flotten-Befehlshaber der Aller-Ersten schüttelte seinen Kopf.

»Ich habe das Gefühl, dass wir langsam verweichlichen. Die kontinuierliche geistige Weiterentwicklung unseres Volkes, dient nicht mehr der Realität in der Galaxie. Wir haben die Worgass erschaffen. Das Experiment ist uns später aus den Händen geglitten. Sollen wir jetzt zusehen, wie andere Rassen unseren Müll aufräumen? «

»Dein Ton gefällt mir nicht«, bemerkte Geoffwan. » Das Universum reinigt sich selbst. So steht es auch in dem Buch des großen Aahnn geschrieben. Er hat immer unsere Wege vorher beschrieben. Hieran wird sich auch in der Zukunft nichts ändern. Bereiten wir uns auf die neue Situation vor. «

Talswan wollte eine Antwort auf seine Frage einfordern, doch ein strafender Blick von Geoffwan verhinderte eine weitere Nachfrage.

»Unser Weg ist vorbestimmt«, bemerkte Geoffwan. »Wir sind lediglich die Wanderer auf diesem langen Pfad. «

»So sei es«, antworteten die Ratsmitglieder aus einem Mund.

Wortlos drehten sie sich um und gingen auseinander. Geoffwan wartete noch, bis alle ihres Weges gegangen waren, dann entmaterialisierte er sich. Er verschwand zwischen Zeit und Raum.

Admiral Dragphan, der Leiter der zierrakischen Fern-Aufklärung, war vertieft in eine der vielen aktuellen

Information-Folien des zierrakischen Geheimdienstes. Er hatte bereits viele überflogen, doch nichts deutete auf einen bevorstehenden Angriff fremder Rassen hin.

»Sollten wir uns so getäuscht haben«, dachte er. »Unser ganzer Plan wird hierdurch in Frage gestellt. Die Flotte der Ablonder hat sich nicht mehr sehen lassen. Sie ist spurlos verschwunden. «

Verärgert schlug er mit seiner Faust auf den Tisch. Commander Breckphan betrat das Büro und wirkte sichtlich erstaunt.

»Schlechte Nachrichten? «, fragte er.

Der Admiral blickte ihn. »Gibt es neue Informationen von den Ablondern? «, erkundigte er sich.

Commander Breckphan schüttelte seinen Kopf. »Nichts, antwortete er. »Keine unserer ausgesandten Drohnen hat irgendwelche Informationen aufgefangen und übermittelt.

»Sind alle noch aktiv, oder werden einige von ihnen als vermisst angezeigt? «, erwiderte der Admiral.

»Alle ausgesandten Drohnen sind noch aktiv und fliegen die zugeteilten Sektoren ab«, ergänzte Commander Breckphan.

»Vielleicht haben wir zu viel von ihnen erwartet? «, bemerkte der Admiral. » Vermutlich sind die Ablonder geflüchtet und haben das Weite gesucht. «

»Es nützt nichts«, antwortete der Commander. »Von ihnen fehlt jede Spur. Sie haben uns mit Konsequenzen angedroht, wenn wir nicht sofort die Rasse der Macoronarus freizugeben. Vermutlich war das alles nur Gerede von ihnen. «

»Sollten wir uns so getäuscht haben? «, murmelte Admiral Dragphan ein zweites Mal.

Der Stellvertreter des Admirals zog seine Schultern hoch.

»Es ist nicht das erste Mal, dass wir uns täuschen«, entgegnet er.

Ein silbernes Flimmern entstand plötzlich in dem Rücken von Commander Breckphan. Der Admiral traute seinen Augen nicht. Instinktiv griff er nach seiner Waffe.

Der Commander erkannte nicht, was sich in seinem Rücken abspielte. Er schmiss sich zur Seite. Das Flimmern vergrößerte sich zu einem stabilen Kreis. Für die beiden Worgass nicht erklärbar, schritt Geoffwan heraus. Die Gestalt festigte sich. Lächelnd blickte er den Admiral an.

»Beruhigen sie sich«, begrüßte die Gestalt die Personen der zierrakischen Fern-Aufklärung. »Wir kennen uns von ihrem Besuch auf unserem Reservations-Planeten. Mein Name ist Geoffwan, von der Rasse der Macoronarus. «

Immer noch fehlten den Worgass die passenden Worte.

»Erschrecken sie nicht«, ergänzte der Sprecher des Ältesten-Rates der Aller-Ersten. »Die Zeit der an Neuerung bricht an. «

»Wie kommen sie hier in unser Büro? «, fragte Admiral Dragphan erschreckt. » Das ganze Gebäude ist eine Hochsicherheitszone. «

»Ich sagte ihnen doch, dass wir über andere Möglichkeiten verfügen«, antwortete Geoffwan. »Wir benötigen keine Raumschiffe. «

»Sie dürfen nicht hier sein«, bemerkte Admiral Dragphan. »Es ist nicht ungewöhnlich, dass Zierrakies bei uns auftauchen. «

»Dessen bin ich mir bewusst«, antwortete der Besuch. » Ich wollte sie nur kurz informieren, dass der Angriff der Ablonder bevorsteht. Starten sie ihre Schiffe und weisen sie Ihre Besatzungen an, dass wir auf ihr Schiff kommen werden. Sobald sie gestartet sind, kommen wir zu ihnen. «»Das wurde bereits veranlasst«, antwortete der Admiral. » Sie informieren uns, dass der Angriff der Ablonder beginnt, doch wir haben keine Informationen über einen möglichen solchen Angriff vorliegen. «

»Vertrauen sie mir«, antwortete der Macoronarus nach einer kurzen Pause. »Eine große Flotte unseres Hilfsvolkes ist im Anflug.

Diese Armada allein wird bereits ausreichen, um die Schiffe der Zierrakies auszuschalten. Sie werden aber zusätzlich noch durch Freunde unterstützt. Falls sie jetzt nicht reagieren sollten und bei dem Zusammentreffen einen geordneten Rückzug ihrer Schiffe befehlen, kann ich nichts weiter für sie tun. Es wird in diesem Fall zu einem Abschlachten der zierrakischen Schiffe kommen. Unser Hilfsvolk wird Rache an ihnen nehmen. Nur wenn wir auf einem ihrer Schiffe sind, können wir das Grauen verhindern. Vertrauen sie unserem großen Propheten. Aahnn hat den Weg für alle Völker in dem Universum vorgegeben. « Admiral Dragphan verzog sein Gesicht.

»Stammt ihr Wissen ausschließlich von ihrem allwissenden Propheten? «, fragte er nach.

»Nicht nur«, lächelte Geoffwan. »Uns ist sehr wohl bewusst, dass jungen Rassen der Glaube an die alten Propheten fehlen. «

Er griff zu einer Notlüge.
»Es handelt aber auch um uns zugespielte Geheim-Informationen von den Ablondern«, ergänzte er seine Ausführungen. »Glauben sie mir, der Angriff erfolgt in Kürze. «

Admiral Dragphan hat genug gehört. Er winkte Commander Breckphan zu.

»Es ist so weit«, sagte er. » Sofort den Alarmstart der kompletten Flotte einleiten. Wir treffen uns auf unserem Flaggschiff. Bereiten sie den Ausflug aus der Anomalie vor. «

Der Commander nickte und lief auf dem Büro.

»Es wird alles in die Wege geleitet«, antwortete er.

»Beeilen sie sich ebenfalls«, empfahl Geoffwan. »Wir treffen uns auf ihrem Schiff. «

Dann zerfiel seine Gestalt in winzig kleine Moleküle. Ein kurzes grelles Licht entstand und zog die Moleküle magisch in sich auf.

Commander Breckphan schaute auf die seltsame Lichterscheinung. Er verstand die Welt nicht mehr. Da wo soeben noch eine Person der Rasse der Macoronarus gestanden hatte, war nichts mehr zu sehen.

Er steckte seine Waffe wieder in den Halfter. Langsam erhob er sich und ging hinter Commander Breckphan her. Viele Gedanken durchfluteten seinen Kopf.

»Der Zeitpunkt der Entscheidung ist gekommen«, dachte er. »Er wird über die Zukunft unserer Rasse entscheiden.«

Prinz Sirthrith, dem Neffen des Groß-Kaisers, wurde der Alarmstart der Flotte gemeldet. Er verfluchte den Admiral, dass er ihn nicht informiert hatte.

»Das wird ein Nachspiel haben«, schrie er in seiner Residenz.

Er ließ sich von seinen Dienern ankleiden. Der Schutzanzug passte wie angegossen. Sein Blick fiel durch das geschlossene Fenster in den Garten. Sein kaiserliches Flagg-Schiff war auf der Grünanlage des großen Anwesens niedergegangen.

»Auch das wird ein Nachspiel haben«, tobte der Prinz. »Die schöne Grünanlage wurde durch die Landung des Groß-Raumschiffes beschädigt. Auch das ist wieder die Schuld des Admirals. «

Er griff nach seinem Waffengurt und schubste den Diener unsanft zur Seite. Seine persönliche Leibgarde nahm hinter ihm Aufstellung. Im Laufschritt eilten der Prinz und sein Gefolge aus der hoheitlichen Haus in den Garten. Die Landebrücke des Groß-Raumschiffes war bereits ausgefahren. Alles wartete auf seine Herrschaft.

Nachdem der Prinz an Bord geeilt war, wurde die Laserbrücke eingefahren. Das Groß-Raumschiff zündete seine Antriebe und verbrannte hierbei weitere Grünflächen des hoheitlichen Anwesens. Mit zunehmender Geschwindigkeit schoss der schwere Raumer dem Himmel entgegen.

Das zierrakische System der weißen Anomalie verharrte in einem Zustand der Alarmbereitschaft. Alle verfügbaren Groß-Raumschiffe waren gestartet. Die der Anomalie vorgelagerten, bodengebunden Abwehr-Systeme waren aktiviert worden. Raumschiffe der zierrakischen Raumabwehr waren im Einsatz und legten großflächig Minenteppiche aus. Fünfzehn Geschwader Kampf-Jets sicherten den Einsatz als Eskorte. Spür-Schiffe richteten ihre sensiblen Sensoren in alle Winkel des Quadranten der weißen Anomalie. Man rechnete mit einem Angriff der gehassten Ablonder. Doch bisher konnten keine konkreten Daten ermittelt werden. Die Flotte des zierrakischen Imperiums tappte noch im Dunkeln.

Prinz Sirthrith war mit seinem Flagg-Schiff zu der Flotte gestoßen. Groß prangerten die Wappen der kaiserlichen Familie, auf allen Seiten seines Schiffes. Das hoheitliche Schiff reihte sich in die Reihen der speziell ausgebildeten Verbände der kaiserlichen Ehren-Gardisten ein. Sie waren dem Groß-Kaiser, oder auch seinem Neffen, willenlos ergeben. Beunruhigt warteten die Schiffe auf mögliche Eindringlinge. Noch war alles ruhig im System.

»Eingehender Hyper-Funkspruch von der Zierra 150«, meldete der Funk-Offizier von Admiral Dragphan. »Prinz Sirthrith verlangt nach ihnen. Möchten sie das Gespräch annehmen? «

Admiral Dragphan und Commander Breckphan schauten sich mürrisch an.

»Dem Prinzen geht das alles wieder nicht schnell genug«, bemerkte der Admiral. »Öffnen sie die Leitung und stellen sie Bildkontakt her«, befahl er an die Adresse des Funk-Offiziers.

»Die Bildleitung baut sich auf«, antwortete der angesprochene Offizier. »Sie können sprechen. «

Langsam griff Admiral Dragphan nach dem Communicator.
»Hier ist Admiral Dragphan«, sprach er in das Gerät. » Was kann ich für sie tun, Hoheit? «

Der Prinz zeigte sich wütend und ungehalten auf dem Bildschirm.

»Sie haben die Flotte in Alarmbereitschaft versetzt«, schrie er den Admiral an. »Es liegen keine Anzeichen für das Eindringen einer fremden Flotte vor. Wir haben intensive Scans durchgeführt. Wie kommen sie dazu, einen solchen Befehl zu erteilen? «

»Das ist die Ruhe vor dem Sturm«, antwortete der Admiral gelassen. »Ich habe ein unangenehmes

Bauchgefühl bekommen. Das sagt mir, dass wir schon bald Besuch bekommen werden. «

Dem Neffe des Groß-Kaisers blieben die Worte im Hals stecken. Er trommelte mit beiden Händen auf eine vor ihm stehende Konsole.

Admiral Dragphan und Commander Breckphan schauten sich kopfschüttelnd an.

»Sind sie krank? «, fragte der Admiral. » Ihre Wutausbrücke sind nicht gesund für ihren Bio-Rhythmus«.
»Hören wir jetzt auch noch auf unsere Gefühle«, schrie der Prinz zurück.

Scheinbar hatte er seine Stimme wiedergefunden.

»Das wird ein Nachspiel für sie haben«, kreischte er. »Sie haben mich endlich vollständig von ihrer Unfähigkeit überzeugt. «

Ruckartig wurde die Videoschaltung von dem Prinzen abgebrochen.

Admiral Dragphan lachte laut auf.

»Selbstherrlicher Eierbrüter«, bemerkte er.

Commander Breckphan war nicht zu Lachen zu Mute. Er schaute die Brücken-Offiziere des Flagg-Schiffes der Fern-Aufklärung an. Auch sie wussten ebenfalls nicht mit der Situation umzugehen.

»Verdammt«, sagte Commander Breckphan. »Der vogelköpfige Emporkömmling wird uns in die Verbannung schicken. Wir haben ausgedient. Das wird er sich nicht gefallen lassen. «

»Er versucht uns zu tyrannisieren«, erklärte Admiral Dragphan. »Wir sollten nicht auf seine widerwärtigen Befehle eingehen. «

»Falls die Flotte der Ablonder nicht angreift, werden wir erhebliche Probleme bekommen«, antwortete Commander Breckphan. »Es wäre gut, wenn wir einen Alternativ-Plan hätten. «

Admiral Dragphan nickte schmunzelnd.

»Das war vorherzusehen«, erwiderte er. »Beruhigen sie sich. Die Macoronarus haben bisher ihr Wort gehalten. Alles das, was sie vorhergesagt haben, ist eingetroffen. Sie haben mich von ihrer ehrlichen Weisheit überzeugt.

Ihre Vorhersage wird auch in diesem Fall so eintreffen. «

»Ihr Vertrauen möchte ich haben«, antwortete Commander Breckphan. »Wir sollten selbst die Zierrakies angreifen und sie aus der Anomalie werfen. «

»Darüber habe ich bereits nachgedacht«, entgegnete Admiral Dragphan. »Es wäre theoretisch möglich. Doch wo sollen wir hin? Wir haben keinen Planeten, oder einen Ort, wohin wir unsere Rasse evakuieren können. Eins sollte ihnen klar sein. Wenn wir die Zierrakies angreifen und ein Blutbad unter ihnen anrichten, wird der Groß-Kaiser Vergeltungs-Flotten schicken. Er wird jagt auf uns machen. Wem ist hiermit geholfen? «

»Welche Möglichkeiten haben wir, wenn die Macoronarus uns hintergangen haben? «, fragte der Commander.

»Warum sollten sie das«, antwortete der Admiral. »Sie haben keinen Vorteil hierdurch. Der Sprecher ihrer Regierung hat uns angeboten, die Ablonder von einem Angriff auf unsere Schiffe abzuhalten. Falls sie Rache nehmen wollten, wäre dieser Vorschlag nicht von ihnen gekommen. «

Offizier Tragphan, der für die Ortungs-Instrumente

zuständig war, rief lautstark etwas über die Brücke des zierrakischen Flagg-Schiffes der Fernaufklärung.

Admiral Dragphan drehte seinen Kopf und blickte ihn fragend an.

»Ich messe eine starke Erschütterung des Raum-Zeit-Gefüge an«, meldete er. »Die Entfernung beträgt 350.000 Kilometer zu uns. Wir bekommen tatsächlich Besuch. Nach den ersten Ortungs-Resultaten handelt es sich um einen sehr großen Schiffs-Verband. «
»Alle Sensoren auf die Erschütterung ausrichten«, befahl Admiral Dragphan. »Ich brauche zuverlässige Daten. «

Zahlreiche Bildschirme in dem Flagg-Schiff aktivierten sich automatisch. Eine gespannte Ruhe war bei den Offizieren des Schiffes zu registrieren. Dann plötzlich ohne Vorwarnung, brach der Weltraum in der beobachteten Entfernung auf. Zahlreiche Energiezeichen wurden auf den Schirmen sichtbar. Unzählige Flotten-verbände materialisierten in dem zierrakischen Sektor.

Die Crew des Flagg-Schiffes schaute erschüttert auf die Monitore.

Das Schauspiel war noch nicht zu Ende. Immer mehr Flotten-Verbände wurden geortet. Im Sekundentakt wurden neue Aufrisse des Hyperraums angezeigt.

»Es werden immer mehr Schiffe«, fluchte Commander Breckphan.

»KI«, rief Admiral Dragphan. » Die Bildschirme auf den größten Zoomfaktor einstellen. «

»Ich stelle auf die größte Einstellung ein«, antwortete die KI.
Obwohl die Schiffe noch wie kleine Stecknadelköpfe aussahen, erkannte die Crew des Flagg-Schiffes den breiten Wall an Schiffen, der sich vor ihrer Anomalie sammelte.

»Es sind unterschiedliche Schiffe«, bemerkte der Admiral. »Wir haben es nicht nur mit den kleinen 250-Meter- Klassen Schiffen der Ablonder zu tun. «

Immer noch rückten neue Verbände nach und formierten sich.

»Ist die Anzahl der Schiffe bereits festzustellen? «, rief der Admiral der Schiffs-KI zu.

»Eine Zählung ist noch nicht möglich, da immer noch neue Schiffs-Verbände hinzukommen«, antwortete sie monoton. »Meine Schätzung liegt derzeit bei über 1.000.000 Fremdimpulsen. «

Commander Breckphan fielen die Mundwinkel nach unten.

»Wo kommt diese große Flotte her? «, schrie er. » Wir hätten sie doch orten müssen? Was sollen wir gegen diese Übermacht ausrichten? «

»Was ist mit ihnen? «, fragte der Admiral. » Sie kennen doch unseren Plan. Waren sie es nicht, der uns eingeredet hat, dass es kein Zurück mehr gibt? «

Admiral Dragphan drehte seinen Kopf wieder dem zentralen Bildschirm zu.

»Welcher Abstand zu unserer Flotte? «, fragte der Admiral.

»Der Abstand liegt immer noch konstant bei 350.000 Kilometern«, antwortete die KI. »Die fremde Flotte befindet sich in einem Offline-Modus zu uns. «

Erschreckt blickten die Crewmitglieder auf die fremden Schiffe.

»Die Zählung ist abgeschlossen«, meldete die Hypertronic-KI des Schiffes. »Es handelt sich um Schiffe fremdartiger Baureihen.

1.275.000 Schiffe einer 250-Meter-Klasse,
43.000 Schiffe einer 1.000-Meter-Klasse,
3.552 Schiffe einer 1.500-Meter-Klasse,
5.000 Schiffe einer 2.000-Meter-Klasse,
500 Schiffe einer 250-Meter-Klasse,
5 Schiffe einer 500-Meter-Klasse,

Die Gesamt-Anzahl der fremden Schiffe beträgt exakt 1.327057 Einheiten. «

»Wie sollen wir gegen diese Flotte bestehen? «, fragte Commander Breckphan.

Admiral Dragphan schaute ihn irritiert an.

»Jetzt reißen sie sich endlich zusammen«, fuhr er den Commander an. »Versuchen sie ein Vorbild für alle anderen Offiziere auf diesem Schiff zu sein. Wir halten uns an den Plan. Ein Kampf ist sinnlos und aussichtslos.«

Der Admiral blickte sich um.

»Wo sind die Macoronarus? «, schrie er. » Ich brauche sie hier auf der Brücke. «

»Sie sind noch nicht auf dem Schiff«, bemerkte ein Offizier.

»Sie wollten doch pünktlich zu uns stoßen? «, erwiderte der Admiral. » Wir brauchen sie, um die Ablonder von einem Beschuss unserer Schiffe abzuhalten. «

Der Admiral suchte mit seinen Augen den Funkbereich.
»Funk-Offizier«, rief er. »Alle von Worgass-Offizieren befehligten Groß-Raumschiffe sollen zu uns aufschließen. Wir bilden einen Verteidigungs-Kubus. Die Commander sollen ihre Schutz-Schirme auf die höchste Stufe einstellen. Alle Waffentürme sind auszufahren. Feuerbefehl erst nach meinem ausdrücklichen Befehl. «

»Ihr Befehl wurde gesendet«, antwortete der Funk-Offizier mit kleinlauter Stimme.

Den Offizieren auf der Brücke des Flagg-Schiffes schien klar zu sein, dass sie diese Schlacht nicht gewinnen konnten. Noch nie waren zierrakische Schiffe einer solchen Übermacht gegenübergestanden.

Eine Anzahl von 3.900 Schiffen setzte sich in Bewegung und führte den Befehl des Admirals aus. Sie näherten sich an und bildeten einen dichten Kubus.

»Eingehender Datenbefehl des Prinzen«, meldete der Funk-Offizier.

»Was will der Vogelkopf? «, fragte der Admiral.

»Er befiehlt den Frontalangriff. Er möchte, dass wir die erste Welle fliegen. «
Der Admiral nickte.
»Das habe ich mir gedacht«, entgegnete er. »Er will uns als Kanonenfutter verheizen. Zu etwas anderem sind die Zierrakies nicht fähig. «

»Antworten sie mit folgendem Text auf den Befehl«, erwiderte Admiral Dragphan.

»Ein Angriff ist zwecklos. Der Gegner ist uns mengenmäßig weit überlegen. Wir empfehlen eine sofortige Kapitulation und Verhandlungen mit dem Gegner über eine Übergabe der weißen Anomalie, aufzunehmen. Nur so ist eine Vernichtung unserer Schiffe und Besatzungen möglich. Senden sie die Daten. «

»Die Übermittlung ist erfolgt«, antwortete der Funk-Offizier.

»Mit dieser Antwort wird der Prinz nicht einverstanden sein«, bemerkte Commander Breckphan. »Ich befürchte schlimme Konsequenzen. «

»Ich nicht«, erwiderte der Admiral genervt. »Vermutlich wird sein Starrsinn den Prinzen direkt in den Untergang führen. «

»Eingehendes Hyperkomm-Datenpaket des hoheitlichen Flagg-Schiffes«, rief der Funk-Offizier.

»Lesen sie laut vor«, rief der Admiral.
»Ich befehle den sofortigen Angriff auf die Ablonder. Eine Kapitulation kommt nicht in Frage. Verhandlungen mit dem Feind werden als Hochverrat angesehen und folgenschwer bestraft. Falls sie meinen Befehl missachten, werden sie nach unserer Rückkehr unverzüglich exekutiert. Gezeichnet Prinz Sirthrith, Neffe des Groß-Kaisers und alleiniger Befehlshaber der weißen Anomalie. «

»Senden sie folgende Antwort«, befahl der Admiral.

»Der Angriff wird verweigert. Wir verstehen ihren Befehl als Todes-Kommando. Das Leben unserer Besatzungen wird nicht sinnlos verheizt. Die weiße Anomalie ist verloren. Wir werden kapitulieren. Sie stehen allein da. Falls sie einen Angriff auf unsere Schiffe befehlen, werden wir entsprechend reagieren. 3.900 Großraum-Schiffe stehen unter unserem Einfluss und werden auf diesen Versuch entsprechend antworten. «

»Das hat gesessen«, lächelte der Admiral. »Ich höre bereits, wie der Prinz seine Besatzung anschreit und kurz vor dem Wahnsinn steht. «
Die Brücken-Offiziere des Admirals lachten laut auf. Eine gewisse Befreiung stand in ihren Augen. Sie konnten nicht mehr zurück. Der Weg war vorgegeben.

»Der Prinz hat einen verschlüsselten Hilferuf an die Whirlpool-Galaxie gesandt«, rief der Funk-Offizier. »Vermutlich fordert er Unterstützung an. Soll ich die Daten entschlüsseln? «

Commander Breckphan bestätigte.
»Sofort die Daten dechiffrieren. Wir müssen wissen, was der Prinz beabsichtigt. «

Major Travis schaute auf den großen Panorama-Bildschirm der Termar 1. Vor ihnen lag die weiße Anomalie der Zierrakies.

»Ortungen? «, fragte er die Hypertronic-KI des Schiffes.

»Die Zählung ist abgeschlossen«, meldete sie nur Sekunden später. » Ich orte 4.420 Groß-Raumschiffe der zierrakischen 2.500-Meter-Klasse und 56.000 Kampf-Jets, einer 80-Meter-Klasse als Verteidigungs-Schild. Mehr Schiffe sind nicht auszumachen. «

»Bringen sie den Worgass Commander auf die Brücke«, sprach er Commander Brenzby an.
Dieser stand auf und lief auf den Schott zu. Außerhalb warten die beiden Worgass-Gefangenen auf ihren Einsatz. Sie wurden von 4 Marines des Schiffes bewacht.

Commander Brenzby führte sie herein.
»Sie haben immer noch kein großes Vertrauen zu mir? «, bemerkte Commander Rantero.

»Natürlich habe ich das«, antwortete Major Travis. »Doch wir befinden uns im Einsatz. Die Marines sind zu ihrem eigenen Schutz gedacht. Nicht alle Menschen kennen bereits ihre guten Absichten. Sind sie bereit, ihre Worgass-Kollegen von ihren Plänen zu überzeugen? «

Marc blickte die Worgass-Commander an.

Bei nickten zuversichtlich.

»Ich unterstütze ihre Absicht«, bemerkte Commander Sirgphan. »Ich habe mich lange mit Commander Rantero unterhalten. Er hat mich überzeugt, dass ich ihnen trauen kann. Falls sie unserer Rasse einen eigenen Planeten zuweisen können, ist das für uns ein großer Schritt in eine neue Zukunft. Ich möchte diese Chance nicht an uns vorbeiziehen lassen. Rechnen sie mit mir. «

»Danke«, antwortete Marc.

Er blickte Heinze an, der rechts neben ihm stand.

Der Ro lächelte die beiden Worgass an.

»Sie sagen die Wahrheit«, bemerkte er. »Sie sind von dem Wunsch überzeugt, für ihre Rasse einen neuen Planeten zu finden, ohne irgendwelche Herrenwesen, die ihnen kontinuierlich Befehle erteilen. «

»Es tut sich etwas«, schrie Sergeant Dantow. »Ein Teil der Großraum-Schiffe zieht sich zu einem Verteidigungs-Kubus zusammen. Sie bauen eine neue Formation auf. «

»Die Gedanken der Worgass sind zerrissen«, sagte Heinze. »Ich empfange zahlreiche Gedanken, die sich um die Freiheit, eine Befehlsverweigerung und die Vernichtung der Zierrakies drehen. «

»Bild-Funkspruch an die zierrakischen Schiffe«, befahl Marc.

»Die Verbindung baut sich auf«, bestätigte Sergeant Farmer. »Die Schiffe können sie empfangen. «

»Hier spricht Major Travis, von dem Kommando-Schiff der Flotte des neuen Imperiums. Wir sind zu ihnen gekommen, um das Leid der von ihnen annektierten fremden Rassen zu beenden. Wir fordern die sofortige Freilassung, der mit uns befreundeten Rasse der Macoronarus. Ihre Anomalie wird aufgelöst. Ziehen sie sich zurück und kapitulieren sie. Wir sind ihnen zahlenmäßig überlegen. Wir haben hier zwei Worgass-Offiziere an Bord. Hören sie sich an, was sie zu sagen haben. «

Für alle sichtbar, gab Marc den Kommunikator an Commander Sirgphan weiter. Diese blickte auf den Bildschirm.

»Mein Name ist Commander Sirgphan. Ich bin einer von euch. Mein Schiff wurde von den Schiffen der Ablonder vernichtet. Wir hatten keine Chance. Die Schuld tragen wir allein. Laut unserem Befehl haben wir ohne Vorwarnung angegriffen und ihre Schiffe zum Handeln gezwungen. Das waren unsere Befehle. Ich bin gerettet worden, leider hat es meine Besatzung nicht geschafft. Viele unseres Volkes sind bei dem befohlen Angriff der Zierrakies ums Leben gekommen. Sie kommen nicht mehr zurück.

Es wurden bereits zu viele Leben geopfert. Ich konnte die Kampfkraft der Fremden, die sich Ablonder nennen, kennenlernen. Sie sind uns überlegen. Die Zierrakies nutzen uns aus. Wir sind für sie nicht mehr als Tiere, die sie als Kanonenfutter einsetzen können. Major Travis hat unserer Rasse einen eigenen Planeten angeboten. Auf diesem können wir ohne Befehle einer selbsternannten Herrenrasse, in Ruhe leben und uns selbst verwalten. Lassen wir diese Chance für unser Volk nicht vergehen. Sie gibt es nur einmal. Wendet euch von den Zierrakies ab und führt ihre Befehle nicht aus. Nur so können wir eine neue Zukunft beginnen. Alle die Worgass, die treu und gedankenlos weiterhin den Zierrakies dienen, werden keine Gnade erfahren und in der bevorstehenden Schlacht untergehen. «

Der Commander gab den Kommunikator an seinen Kollegen aus Andromeda weiter.

»Mein Name ist Commander Rantero«, stellte er sich vor. »Ich bin ein Worgass unseres Stammes aus Andromeda. Bisher habe ich den Netzwerk-Denkern gedient. Sie erteilten uns ihre Befehle und entschieden alle darüber, was gut für uns ist. Immer wieder sandten sie uns in den Krieg. Viele unseres Volkes starben im Einsatz für die Herrenrasse aus Andromeda.

Es verhielt sich genauso, wie bei ihnen. Auch wir wurden lediglich als ein Hilfsvolk angesehen, welches an der vordersten Front in den Einsatz geschickt werden konnten. Die Humanoiden sind besser, als uns mitgeteilt wurde. Sie haben Anstand, Gewissen und vermeiden unnötige Auseinandersetzungen. Ich habe sie kennengelernt und studiert. Nur aus diesem Grund bin ich zu einem Verräter an unserer Herrenrasse geworden. Den Grund kennen sie. Auch die Worgass in Andromeda wollen die Knechtschaft ihrer Herren abstreifen und sich auf einem eigenen Planeten unter eigener Verwaltung weiterentwickeln. Diese Chance wird uns jetzt gegeben. Verspielen wir sie nicht. Wendet euch von euren Herren ab und deaktiviert eure Waffen. Heute kann ein neuer Abschnitt für unsere Rasse beginnen. «

Der Worgass verbeugte sich tief und gab den Kommunikator zurück.

»Ich stehe hier für die Milchstraße«, sagte Major Travis. »Bei uns gibt es keine Herrenrassen, die ihr Volk knechten und unterdrücken können. Hierfür haben wir gesorgt. Ich stehe hier für die Worte von Commander Rantero und Commander Sirgphan ein. Vertrauen sie ihren Artgenossen. Nur so ist diese Schlacht zu verhindern. «

Major Travis beendete die Verbindung.
Er schaute die Worgass und die Gäste auf seiner Brücke an.

»Jetzt heißt es abwarten, wie sich ihre Artgenossen entscheiden«, entgegnete er. »Ich hoffe sehr, sich wird nicht zu lange dauern wird. «

Prinz Sirthrith hatte die Antworten von Admiral Dragphan erhalten.

»Sie verweigern meine Befehle«, schrie der Prinz. »Ich habe es immer gewusst. Den Worgass kann man nicht trauen. «

Er tobte auf der Brücke seines Flagg-Schiffes und lief hin und her.

»Vernichtet sie alle«, schrie er. »Eröffnet das Feuer auf ihre Schiffe. Alle Worgass müssen sterben. «

Der Prinz ließ sich in seinen Kommando-Sessel fallen. »Befehl an unsere Schiffe«, befahl er. »Fahrt aufnehmen und die Worgass-Schiffe angreifen. Vernichtet sie. «

Sein erster Offizier blickte ihn an. Er war ein erfahrener Offizier der kaiserlichen Garde.

»Sie sind uns überlegen«, bemerkte er. »Sie befehlen 3.900 unserer Groß-Raumschiffe. «

Der Prinz blickte den Offizier verärgert an.

»Wollen sie jetzt auch noch meine Befehle verweigern? «, tobte er.

Ohne eine Antwort abzuwarten, zog der Prinz seine Laser-Waffe aus dem Holster und drückte ab. Der Offizier sackte zuckend in sich zusammen und fiel auf den Boden der Brücke.

Die Brücken-Offiziere des zierrakischen Flagg-Schiffes schauten sich erschreckt an. Widerstand baute sich in ihnen auf.

»Führt meine Befehle aus«, schrie der Prinz mit gehobener Waffe. »Ich dulde keine weiteren Fragen mehr. «

Die verbliebenen 520 Schiffe unter zierrakischer Führung, schwenkten auf den Kurs der Schiffe von Admiral Dragphan ein. Die Schutz-Schirme wurden hochgefahren, die Waffen-Türme der Schiffe ausgefahren. Mit hoher Geschwindigkeit näherten sie sich dem Abwehr-Kubus des Admirals.

»Unsere Kampf-Jets haben Befehl, sofort die fremde Flotte angreifen«, befahl der Prinz. »Sie werden die Schiffe der Ablonder ausdünnen. «

»Ihr Befehl wurde durchgegeben«, antwortete der Funk-Offizier. »Die Jets nehmen Fahrt auf und fliegen zu den Koordinaten der Ablonder. «

»Gut«, lachte der Prinz. »Wir werden uns währenddessen um den widerspenstigen Admiral kümmern. Richtet verstärkt das Feuer auf sein Flagg-Schiff. Es soll aus dem Sektor gesprengt werden, als Warnung für alle anderen.«

Der Groß-Kaiser hatte den Hilferuf aus der 2. Dimension erhalten. Er stand mit seinen Beratern zusammen und diskutierte den Text.

»Wir werden um Hilfe gebeten«, sagte ein Strategie-Offizier. »Die Situation in der zweiten Dimension spitzt sich zu. Ihr Neffe bittet um massive Verstärkung, ansonsten wäre unser Stützpunkt nicht mehr zu halten. «

»Immer wieder Prinz Sirthrith«, schrie der Kaiser. »Er ist vermutlich mit allen Aufgaben überfordert. Es war ein großer Fehler von mir, ihn mit der Führung der weißen Anomalie zu betrauen. «

Die Berater des Groß-Kaisers nickten.
»Wir haben ihnen von diesem Schritt abgeraten«, erinnerten sie. »Doch sie waren der Überzeugung, das Richtige zu befehlen. «
»Ich sehe es ein«, antwortete der Groß-Kaiser. »Mein Neffe ist zu nichts Nutze. Er wird die Konsequenzen am eigenen Leib ertragen müssen. «

Der Groß-Kaiser atmete schwer aus.
»Schickt 10.000 Schiffe zu seiner Verstärkung«, befahl er.

Die Berater schauten sich an.

»Von welcher Front sollen wir die Schiffe abziehen? «, fragten sie. » Vermutlich werden unsere Gegner nachrücken und unser Heimat-System bedrohen, oder sogar angreifen. Diese Chance werden sie sich nicht entgehen lassen. Wollen sie das? «

Der Kaiser überlegte.

»Die Prioritäten müssen neu verteilt werden«, antwortete er. »Unser Brückenkopf in der 2. Dimension ist wichtig für uns. Wir können hierauf nicht verzichten. Die Flotten an der Front müssen für kurze Zeit mit weniger Schiffen auskommen. Wir bereinigen die Situation in der 2. Dimension und verlegen hiernach die Schiffe wieder an die Front zurück. Zieht aus allen Kampf-Gebieten 1.000 Groß-Raumschiffe ab. Diese Zahl ist unerheblich für unsere Verbände. Sie fallen nicht ins Gewicht. «

»Wir gefährden den Erfolg an allen Fronten«, teilte ein Berater mit. »Das ist nicht verantwortlich? «

»Führt meinen Befehl aus«, schrie der Groß-Kaiser. »Die Anomalie in der 2. Dimension braucht sofort unsere Unterstützung. «

Die Berater verbeugten sich. Sie wussten, dass der Groß-Kaiser keine weiteren Antworten mehr dulden würde.

»Wir veranlassen alles Nötige«, antworteten die Berater.

»Die Angreifer müssen eliminiert werden«, schrie der Groß-Kaiser. »Zeigt ihnen, dass keine Rasse ungestraft in unser Hoheitsgebiet einfallen darf. Schlagt sie mit aller Härte zurück. Es werden keine Gefangenen gemacht. Tötet sie alle. «

»Zu Befehl, eure Hoheit«, erwiderten die Berater leise.

Major Travis, Heran, Sil'drock und Marschall War'drock standen am CIC und beobachteten die Flotten-Bewegungen der Feinde. Thoran hatte sich von seinem Schiff abholen lassen. Er wollte die Führung seiner Flotte persönlich übernehmen.
»Es kommt Bewegung in ihre Schiffe«, lachte Heran. »Die Ansprache von unseren Worgass Commandern scheint Früchte zu tragen. «

Zahlreiche Schiffe der 2.500 Meter-Klasse scherten von ihren Positionen aus und nahmen Kurs auf eine kleine Formation, die an einen Kubus erinnerte. Immer mehr Schiffe kamen hinzu und vergrößerten die Formation.

»KI«, rief Marc. »Wie viele Schiffe schließen sich dem Kubus an. «

»Ich zähle die exakte Zahl von 3.900 Groß-Raumschiffen«, antwortete die Hypertronic-KI der Termar 1. »Lediglich 520 Schiffe bleiben auf ihren bisherigen Positionen. «

»Was hat das zu bedeuten? «, fragte Sil'drock. » Warum trennen sich die Schiffe von ihrer Flotte. «

Major Travis blickte die beiden Ablonder an.
»Ich vermute, dass sind die Schiffe der Worgass-Offiziere. Commander Sirgphan hat Recht behalten. Sie Worgass sind es leid, die Schmutzarbeit für die Zierrakies zu erledigen. «

»Es hat sich viel geändert in den Jahres unseres Tiefschlafes«, bemerkte Marschall War'drock. »Sie wollen nicht mehr kämpfen und doch werden sie ihre Strafe bekommen. «

»Anflug von Kampf-Jets«, teilte die Schiffs-KI mit. »Ein starker Verband von 56.000 Jets befindet sich auf einem Kollisions-Kurs. «

Alarmsirenen heulten auf der Brücke der Termar 1 auf. Das Licht schaltet sich auf ein gedämpftes Rot.

»Das Gemetzel beginnt«, sagte Major Travis.

Er reichte Sil'drock den Kommunikator.
»Hier spricht Sil'drock im Auftrag von Marschall War'drock«, sprach er in das Mikrofon. »Startbefehl für 120 Verbände unserer Angriffs-Kreuzer. Der Feind befindet sich im Anflug. Jeweils 4 Schiffe nehmen sich einen zierrakischen Kampf-Jet vor. Synchronisieren sie ihre Waffen. Stoppen sie die anfliegenden Verbände der Kampf-Jets und vernichten sie alle Schiffe. «

»Die Bestätigungen kommen herein«, meldete Sergeant Farmer von der Funkkonsole.

Ganze 120 Flotten-Verbände trennten sich von dem Haupt-Verband der ablondischen Flotte und gingen auf Abfangkurs. Während des Fluges zerfielen sie in kleine Geschwader zu je 4 Schiffen, die Kurs auf das ihnen zugeteilte Ziel nahmen. Mit hoher Geschwindigkeit rasten die Schiffe der Parteien aufeinander zu.

Major Travis blickte Heran an.
»Ich werde einen Sicherheitspuffer aufbauen lassen«, sagte Marc. »Der Wille ist zwar bei den Ablondern

vorhanden, doch vermutlich fehlt es ihnen an Kampf-Erfahrung.«

Heran nickte zustimmend.
»Das befürchte ich auch«, antwortete er.

Marc griff nach dem Kommunikator.
»Hier spricht Major Travis. Ich rufe die Commander unserer Schiffe. Feindliche Jäger befinden sich im Anflug. Einsatz-Alarm für die Taluk-Schiffe. Jedes Schiff der Kaiser-Klasse schleust 5 Taluk-Kreuzer aus. Es ist ein Abwehrwall zu errichten. Gruppieren sie sich vor unserer Flotte und vernichten sie durchbrechende zierrakische Kampf-Jets. Es handelt sich um eine reine Vorsichtsmaßnahme. Es sind bereits 120.000 ablondische Kampf-Kreuzer, der 250-Meter-Klasse im Einsatz, um den Anflug der zierrakischen Jets zu unterbinden. Die Feuerfreigabe wurde autorisiert, handeln sie nach eigenem Ermessen. Major Travis, Ende der Übermittelung.«
Die Bestätigungen kamen Sekunden später an das Flagg-Schiff zurück.

»Die Taluk-Schiffe werden ausgeschleust«, teilte Sergeant Dantow mit. »Sie formieren sich und fliegen unter unserer Flotte durch.«

Marschall War'drock nickte.

»Eine gute Entscheidung, denke ich. So wird es sicherlich keinem Gegner gelingen zu uns vorzudringen. « »Die Schiffe bilden einen Schutzwall in 10.000 Kilometern Abstand, vor unserer Flotte, teilte Sergeant Dantow mit. »Sie aktivieren ihre Waffensysteme, alle Schutzschirme werden hochgefahren. «

In einer Entfernung von 25.000 Kilometern, kam es zu der ersten Schlacht. Zahlreiche Laser-Salven erhellten das Universum. Auf den Monitoren der Termar 1 blitzten die Anzeigen auf und gaben die Schlacht wieder. Die zierrakischen Schiffe waren in der Unterzahl. Pausenlos erhellten kleine Kunstsonnen das Kampfgebiet. Die ablondischen Schiffe feuerten die Strahlen ihrer Laser-Geschütze auf die gehassten Feinde ab.

»Die Zierrakies sind erst einmal beschäftigt«, sagte Heran. »Ich gebe den Befehl an die Flotte, die Minenfelder zu beseitigen. Das ist keine große Angelegenheit. Hierfür haben wir entsprechende Fächerstrahler an Bord. «

»Das wäre sehr hilfreich«, schmunzelte Marc. »Es gibt immer wieder neue Techniken auf euren Schiffen, die wir noch nicht kennen. «

»Das dürftest du gar nicht wissen«, antwortete Heran. »Ich gebe jetzt den Befehl. «

»Er schritt etwas zurück und stellte sich in eine ruhigere Ecke der Brücke. Er zog einen Kommunikator aus seiner Innentasche und klappte ihn auf.

»Hier ist Heran«, sprach er in das Gerät. »Ich rufe Thoran. «
Der Oberbefehlshaber des lantranischen Flotten-Verbandes meldete sich sofort.

»Hier ist Thoran«, tönte seine Stimme aus dem Gerät.
»Es ist so weit«, antwortete Heran. »Zerstört die Minenfelder. «

»Ich erteile sofort den Befehl, « antwortete Thoran. »Danach werden wir uns um die Sonnen-Giganten kümmern. «
»Einverstanden«, antwortete Heran. »Achtet auch den Sicherheits-Abstand. «

»Danke für deinen Hinweis«, antwortete Thoran. »Aber wir machen das nicht zu ersten Mal. «

Heran schritt an das CIC zurück.

»Thoran beginnt mit der Räumung der Minenfelder, « teilte er mit.

Das CIC zeigte, wie die 500 Evolutions-Schiffe beschleunigten und das Schlachtfeld umflogen. Sie näherten sich den Minenteppichen vor der Anomalie. Die Evolutions-Schiffe teilten sich auf und aktivierten ihren Fächerstrahl. Aus der ausgefahrenen Front-Kanone der Schiffe löste sich ein breiter Strahl, der auf halber Strecke in hunderte kleinerer Strahlen zerfiel. Mit lantranischer Perfektion trafen die Strahlen auf die Minen. Sie schienen zu wissen, wo sie positioniert waren. Explosionen im Sekundentakt waren die Folge. Rings um die Anomalie entstanden kleine Glutbälle, die von der Vernichtung der Minenfelder zeugten. Die Schiffe der Lantraner machten einen guten Job. Keine Mine entging ihren sensiblen Instrumenten.

Währenddessen tobte die Schlacht zwischen den beiden Rassen weiter. Die Kampf-Jets der Zierrakies deckten die Ablonder mit einem Laserhagel ein. Doch bevor die Schutz-Schirme der 250-Meter-Schiffe versagten, wechselten sie ihre Positionen und griffen neu an. Dieser winzige Moment genügte den ablondischen Schirmen, um sich zu generieren. Die Laser-Geschütze der zahlreichen Gruppen ablondischen Angriffs-Kreuzer feuerten synchron auf ihr Ziel. Wieder detonierten zahlreiche zierrakische Kampf-Jets und verpufften zu einem Feuerpils. Die Jäger der Zierrakies verloren immer mehr an Boden. Die Anzahl ihrer Schiffe war auf knapp 33.000 Einheiten geschrumpft. Dank ihrer Strategie, konnten die Ablonder derzeit über keine Verluste klagen. Lediglich 122 beschäftige Kreuzer wurden zurück hinter die sichere Flotten-Linie befohlen. Sie wurden sofort durch neue Schiffe ersetzt.

»Ihre Angriffs-Kreuzer leisten eine gute Arbeit«, sagte Major Travis. »Sie haben dazugelernt. «

Marschall War'drock fühlte sich geschmeichelt.
»Wir haben tatsächlich die Oberhand gewonnen«, erwiderte er. »Die Anzahl der gegnerischen Schiffe nimmt rapide ab. «

Wieder wurden 85 Explosionen auf dem CIC angezeigt.
Im Sekundentakt konnten neue Abschüsse von zierrakischen Kampf-Jets gemeldet werden.

»Achtung 120 Jäger im Anflug«, meldete die Hypertronic-KI der Termar 1.

Eine große Gruppe der Schiffe hatte sich von ihrem Verband abgesetzt und unterflog die ablondischen

Schiffe. Sie flogen mit Höchstgeschwindigkeit auf die zweite Barriere der Taluk-Schiffe zu.

Die Ortungs-Anzeigen der Termar 1 zeigten in roter Farbe an, dass in den Taluk-Schiffen zusätzliche Atommeiler aktiviert wurden.

Die zierrakischen Kampf-Jets flogen in breiter Front auf die breite Linie der natradische Schiffe zu. Noch warteten die erfahren Commander der Schiffe ab.

Die Flotte aus 25.000 Taluk-Schiffen, hatten ihre Backbord-Schiffsseiten den Feinden zugedreht. Alle 10 Laser-Türme pro Schiff waren ausgefahren worden und visierten ihre Ziele an. Die KI der Schiffe hatte Automatikfeuer befohlen. Nur noch wenige Augenblicke waren abzuwarten.

Die Kampf-Jets der Zierrakies waren in eine optimale Waffen-Reichweite gelangt. Schlagartig entluden die schweren Laser-Türme der Taluk-Schiffe ihre Waffen auf die angreifenden Jäger. Der Kampf glich einem Abschlachten. 250.000 Laser-Strahlen rasten auf die Jäger zu. Bei fast allen zierrakischen Jets kollaborierten nach dem Erstschlag die Schutz-Schirme. Im Sekundentakt feuerten die Taluk-Schiffe weiter auf die Angreifer. Sie konnten nicht mehr ausweichen. Wie in einer Kettenreaktion explodierten die Schiffe reihenweise in kleinen Atomfeuern. Eine feurige Wolke aus Glut, Staub und Gasen entwickelte sich. Die Sicht war beeinträchtigt. Nur langsam verzogen sich der Qualm und die Trümmer. Kein Schiff der Zierrakies konnte dem Angriff der natradischen Waffen-Türmen entkommen.

»Die angreifenden Jäger wurden vollständig zerstört«, meldete die Hypertonic-KI der Termar 1.

Sil'drock lachte.
»Das meinen sie also mit ihrem Satz, den Rücken decken«, sagte er. »Respekt, ihr Schiffs-Verband konnte mit einem Schlag das ganze zierrakische Geschwader vernichten. «

Major Travis schaute ihn an.
»Ich bin hierüber keineswegs glücklich«, antwortete er. »Das ist allein dem Starrsinn der Zierrakies zuzuschreiben. «
»Achtung«, meldete die Hypertronic-KI des Schiffes. »Ein Verband von 520 Groß-Raumschiffen der Zierrakies greift eigene Schiffe an. «

Verdutzt blickten Heran, Sil'drock, Marschall War'drock und Marc auf das CIC.

Sie erkannten, wie sich die beiden Schiffs-Verbände bedrohlich näherten.

Admiral Dragphan analysierte, wie sich die Schiffe des Prinzen näherten.

»Sie wollen den Kampf«, sagte er zu Commander Breckphan. »Der Prinz ist versessen darauf, uns zu vernichten. «

Er zeigte auf den Bildschirm.
»Das hoheitliche Schiff fliegt an vorderster Front«, ergänzte der Commander.

»Alle Waffen-Türme ausrichten«, befahl der Admiral. »Lebend bekommt er uns nicht in die Hände. «
»Dauerbeschuss einleiten, sobald die Schiffe in eine optimale Reichweite unserer Waffen-Türme gekommen sind«, befahl Commander Breckphan.

»Der Befehl wurde an alle unsere Schiffe weitergeleitet«, antwortete der Funk-Offizier des Schiffes.

Die Schiffe des zierrakischen Prinzen eröffneten das Feuer auf die abtrünnigen Worgass-Einheiten. Sie waren jedoch noch zu weit entfernt, um den Schiffen von Admiral Dragphan gefährlich zu werden.

»Ruhe bewahren«, rief der Admiral. »Befehl an unsere Schiffe. Die vorderste Linie der zierrakischen Groß-Raumschiffe konzentriert angreifen. Hiernach sofort die nachfolgende Linie unter ein massives Laser-Feuer nehmen. Keiner darf durchbrechen. «

»Das Schiff von Prinz Sirthrith befindet sich in dieser Linie«, bemerkte Commander Breckphan

»Das ist die zierrakische Kriegsführung, « antwortete der Admiral. »Pech für den Prinzen, wenn er in unser Abwehrfeuer gerät. «

Der Admiral hob seinen Arm.
»Befehl an alle Schiffe«, schrie er. »Abwehrfeuer eröffnen. «

Hierauf hatten 3.900 Schiffe unter dem Worgass-Kommando gewartet. Wütend entluden sie die zahlreichen Waffen-Türme ihrer Groß-Kampfschiffe und hüllten die Angreifer ein. Das Schiff des Prinzen wurde mehrfach getroffen. Der Schutz-Schirm kollabierte und versagte. Nachfolgende Treffer durchschlugen die Schiffswand und richten gewaltige Löcher an, aus denen

Gase, Wasser und viele Gegenstände ins kalte All gezogen wurden. Die Explosionen der zierrakischen Schiffe erhellten das Schlachtfeld. Reihenweise detonierten die Schiffe, unter den massiv einschlagenden Laser-Strahlen der Worgass-geführten Schiffe.

Das Schiff des Prinzen trudelte und konnte seine Flugbahn nicht mehr halten. Es kollidierte mit einem unterhalb fliegenden Schiff. Das hoheitliche Kriegsschiff bohrte sich mit seiner Nase tief in das Oberdeck des betroffenen Schiffes ein. Noch schien das kaiserliche Schiff seinen Antrieb nicht deaktiviert zu haben. Das Schiff bohrte sich weiter und weiter in das Schwester-Schiff. Explosionen zischten aus der aufgebrochen Stelle. Wasser und Gase entwichen.

Der Admiral sah, wie ein Riss entstand, der sich von einer Seite zu anderen zog. Plötzlich brach das Schwesterschiff in der Mitte auseinander. Eine gigantische Explosion erfasste das Schiff von Prinz Sirthrith und fraß sich vom Heck bis zum Bug weiter. Dann detonierte das stolze Schiff der zierrakischen Kaiser-Kaste und ergab sich der Kälte des Weltalls. Das hoheitliche Schiff war in zahlreiche Einzelteile zersplittert.

Hurra-Schreie wurden auf der Brücke des Flagg-Schiffes von Admiral Dragphan hörbar.

»Weiter auf die angreifenden Schiffe feuern«, schrie der Admiral. »Feiern können wir später. Der zierrakische Prinz ist von uns gegangen. Nutzen wir die Stunde der Entscheidung. «

Die getreuen Schiffe des Prinzen, hatten den Untergang ihres hoheitlichen Befehlshabers beobachtet. Deprimiert zogen sie sich in einen ausreichenden Sicherheits-Abstand zurück.
»Feuer einstellen«, rief Commander Breckphan. »Die Zierrakies ziehen sich zurück. «

»Sie sind unterlegen«, rief der Ortungs-Offizier. » Sie haben bei diesem Angriff 28 ihrer Groß-Raumschiffe, aus der vordersten Linie verloren. «
»Trotzdem sind es immer noch 492 Schiffe, die uns gefährlich werden können«, bemerkte der Admiral. »Behaltet sie im Auge. «

»Wir haben die Kommunikation des Prinzen dechiffriert«, meldete der Funk-Offizier. »Es ist eine Antwort aus der Whirlpool-Galaxie eingetroffen. «

Der Admiral blickte seinen Offizier an.

»Welche Mitteilung ist eingegangen?«, fragte er.

»Der Groß-Kaiser schickt 10.000 Kriegs-Schiffe seiner Ehrengarde«, meldete der Funker. »Sie sind mit Höchstgeschwindigkeit zu uns unterwegs. «

»Wir sitzen im Schlamassel«, rief der Admiral. »Gegen 10.000 Schiffe wird es schwer werden.

Er dachte nach.
»Formiert die Flotte, « ergänzte er. »Wir brauchen einen neuen Plan. «

Die lantranischen Schiffe hatten Kurs auf die 12 übergroßen Sonnen gesetzt. Sie hatten ihre Tarnung eingeschaltet. Die Ortungs-Geräte der zierrakischen Schiffe konnten ihren Flug nicht mehr verfolgen.
Thoran hatte in einem Abstand von 100.000 Kilometern, jeweils 8 Evolutions-Schiffe vor den zwölf Sonnen positioniert. Jeder dieser Sonnen-Giganten musste mit 8 Sonnen-Destroyer-Bomben angegriffen werden, um den gewünschten Effekt zu erzielen. Jedes der ausgewählten lantranischen Schiffe, hatte nur eines von diesen großen Anti-Materie-Geschossen an Bord.

Thoran griff nach dem Kommunikator.

»Hier spricht Admiral Thoran«, sprach er in das Gerät. »Oberbefehlshaber der lantranischen Flotten-Verbände. Alle eingeteilten 96 Schiffe machen ihre Sonnen-Destroyer-Bombe scharf. Leiten sie die Befehlsgewalt ihrer Hypertronic-KI, auf die KI meines Flagg-Schiffes um. Meine künstliche Intelligenz übernimmt zeitgleich den Abschuss aller Bomben in die übergossen Sonnen. Richten sie ihr Schiff exakt auf die Sonnen aus. Der Sicherheits-Abstand von 100.000 Kilometern ist unbedingt einzuhalten. Wir haben zwar die Möglichkeit, einen neuen Abschuss durchzuführen, ich erwarte aber von ihnen, dass der erste Versuch gelingt. Hierdurch werden unsere Ressourcen gespart. Ich sende jetzt das Signal. Verbinden sie ihre KIs mit der befehlsgebenden Hypertronic-KI meines Schiffes. «

Thoran wartete noch einen kleinen Augenblick.
»KI, sende das Synchronisierungs-Signal«, befahl er.

»Das Signal wurde gesendet«, antwortete eine männliche KI-Stimme.

»Erhalten wir Signale? «, fragte Thoran.
»Alle Signale der 96 positionierten Schiffe wurden eingespeichert«, meldet die KI. »Der zentrale Abschuss erfolgt durch ihren Befehl. «

Thoran schaute auf Bildschirm.
»Zeichnen wir Fremdkontakte im näheren Umkreis auf? «, fragte er ein letztes Mal.

»Nein«, antwortete die KI monoton. »Es befinden sich derzeit keine fremden Schiffe unserem Sektor. «

»Abschuss einleiten«, schrie Thoran.
Gleichzeitig aus allen 96 Schiffen, flogen die schweren Bomben aus den Abschuss-Schächten. Sie beschleunigten und folgen auf ihr Ziel zu.

»Der synchrone Abschuss ist erfolgt«, erwiderte die KI.

»Die errechneten Erfolgsaussichten liegen bei 100 Prozent «

Thoran verfolgte die Flugbahnen der Bomben. Auf einem separaten Monitor, wurden die Flugrouten, Geschwindigkeiten und die Sekunden bis zum Einschlag angegeben.

Thoran erkannte, dass alle Bomben zur gleichen Zeit einschlagen würden. Er wusste, dass es trotz der ausgereiften lantranischen Technik, immer noch kleine Fehler geben konnte.

»10 Sekunden bis zu Einschlag«, meldete die KI.

Thoran war sich nicht bewusst, dass er die Luft anhielt. Unruhig beobachte er die Monitore. Eine Abweichung war nicht festzustellen.

»5 Sekunden bis zum Einschlag«, teilte die KI mit.

Thoran hatte immer noch nicht Luft geholt. Er blickte mit starren Augen auf den Monitor.

»Einschlag«, rief die KI. »Alle Sonnen-Destroyer-Bomben haben zeitgleich das Ziel erreicht. «

Thoran holte tief Luft. Erleichtert erkannte er, wie sich die Sonnen-Giganten in ihrer Größe um das Dreifache aufblähten. Die gelbe Farbe wich einer tiefroten Farbgebung. Dann entstanden mittig in den Sonnen 8 kleine schwarze Löcher, die immer mehr an Größe zunahmen. Sie weiteten sich aus, als ob sie die Sonnenmassen in sich aufsaugen würden. Die Löcher wurden größer und verbanden sich miteinander. Dann wurde die noch vorhandene Sonnenmasse in das schwarze Loch gezogen und schwand. Alle Sonnen-Giganten ereilte das gleiche Schicksal. Sie wurden von der lantranischen Technik in ein künstliches schwarzes Loch gezogen, welches in ihrem Inneren seinen Ursprung hatte. Es war wurde schlagartig Dunkel, über der Anomalie der Zierrakies. Das grelle Licht der 12 übergroßen Sonnen war erloschen. Ebenso das gigantische Gravitations-Feld.

Die Brücke der Termar 1 hatte die sich überschlagenden Ereignisse am CIC verfolgt.

»Warum bekämpfen sich die Zierrakies jetzt selbst? «, fragte Marschall War'drock.

»Unser Vorschlag scheint bei den Worgass auf Gegenliebe gestoßen zu sein«, antwortete Marc. »Das Hilfsvolk der Zierrakies, unterdrückt und geschunden, strampelt sich frei und lehnt sich gegen ihre Herren auf. Anders ist das Geschehene nicht zu erklären. Sie sehen es selbst. Der größte Teil der Flotte hat sich abgespalten. «

Heran und Marc erkannten, dass der Verteidigungs-Kubus Wirkung zeigte.

Die heran fliegenden 520 zierrakischen Schiffe hatten das Feuer auf den Kubus aus 3.900 Worgass-Schiffen eröffnet. Noch wehrte sich der Verteidigungs-Kubus nicht.

»Gleich werden sie in Waffenreichweite sein«, sagte Heran.

Wie vermutet, wurden schlagartig die Laser-Türme von 3.900 Schiffen aktiviert. Unzählige Laser-Lanzen rasten den 520 anfliegenden Schiffen entgegen. Ihre Laser-Strahlen hüllten die Schiffe förmlich ein. Auf den Anzeigen der Termar 1 sah es aus, wie eine breite Feuerwand. Die einzelnen Strahlen konnten nicht mehr separiert werden.

»Die vorderste Linie hat es weggepustet«, teilte Sil'drock mit.

Zahlreiche Explosionen und Feuerpilze verhinderten ein Weiterkommen der nachfolgenden Schiffe. Im Sekundentakt flogen den Angreifern weitere Laser-Strahlen zu und deckten sie förmlich zu.

»Zahlreiche Schutz-Schirme kollaborieren«, meldete die Hypertronic-KI der Termar 1.
Weitere Explosionen wurden angezeigt, die für vernichtete Schiffe standen. Der Kubus feuerte im Sekundentakt seine tödlichen Strahlen auf die angreifenden Schiffe.

»Die Angreifer drehen ab«, meldete die KI. »Sie ziehen sich zurück. «

»Die erste Angriffs-Linie wurde vollständig vernichtet«, sagte Major Travis.

»Der zierrakische Prinz ist getötet worden, « sagte Heinze. »Ich konnte seinen Todesschrei empfangen. «

Der große Panorama-Bildschirm schaltete um, auf die Raum-Schlacht der kleinen Kamp-Jets. Die Ablonder schienen jetzt deutlich die Oberhand gewonnen zu haben.

»KI, bitte eine Zählung der zierrakischen Kampf-Jets durchführen«, befahl Major Travis.

»Es werden noch 8.952 zierrakische Jets gezählt. Alle anderen Schiffe wurden durch ablondische Einheiten vernichtet. «

»Eingehender Funkspruch von Thoran«, teilte die KI mit. »Auf die Laufsprecher legen«, befahl Major Travis.

»Hier ist Thoran«, schallte es aus den Lautsprechern der Brücke. »Die Eliminierung der Sonnen war erfolgreich«, meldete der Oberbefehlshaber der lantranischen Flotte.

»Wir beginnen jetzt mit dem Beschuss des Asteroiden-Walls. Wir brechen den Steinwall auf und schaffen Einflugs-Schneisen und räumen den Schutt weg. «

»Wir haben es auf unseren Monitoren verfolgt«, antwortete Heran. »Vielen Dank für eure Unterstützung. Die Anomalie wird sich jetzt auf natürlichem Weg auflösen. «

»Wir kümmern uns um die verbliebene Flotte der Zierrakies«, antwortete Heran.

»Falls ihr Hilfe braucht, meldete euch bitte«, antwortete Thoran.

»Das machen wir«, entgegnete Heran.

»Die letzten Kampf-Jets drehen ab und fliegen zu ihrer wartenden Flotte, meldete die KI der Termar 1.

Sil'drock und Marschall War'drock erkannten, dass die zierrakischen Jäger die Aussichtslosigkeit ihrer Lage erkannt hatten.

Marschall War'drock griff nach dem Kommunikator.

»Hier spricht Marschall War'drock, Oberbefehlshaber der ablondischen Streitkräfte. Die Zierrakies ziehen sich zurück und sammeln sich neu. Wir haben gesiegt. Die Zerstörer sind unterlegen. Alle Schiffe rücken nach. Wir fliegen den letzten Angriff auf ihre Bastion. Die Groß-Kampf-Schiffe müssen ausgeschaltet werden. «

Major Travis blickte ihn strafend an.
»Wir werden kein Blutbad anrichten? «, sagte er. » Fordern sie von den Zierrakies eine Kapitulation. So war es ausgemacht. Allein der Vorschlag von Commander Sirgphan, hat die Worgass-Schiffe davon abgehalten in den Kampf einzugreifen. Wollen sie jetzt diese Vereinbarung hintergehen? «

»Die zierrakischen Schiffe müssen vernichtet werden«, antwortete der Marschall hasserfüllt. »Nur so wird uns Gerechtigkeit gezollt. «

»Das ist nicht im Sinne unserer Herren«, teilte Sil'drock mit. »Ich unterstütze Major Travis. Die Worgass-Schiffe sind in dieser Angelegenheit Verbündete. Sie haben den zierrakischen Prinzen getötet. Wir werden sie nicht angreifen. «

»Ich bin immer noch der Oberbefehlshaber des Flotten-Oberkommandos«, tobte Marschall War'drock. »Es war nie unsere Absicht, die Worgass unbehelligt entkommen zu lassen. «

Heran, Major Travis und Sil'drock schauten auf die Monitore. Die 43.000 Schiffe der ablondischen der 1.000-Meter-Klasse und 53.552 Schiffe der neuen 1.500-Meter-Klasse, hatten sich vor die Flotte der 250-Meter messenden Angriffs-Kreuzer der Ablonder gestellt und flogen den Zierrakie-Schiffen unter Führung der Worgass-Offiziere entgegen. Sie führten den Befehl ihres kommandierenden Offiziers aus.

»Rufen sie sofort ihre Schiffe zurück«, befahl Major Travis. »Unser abgegebenes Wort hat Gültigkeit. «

»Das geht nicht mehr«, lachte Marschall War'drock. »Die Maschinerie ist bereits angelaufen. «

Marc winkte vier Kampf-Roboter herbei.

»Ich nehme sie unter Arrest«, sagte Marc. »Ihre hinterhältige Art, schadet unserem Ruf. «

Sil'drock trat vor.
»Ich enthebe sie ihres Amtes«, sagte er. »Sie sind nicht würdig, den Oberbefehl unserer Flotte zu tragen. «

»Das dürfen sie nicht«, schrie der Marschall. »Unsere Herren werden sie dafür abstrafen. «

»Das glaube ich kaum«, antwortete der Ablonder der ersten Außenstadt der Aller-Ersten.

»Bringt den Marschall in eine Zelle«, sagte Marc. »Er ist auf der Brücke überflüssig. «

Er gab Sil'drock den Kommunikator.
»Versuchen sie die Flotte aufzuhalten, die Zeit drängt «, sagte er.

Sil'drock nickte.
»Hier ist Sil'drock«, sprach er in das Gerät. »Marschall War'drock hat den Oberbefehl an mich übergeben. Ich fordere die Flotte auf zu stoppen. Die Flotte der Zierrakies wird nicht angegriffen. Bestätigen sie die Befehle. «

»Antworteten kommen herein«, meldete Sergeant Farmer.

»Legen sie auf den Lautsprecher«, befahl der Major
.
»Hier spricht Commander Tarun'drock, Oberbefehlshaber der 43.000 ablondischen Groß-

Raumschiffe. Eine Befehlsübernahme wird nicht akzeptiert«, teilte er mit. » Wir haben eindeutige Befehle. Auch die Robot-Schiffe unterliegen meinem Kommando. Wir führen den Angriff durch. «

Die Verbindung brach ab.

Sil'drock schüttelte seinen Kopf.

»Es ist zu spät«, erklärte er. »Die Übernahme der Befehlsgewalt wird als Putsch angesehen. Mir sind die Hände gebunden.

«

Marc griff nach dem Kommunikator.

»Hier spricht Major Travis. Ich rufe die Flotte des neuen Imperiums. Die Ablonder greifen die Flotte der Zierrakies an. Diese werden von Worgass kommandiert. Sie liegen in einer Entfernung von 350.000 Kilometern. Ich befehle einen kurzen Hypersprung. Unsere Schiffe legen sich zwischen den Schiffen der verfeindeten Parteien. Wir bauen mit unseren Schiffen einen Schutzwall auf. Alle Schutz-Schirme sind auf die maximale Leistung einzustellen. Ein Abwehrfeuer erfolgt erst auf meinen ausdrücklichen Befehl. Sofortige Ausführung meines Befehls. «

»Die Bestätigungen kommen herein«, meldete Sergeant Farmer.

Die Flotte des neuen Imperiums beschleunigte und entmaterialisierte. Sekunden später kam sie in einer Entfernung von 250.000 Kilometern wieder aus dem Hyperraum. Der Abstand zu den zierrakischen Schiffen betrug nur noch 100.000 Kilometern. In breiter Front bauten die natradischen Schiffe einen Abwehr-Wall auf. Ein fluoreszierendes Flimmern zeigte den Aufbau der Super-Schutz-Schirme an.

Admiral Dragphan traute seinen Augen nicht. Commander Breckphan zeigte auf den großen Monitor. Er war unfähig Worte von sich zu geben.

»Eine Flotte von 500 fremden Schiffen konnten die übergroßen Sonnen-Giganten unserer Anomalie zerstören«, staunte der Admiral. »Sie haben in dem Kern der Sonnen schwarze Löcher erzeugt. Diese haben alle Sonnen-Giganten in sich hineingezogen. «
»Wie ist so etwas möglich? «, fragte Commander Breckphan. » Sie müssen den Zierrakies technisch weit voraus sein. «

»Jetzt fangen sie mit dem Aufbrechen des Asteroiden-Wall an«, bemerkte Admiral Dragphan.

Sie sahen, wie die 500 Evolutions-Schiffe mit einem Flächen-Beschuss des Steinwalls begannen.

»Achtung, Annäherungs-Alarm«, tönte die KI des zierrakischen Flagg-Schiffes von Admiral Dragphan. »43.000 ablondische Schiffe der 1.000-Meter-Klasse und 53.552 Schiffe einer 1.500-Meter-Klasse, sind auf einen Kollisionskurs zu ein eingeschwenkt. «

»Jetzt sind wir an der Reihe«, bemerkte Commander Breckphan. »Das Wort der Humanoiden hat keine Bedeutung. Sie haben uns in eine Falle gelockt. «

»Das sind über 96.000 große Raumschiffe«, schrie der Admiral. »Hiergegen haben wir nicht die geringste Chance. Wir werden abgeschlachtet. Senden sie einen Funkspruch auf allen Frequenzen«, befahl er. » Teilen sie mit, dass wir kapitulieren. Wiederholen sie ständig diesen Hyper-Funkspruch. «

Ein Flimmern entstand im Rücken des Admirals. Die Crew der Brücke schrie auf.

5 Personen waren auf dem Schiff des Admirals materialisiert.

»Senkt die Waffen«, schrie er seiner Crew zu. »Das sind Angehörige der Macaronus. Ich habe sie auf unser Schiff eingeladen. Sie werden uns helfen. «

Die Brücken-Crew beruhigte sich.

»Sie kommen spät«, bemerkte Admiral Dragphan. »Können sie noch etwas retten? «

»Zeit ist ein relativer Begriff«, antwortete Geoffwan. »Wir haben die Ereignisse aus der Ferne beobachtet. Der große Aahnn hat uns ein zu frühes Eingreifen untersagt. Wie ist die Lage? «

»Wir haben uns von der zierrakischen Flotte abgespalten, so wie sie es uns empfohlen hatten«, teilte der Admiral mit. »Die verbliebenen 520 zierrakischen Schiffe, unter der Führung von Prinz Sirthrith, haben uns angegriffen. Bei dieser Schlacht wurden von uns 28 zierrakische Groß-Raumschiffe vernichtet. Es gab keine Verluste auf unserer Seite. Der Prinz Sirthrith, Neffe des zierrakischen Groß-Kaiser wurde bei diesem Angriff, in seinem hoheitlichen Schiff, getötet. «

»Das war vorherbestimmt«, antwortete Talswan. »Der Prinz war geblendet von den militärischen Erfolgen der Zierrakies. Er konnte eine Niederlage nie in Betracht ziehen. Der zierrakische Groß-Kaiser wird diese Niederlage nicht hinnehmen. «

»Die fremden Humanoiden, welche die Flotte der Ablonder begleiten, haben uns einen eigenen Planeten angeboten, wenn wir uns an den Kampf-Handlungen nicht beteiligen«, ergänzte Admiral Dragphan. »Leider zählte ihr Wort nicht in der ablondischen Flotte. 43.000 ablondischen Schiffe der 1.000-Meter-Klasse und 53.552 Schiffe einer 1.500-Meter-Klasse, sind auf einen Kollisionskurs zu ein eingeschwenkt. «

Geoffwan schaute auf den Monitor.
»Nicht immer sieht es so aus, wie vorher besprochen«, teilte er mit. »Sie sehen die Zerrissenheit der Ablonder, über ihre Taten in der Vergangenheit. Haben sie Vertrauen zu den Humanoiden. Sie stehen zu ihrem Wort.«

»Das fällt mir schwer«, antwortete Admiral Dragphan.
»Die Flotte der Groß-Kampfschiffe der Ablonder nähert sich unaufhaltsam. «

»Das Wort Unaufhaltsam, ist ein Wort ihres Sprachgebrauches«, lächelte Halswan. » Wir benutzen es nicht mehr. Sehen sie auf den Bildschirm. «

Admiral Dragphan drehte seinen Kopf und schaute auf den Bildschirm.

»Ich orte eine Verzerrung des Hyperraumes«, teilte die KI des zierrakischen Schiffes mit.« » Eine Flotte von 5.005 Schiffen ist in einem Abstand von 100.000 Kilometern zu uns materialisiert. Ihre Waffen sind deaktiviert. «

Admiral Dragphan blickte Geoffwan fragend an.
»Das sind die Schiffe der Humanoiden aus der Milchstraße«, erklärte er. »Sie bauen einen Schutzwall zu ihnen auf. Vermutlich hören die Befehlshaber der ablondischen Flotte nicht auf sie. Die Terraner stehen zu ihrem Wort. «

»Wer sind die Terraner? «, fragte der Admiral.
»Das sind die Nachkommen der Natrader«, antwortete Geoffwan gelassen. »Sie kommen aus der Milchstraße. Das ist eine Sterneninsel, die noch nie unter dem Einfluss von Worgass stand. «
»Eine unbefleckte Sterneninsel«, flüsterte Admiral Dragphan erstaunt.

Die ablondischen Schiffe näherten sich.

»Hyper-Funkspruch an alle anfliegenden ablondischen Schiffe«, sagte Major Travis.

»Die Leitung wurde geöffnet«, meldete Sergeant Farmer. »Sie können sprechen Herr Major. «

»Hier ist Major Travis, Oberbefehlshaber des neuen Imperiums. Wir haben den Worgass das Versprechen gegeben, dass sie unbehelligt bleiben, wenn sie sich von ihrer Flotte abspalten. Das haben sie getan. Wir stehen in unserem Wort. Stoppen sie sofort ihren Anflug, ansonsten sehen wir uns zu Gegenmaßnahmen gezwungen. Der Befehl von Marschall War'drock wurde aufgehoben. Sil'drock hat den Oberbefehl übernommen. Er ist jetzt befehlsgebend für sie zuständig. «

»Eingehender Funkspruch«, meldete Sergeant Farmer.

»Stellen sie laut«, antwortete der Major.

»Hier spricht Commander Tarun'drock, Oberbefehlshaber der 43.000 ablondischen Groß-Raumschiffe. Die Befehlsübernahme von Sil'drock wird nicht akzeptiert«, teilte er mit. » Er ist ein nicht vereidigtes Mitglied unseres Flotten-Oberkommandos. Machen sie den Weg frei, ansonsten eröffnen wir das Feuer auf ihre Schiffe. Geben sie uns keinen Anlass auf sie zu feuern. «

»Hier ist Major Travis«, sprach Marc in den Kommunikator. » Sil'drock ist der Rangälteste Offizier in ihrer Flotte. Seine Befehle sind maßgebend. Hüten sie sich vor einem unkontrollierten Angriff auf unsere Schiffe. Wir wissen uns zu verteidigen. Stoppen sie ihre Schiffe, das ist unsere letzte Warnung. «

Major Travis unterbrach verärgert die Verbindung.

Sil'drock zog seine Schultern hoch.
»Der Angriff wird zum Selbstläufer«, entschuldigte er sich. »Das Flotten-Oberkommando ist leider uneinsichtig.«

»Ich rufe die Flotte des neuen Imperiums«, sprach Marc den Befehlsgeber. »Falls die Ablonder die Waffen eröffnen, schicken wir ihnen 100 Gravitations-Bomben vor ihren Bug. Das wird sie gewaltig durchschütteln. Noch keine Laser-Geschütztürme einsetzen. Alle Commander bestätigen diesen Befehl. «
»Die Bestätigungen kommen herein«, rief der Funk-Offizier. »Die Gravitations-Bomben wurden scharf gemacht und in die Abschusskanäle weitergeleitet. «

Die ablondischen Schiffe hatten sich bis auf 8.000 Kilometern genähert. Sie waren sich unsicher, ob sie einen Angriff auf befreundete Schiffe durchführen sollten.

Die ablondischen 250-Meter messenden Angriffs-Kreuzer, hielten respektvoll einen Abstand von 150.000 Kilometern zu dem Geschehen ein. Sie wollten sich an dem Angriff nicht beteiligen.

»Die vorderste Linie hat Feuerfreigabe«, befahl Commander Tarun'drock. »Die Terraner wollen nicht hören. «

Der Funk-Offizier des Schiffes schaute ihn an.
»Wiederholen sie den Befehl«, sagte er zu dem Commander. »Ich halte es nicht für gut, gegen die ausdrückliche Anweisung von Sil'drock zu handeln. Ohne ihn, wären wir nicht hier. «

»Führen sie den Befehl aus«, schrie der Commander. »Wir nehmen Rache für die Vernichtung unseres Volkes, unserer Planeten und des Flotten-Oberkommandos. «

»Das ist 250.000 Jahre her«, antwortete der Funk-Offizier. »Die Zeiten haben sich geändert. «

Commander Tarun'drock war kurz vor dem Explodieren.

»Eingehender Bildfunkspruch von dem zierrakischen Flagg-Schiff«, meldete der Funker des ablondischen

Schiffes. »Man ruft uns. Alle Schiffe der Flotte können die Meldung empfangen. «

Der Commander atmete tief aus.

»Auf den zentralen Schirm legen«, rief er.

»Hier spricht der Ältesten-Rat der Aller-Ersten«, tönte es aus den Lautsprechern. »Wir sind ihre Herren. Mein Name ist Geoffwan. Ich bin der Sprecher des Rates. Uns geht es gut. Die bedrohlichen Umstände haben uns veranlasst Kontakt zu ihnen aufzunehmen. Es liegt nicht in unserem Interesse ein Blutbad unter den Feinden anzurichten. Wir befehlen unserem Hilfsvolk, den treuen Ablondern, die Waffen sofort zu deaktivieren. Sie werden diese später noch brauchen. Ziehen sie sich auf einen Sicherheits-Abstand zurück. Sil'drock ist von uns als neuer Flotten-Oberbefehlshaber anerkannt und bestätigt. «

Commander Tarun'drock glaubte seinen Ohren nicht zu trauen.

»Die Aller-Ersten sind wieder da«, dachte er. »Die Herren unserer Schöpfung schalteten sich persönlich ein, um ein Gemetzel zu verhindern. Doch kann ich den Fremden Glauben schenken? Sie sie unsere lang vermissten Herren? «

»Rufen sie das Schiff«, teilte er mit.

»Sie können sprechen«, meldete der Funk-Offizier. »Die Leitung ist offen. «

»Hier spricht Commander Tarun'drock, Oberbefehlshaber der 43.000 ablondischen Groß-Raumschiffe, sprach er in den Kommunikator.« Wir haben den Befehl die zierrakische Flotte auszulöschen. Hieran halten wir uns. Ich kann nicht bestätigen, ob sie zu der Rasse der Macoronarus gehören. Unser Befehl ist eindeutig und wird von dem Befehl unseres Flotten-Oberkommandos unterstützt. «

Sil'drock traute seinen Ohren nicht zu trauen.
»Unsere Herren sind wieder da«, rief er freudig. »Ich erkenne Geoffwan. Er hat überlebt. Er ist der Sprecher des Ältesten-Rates. «

Major Travis lächelte ihn an.
»Alles findet ein gutes Ende«, bemerkte er. »Jetzt müssen wir nur noch ihren Commander Tarun'drock von unserer ehrlichen Absicht überzeugen. «

Sil'drock griff nach dem Befehls-Kommunikator.
»Hier ist Sil'drock«, sprach er in das Gerät. »Ich bin der Rangälteste Offizier der Flotte. Ich fordere Commander Tarun'drock auf, sich unverzüglich zu unterwerfen. Ein

Angriff auf die Worgass-Schiffe ist nicht genehmigt. Bestätigen sie unverzüglich. «

Ein Knistern in der Leitung, zeugte von einem ankommenden Gespräch.

»Hier ist Commander Tarun'drock«, schallte es aus den Lautsprechern. »Ihre Befehlsübernahme wird von uns nicht akzeptiert«, teilte er mit. »Das ist nicht in den Statuen des Flotten-Oberkommandos vorgesehen. Wir werden den Angriff durchführen. «

»Sie sind ein sturer Bürokrat«, schrie Sil'drock in den Kommunikator. »Es war ein Fehler der Flotten-Führung, sie als Oberbefehlshaber von 43.000 Schiffen einzusetzen. Das zeigt mir eindeutig die fehlende Kampf-Praxis der Flotten-Führung an. Sie wollen mit dem Kopf durch die Wand. «

Die Verbindung wurde schlagartig durch Commander Tarun'drock beendet. Er ließ sich auf keine weiteren Diskussionen ein.

»Die ablondische Flotte hat wieder Fahrt aufgenommen«, teilte die Hypertronic-KI der Termar 1 mit. » Sie aktivieren ihre Waffen. «

Marc griff nach dem Kommunikator.

»Hier spricht Major Travis«, informierte er die Flotte. »Commander Tarun'drock, Befehlshaber über 43.000 ablondische Groß-Raumschiffe ist uneinsichtig. Er wird uns angreifen. Alle Schiffe sollen sich auf einschlagende Laser-Strahlen vorbereiten. Erst bei einer Dauerbelastung von 50 % unserer Schirme, erwidern wir das Feuer. Bestätigen sie meine Befehle. «

»Die Flotte bestätigt ihren Befehl«, meldete Sergeant Farmer. »Sie ist bereit. Der Abstand beträgt nur noch 6.000 Kilometer. Sie Schiffe kommen in Schussreichweite.«

»Alle 43.000 Schiffe rücken weiter vor«, teilte Admiral Dragphan mit. »Sie lassen sich nicht aufhalten. «

»Die Terraner haben einen Sperrgürtel errichtet«, erinnerte Talswan. »Ihre Strahlen können ihnen nichts anhaben. Die Schirme der Terraner sind auf der höchsten Evolutions-Stufe. Machen sie sich keine Sorgen. «

»Wir werden den Angriff nicht zulassen«, sagte Geoffwan. »Obwohl unser Flottenbefehlshaber Talswan vermutlich gerne die Schlacht bewundern würde. «

Er griff nach dem Kommunikator.

»Hier ist Geoffwan, Sprecher des Ältesten-Rates der Aller-Ersten. Ich rufe Commander Tarun'drock. Ihr Angriff wird von uns untersagt. Deaktivieren sie ihre Waffen. Wir werden nicht länger zusehen, wie sie Unfrieden unter den Ablondern stiften. Das ist unsere letzte Mahnung. «

Der Hyper-Funkspruch wurde von dem Commander der 43.000 ablondischen Schiffe nicht beantwortet. Die Schiffe rückten näher an die natradische Flotte heran.

Die fünf Vertreter der Aller-Ersten nahmen sich an die Hand und schlossen ihre Augen. Admiral Dragphan und Commander Breckphan beobachteten sie irritiert.

Abrupt stoppten die Schiffe von Commander Tarun'drock ihr Vordrücken. Nachfolgende Schiffe touchierten die vorderen Reihen. Es brach ein wahrloses Durcheinander aus. Die Schiffe konnten ihre vorgegebenen Flugrouten nicht mehr halten. Sie trifteten antrieblos im Raum. Etliche drehten sich um die eigene Achse. Andere kollidierten mit ihren Nachbar-Schiffen.

Erstaunt blickten die Worgass auf den Bildschirm.
»Was ist passiert? «, fragte der Admiral.

Geoffwan lachte.

»Wir haben gemeinschaftlich ihre Antriebe und ihre Energie-Versorgung abgeschaltet«, erklärte er. »Die Schiffe sind derzeit ohne Energie. Sie werden den Terranern nicht mehr gefährlich. «

»Wie haben sie das gemacht? «, fragte Commander Breckphan. » Sind sie Zauberer? «

Die Aller-Ersten lachten.

»Zauberer sind wir nicht«, antwortete Geoffwan. »Lediglich weit in unserer Entwicklung fortgeschritten. Es gibt viele Möglichkeiten im Universum. Das alles erkennt ihre Rasse erst in einigen Tausend Jahren. Es ist ein weiter Weg hierhin. «

Admiral Dragphan verstand endlich.

»Sie sind die wirklichen Herren des Universums«, antwortete er erschreckt. »Die Zierrakies haben Götter auf einem ihrer Reservations-Planeten arretiert«.

Geoffwan blickte seine Kollegen an.

»Sind wir Götter? «, fragte er.

Balswan, Halswan, Nadewan und Talswan schüttelten ihre Köpfe.

»Götter sind wir beileibe nicht«, antwortete Geoffwan. »Leidglich nutzen wir die Möglichkeiten des Universum. Wir haben viel Zeit gehabt alles zu erlernen. «

Auf dem Schiff von Commander Tarun'drock gingen alle Lichter aus. Der Antrieb versagte.

»Was ist passiert? «, fluchte der Commander.

»Die Antriebe und die komplette Energie sind ausgefallen«, schrie der Maschinist des Schiffes. »Ich kann nicht sagen, was passiert ist. Irgendetwas blockiert uns. Die Schilde aller Schiffe sind ausgefallen. «

»Wir sind schutzlos«, schrie der Commander. »Jetzt haben die Terraner leichtes Spiel mit uns. «

»Sie greifen nicht an«, meldete der Ortungs-Offizier des Schiffes. »Sie müssen doch den Ausfall unserer Energie registriert haben. Sie verhalten sich passiv. «

»Die Aller-Ersten haben eingegriffen«, schrie der Funker. Sie haben es uns mitgeteilt. Leider sind sie von ihrem Starrsinn völlig zerfressen. Nur unsere Herren sind hierzu in der Lage. Unterwerfen sie sich endlich dem Befehl von Sil'drock. Er ist von ihnen als neuer Befehlshaber unseres Flotten-Oberkommandos bestätigt. «

Commander Tarun'drock schaute ihn grimmig an.

Er wusste, dass nicht alles mit rechten Dingen zuging. Noch nie waren ablondische Triebwerke ausgefallen, geschweige die Energie-Versorgung. Er wollte etwas antworten, doch die restlichen Offiziere der Brücke kamen ihm zuvor.

»Unterwerfen sie sich endlich«, riefen sie. »Es ist eindeutig. Wir erkennen unsere Herren. «

Der erste Offizier des Schiffes trat an die Seite des Commanders.

»Wir bitten um ihre Entscheidung«, sagte er in einem scharfen Ton. »Die Zeit der Angriffe ist vorbei. «

Commander Tarun'drock wusste, dass er bei einer falschen Antwort seines Amtes enthoben wurde. Kleinlaut gab er widerwillig sein Vorhaben auf.

»Wir verzichten auf den Angriff«, teilte er seiner Brücken-Crew mit. »Es scheint sich tatsächlich um unsere Herren zu handeln. «

Die Gesichter der Brücken-Offiziere entspannten sich. Sein Blick suchte den Funk-Offizier.

»Hyper-Funkspruch an die terranische Flotte«, befahl er.

»Die Leitung wurde geöffnet«, antwortete der Offizier.

»Hier spricht Commander Tarun'drock. Wir haben die Richtigkeit ihrer Angaben erkannt. Wir drehen ab und verzichten auf einen Angriff. Bitte entschuldigen sie unser Misstrauen. Sil'drock wird als Oberbefehlshaber der Flotten-Führung von uns akzeptiert. Wir erwarten seine Befehle. «

Jubel brach auf der Brücke des Flagg-Schiffes von Admiral Dragphan aus. Die Worgass wussten, dass sie es geschafft hatten. Sie waren der Knechtschaft der Zierrakies entkommen.

Die Aller-Ersten schauten sie bewundert an.
»Ein neues Zeitalter bricht für sie an«, bemerkte Geoffwan. »Nutzen sie es richtig und verzichten sie auf alle Kriege und die Unterdrückung fremder Rassen. «

»Das haben wir ihnen zu verdanken«, sagte Admiral Dragphan. »Nur mit ihrer Hilfe konnten wir uns aus dem Joch der Zierrakies befreien. Vielen Dank hierfür, wir werden immer in ihrer Schuld stehen. «

»Das brauchen sie nicht«, antwortete Halswan. »Helfen sie mit, die anderen Stämme ihrer Clans von den Vorteilen eines eigenen Planeten und einer Selbstbestimmung zu überzeugen. In vielen Sternen-Inseln leben die Worgass-Stämme noch unter der Knechtschaft vieler selbsternannter Herrenrassen. Dieser Kreislauf muss durchbrochen werden. «

»Wir werden mithelfen«, erwiderte Admiral Dragphan. »Das sind wir ihnen schuldig. «

»Auch wir haben dazugelernt«, bemerkte Geoffwan. »Vor 250.000 Jahren sind wir ausgezogen, um die weitere Verbreitung ihrer Species zu unterbinden. Damals haben wir die Veränderung in ihrer Rasse nicht erkannt. Wir werden unser Vorhaben aufgeben und mit ihnen und anderen Rassen versuchen, einen neuen Weg für viele Worgass-Stämme zu suchen. Das ist eine ehrenvolle Aufgabe für uns und für ihr Volk. Ich hoffe sehr, dass es gelingt. «

Jubel war auch auf den Schiffen der Flotte des neuen Imperiums von Tarid & Natrid ausgebrochen. Sie hatten erkannt, dass dem Vorrücken der Ablonder Einhalt geboten wurde.

»Was ist passiert? «, fragte Heran.

»Ich erhalte seltsame Ortungs-Daten«, meldete Sergeant Dantow. »Die Antriebe und die komplette Energie auf allen 43.000 Schiffen scheint ausgefallen zu sein. Jetzt fallen die Schutz-Schilde der Schiffe in sich zusammen. Die ablondischen Schiffe sind völlig schutzlos. «

»Das waren unsere Herren«, bemerkte Sil'drock. »Ich wusste, dass sie eingreifen würden. Es war lediglich eine Frage der Zeit. «

»Machen sie es immer so spannend? «, fragte Marc. » Eine Entscheidung hätten sie auch früher treffen können. «

Sil'drock nickte.
»So kenne ich sie«, antwortete er. »Sie greifen nur äußerst ungern in den Ablauf der Dinge ein. Ihr Standpunkt ist es, dass sich der Kreislauf des Universums selbst regulieren sollte. «

»Eingehender Hyperkomm-Funkspruch von Commander Tarun'drock«, meldete Sergeant Farmer.

»Stellen sie laut«, befahl Marc. »Wir wollen hören, was er zu sagen hat. «

»Hier spricht Commander Tarun'drock, Befehlshaber von 43.000 ablondischen Groß-Raumschiffen. Die Richtigkeit ihrer Angaben wurde erkannt. Wir drehen ab und verzichten auf einen Angriff. Bitte entschuldigen sie unser Misstrauen. Sil'drock wird als Oberbefehlshaber der Flotten-Führung von uns akzeptiert. Wir erwarten seine Befehle. «

Die Anzeigen-Pegels der Ortungs-Geräte schnellten nach oben aus. Die Flotte der Ablonder stand wieder unter Energie. Auch die Antriebe funktionierten. Allein die Akzeptanz von Commander Tarun'drock reichte den Aller-Ersten aus, um die Flotte wieder zu aktivieren.

Das CIC zeigte, wie die Flotte der 43.000 Schiffe beschleunigte, um einen ausreichenden Sicherheits-Puffer zwischen ihnen und den terranischen und zierrakischen Schiffen, unter der Worgass-Führung, aufzubauen. Die 50.000 Robot-Schiffe führten das gleiche Manöver aus.

Währenddessen waren die lantranischen Schiffe damit beschäftigt, die Asteroiden-Wall der Anomalie aufzubrechen. Die 500 Evolutions-Schiffe hatten sich an unterschiedlichen Stellen, um die Anomalie herum verteilt. Die lantranischen Schiffe hatten sich 1.500 Kilometer vor dem Asteroiden-Wall der Anomalie positioniert. Die Schiffe lagen in einem Abstand von 500 Metern zueinander. Sie setzten ihre Transform-Dimensions-Kanonen ein, die bereits von dem Angriff der Daraner auf das Kunstsystem der Santaraner bekannt waren.

Zahlreiche Dimensions-Bomben detonierten kurz vor dem riesigen Steinwall der Anomalie. Die Detonationen rissen Kilometerlange Steinwände aus der Anomalie und ließen sie in einem großen Dimensions-Spalt verschwinden. Die wellenartige Bewegung der Dimensions-Spalten griff nach weiten Asteroiden-Wänden und riss diese ebenfalls in den Abgrund. Gesteinsbrocken und Staub wurde magisch angezogen und verschluckt. Der Abriss der Anomalie ging schneller vorwärts als gedacht.

Major Travis war geschockt.
»Eine solche Waffe ist sehr gefährlich«, dachte er.
»Hoffentlich gerät sie nicht in die falschen Hände. «

Er blickte Heran an.
»Kommen wieder eure Transform-Dimensions-Kanonen zum Einsatz, die wir bereits vor dem Kunst-System der Santaraner kennenlernen durften? «

Heran nickte.

»Wie sonst sollten wir den Müll der Zierrakies forträumen«, antwortete er. »Der Aufriss des Zwischenraumes zieht alle Asteroiden und die unter dem Gravitation-Netz gepressten Steinwände magisch an. «

»Wo bringt der Aufriss sie hin? «, fragte der Major.

Heran blickte ihn an.
»Das konnte von unseren Wissenschaftler noch nicht geklärt werden«, antwortete er. »Wir sind lediglich in der Lage, diesen Spalt zu öffnen, der alle Materie verschlingt. Du kannst gerne einmal hineinfliegen und schauen, wo du wieder herauskommst. «

»Ich verzichte«, antwortete Marc. » Wer weiß, was ihr alles bereits entsorgt habt. «

Heran lachte laut auf.
»Das willst du gar nicht wissen«, erwiderte er nachdenklich.

Major Travis blickte auf die Anzeigen des CIC.

Die Anomalie löste sich immer weiter auf. Nur noch 1/3 des Steinwalls war sichtbar. Die eingeschlossen Planeten konnten wieder die Sterne des Universums sehen.

»Bitten wir die Aller-Ersten auf unser Schiff«, sagte er. »Es ist Zeit, dass wir unser weiteres Vorgehen besprechen. «

Heran zeigte auf die Monitore.
»Die Zierrakies flüchten«, bemerkte er. »Es ist ihnen hier zu heiß geworden. «

Die Offiziere der Termar 1 erkannten, dass die übriggebliebenen zierrakischen Kampf-Jets die 492 Groß-Raumschiffe ansteuerten, um von ihnen aufgenommen zu werden. Gleichzeitig starteten von dem Verwaltungs-Planeten Zierrakie 2, zahlreiche unterschiedlich große Schiffe, die sich dem letzten Verband der zierrakischen Groß-Raumschiffe anschließen wollten.

»Die Zierrakies haben den Evakuierungs-Befehl gegeben«, erkannte Marc. »Sie wollen ihre eigenen Leute in Sicherheit bringen. «

Heran nickte.
»Sollen sie ruhig, « erwiderte er. »Damit ist die zierrakische Anomalie in der zweiten Dimension Geschichte. «

»Sergeant Farmer«, sagte Marc. »Funken sie das zierrakische Schiff an, auf dem sich die Aller-Ersten befinden. «

»Der Hyperfunk-Richtstrahl ausgerichtet«, meldete der Funk-Offizier. »Sie können sprechen, Herr Major. «

»Danke«, erwiderte Marc.
Er griff nach dem Kommunikator.
»Hier spricht Major Travis, Erbfolgeberechtigter Oberbefehlshaber der vereinigten Natrid & Tarid Streitkräfte und Erhobener im Gefüge der Kaiserkaste mit Rang 1. Bestätigt und eingesetzt von Noel von Natrid im Rahmen der Nachfolge-Programmierung von Admiral Tarin. Ich bitte die Vertreter der Aller-Ersten zu einem Gespräch auf mein Flagg-Schiff. Ebenfalls den Commander der Worgass, der für die Abtrennung der zierrakischen Flotte verantwortlich ist. Besprechen sie mit uns das weitere Vorgehen. «

Heran gab den Kommunikator an Heran weiter.
»Rufe noch Thoran dazu«, entschied Marc. »Er teilte mir mit, dass er bereits mit den Aller-Ersten Kontakt gehabt hatte. «

Heran nickte.

»Sie können sprechen«, teilte Sergeant Farmer mit. »Ich habe auf die lantranische Frequenz umgestellt. «

»Klasse«, antwortete Heran. »Sie haben es heraus. «
»Hier ist Heran«, sprach er in das Mikrofon. »Ich rufe Admiral Thoran. Bitte kommen sie zu uns. Wir haben ein Zusammentreffen mit den Aller-Ersten geplant. Major Travis wünscht deine Teilnahme. «

»Die Meldung von Thoran kommt herein«, rief der Funk-Offizier.

»Hier ist Thoran«, schallte es aus den Lautsprechern. »Unsere Arbeit ist bald abgeschlossen. Es sind nur noch wenige Asteroiden- und Steinwände übrig. Ich komme zu euch. «
»Umschalten auf die zierrakische Frequenz«, befahl Marc.

»Nicht zu früh, das zierrakische Schiff mit den Aller-Ersten an Bord, meldete sich prompt.

»Hier spricht Admiral Dragphan«, hallte es aus den Lautsprechern. »Auf meinem Schiff befinden sich die Abgesandten der Aller-Ersten. Danke für ihre Einladung. Wir kommen zu ihnen und nehmen einen Shuttle, um auf ihrem Schiff zu landen. «

»Einverstanden«, antwortete Marc. »Kommen sie unbewaffnet. Wir haben hier gewisse Sicherheits-Bestimmungen. «

»Das versteht sich von allein«, antwortete der Admiral. »Das würden die Aller-Ersten auch nicht gestatten. Danke für ihre Unterstützung. «

»Bedanken können sie sich auf unserem Schiff«, erwiderte Major Travis. »Wir erwarten sie. «

Die zierrakische Unterstützungs-Flotte hatte bereits dreiviertel des Fluges zu der Anomalie der 2. Dimension zurückgelegt. Sie flog mit der verantwortbaren Höchstgeschwindigkeit, welche die übergroßen Schiffe der 2.500-Meter-Klasse zuließen.

Admiral Lirthryth war ein erfahrener Befehlshaber. Der Groß-Kaiser hatte ihm das Vertrauen zu dieser Mission ausgesprochen. Noch nie hatte er eine Schlacht verloren.

Er stand vor dem großen Monitor und lass die Werte ab.

»Fliegen wir mit Höchstgeschwindigkeit? «, fragte er.
»Auch wenn sie noch zehnmal fragen«, antwortete der Steuer-Offizier. »Mehr geben die Hyperraum-Antriebe

nicht her. Wir werden in 3 Stunden unseren Zielpunkt erreicht haben. «

Der Admiral wusste, dass in dieser Zeit Schlachten entschieden wurden. Ein unangenehmes Gefühl beschlich ihn.

»Noch nie hatten untere Rassen gewagt das große zierrakische Imperium anzugreifen«, dachte er. »Wer steckt hinter dieser Krise? «

Noch konnte er keine Antwort auf seine Frage finden.

»Jedenfalls wird diese Tat von uns nicht ungesühnt bleiben«, dachte er. » Die Aggressoren werden die ganze Macht unserer Geschütze zu spüren bekommen. Keiner von ihnen wird es überleben. «

Wird fortgesetzt:

www.ingramcontent.com/pod-product-compliance
Lightning Source LLC
Chambersburg PA
CBHW051436170526
45166CB00001B/7